新编高等院校计算机科学与技术应用型规划教材

Java 语言实用教程

（第 2 版）

丁振凡　编著

北京邮电大学出版社
·北京·

内 容 简 介

本书以 Java 语言的内容体系为线索,将面向对象程序设计的原则与特点融入到具体的 Java 程序实例中。书中主要内容有:面向对象概述、Java 语言基础、Java 面向对象技术、常用类库、异常处理、Applet 编程、AWT 编程、多线程、输入/输出与文件处理、JDBC 与数据库、网络编程、Swing 编程等。本书在讲述上由浅入深,注重理论与实际的结合,例题精练,许多例子是实际应用的写照,有利于培养学生解决实际问题的能力。

本书可作为大中专院校低年级学生学习 Java 和面向对象程序设计方法的教材,同时也可作为广大自学者和软件开发人员的参考用书。本书第 1 版获得江西省优秀教材二等奖,作者主持的 Java 语言课程被评为省优质课程。

图书在版编目(CIP)数据

Java 语言实用教程/丁振凡编著.—2 版.—北京:北京邮电大学出版社,2008.1(2012.8 重印)
ISBN 978-7-5635-1559-2

Ⅰ.J… Ⅱ.丁… Ⅲ.Java 语言—程序设计—高等学校—教材 Ⅳ.TP312

中国版本图书馆 CIP 数据核字(2007)第 185072 号

书 名:	Java 语言实用教程(第 2 版)
作 者:	丁振凡
责任编辑:	陈岚岚
出版发行:	北京邮电大学出版社
社 址:	北京市海淀区西土城路 10 号(邮编:100876)
发 行 部:	电话:010-62282185 传真:010-62283578
E-mail:	publish@bupt.edu.cn
经 销:	各地新华书店
印 刷:	北京联兴华印刷厂
开 本:	787 mm×1 092 mm
印 张:	20.25
字 数:	487 千字
版 次:	2005 年 2 月第 1 版 2008 年 1 月第 2 版 2012 年 8 月第 4 次印刷

ISBN 978-7-5635-1559-2 定 价:39.00 元

前　言

　　Java 语言是一个由 Sun 公司开发而成的新一代编程语言。从 1995 年 Java 的诞生到现在,在短短的十多年中,得到了飞速的发展,Java 已经涉及计算机应用的众多领域,如:浏览器应用、桌面应用、Internet 服务器、中间件、个人数字代理、嵌入式设备等。Java 语言的面向对象、跨平台、多线程、安全等特性,奠定了其作为网络应用开发的首选工具。有人预言,在不久的将来,全球 90% 的代码将采用 Java 开发。姑且不论该预言的准确性,但足以看出 Java 在未来软件设计中的地位。

　　Java 内容体系非常丰富,本书的立足点是 Java 语言基础部分。全书共分 13 章,第 1 章介绍了程序设计语言概述、面向对象的相关知识,以及 Java 程序的调试过程等;第 2 章主要对 Java 语言的基本成分进行了介绍,包括数据类型、变量、表达式、流程控制语句,以及方法和数组的定义与使用等,该章的目标是使读者理解程序逻辑和解题算法;第 3 章和第 4 章以 Java 的面向对象编程中的核心概念为线索,介绍了类与对象的关系,同时介绍了包、属性修饰符、接口、访问控制符、内嵌类等重要概念,将封装、抽象、继承、多态等特性融入具体代码设计中;第 5 章介绍 Java 提供的一些重要工具类,如 Math 类、数据类型封装类、字符串、向量以及 Collection API 等;第 6 章介绍了 Java Applet 编程和图形绘制以及多媒体播放等内容;第 7 章以实例为引导,介绍了 AWT 编程的相关概念,如事件处理、布局设计等,并介绍了常用 AWT 组件的使用;第 8 章讨论了 Java 的异常处理,这也是 Java 代码的特色之一,为防错程序设计提供了全新思路;第 9 章流式输入/输出与文件处理的内容非常丰富,在让读者初步了解整体的同时,选择性地就典型使用结合实例进行介绍;第 10 章介绍了 Java 多线程编程的方法与机制;第 11 章讨论了 Java 数据库访问编程技术,并结合一个简单考试系统的设计给出了一个综合设计样例;第 12 章就 Java 的网络编程进行了讨论,并给出了一个简单聊天程序设计的综合样例;第 13 章结合实例介绍了部分 Swing

组件的使用方法。

本书是作者多年来教学和软件开发经验的总结。作者对书中内容进行了精心的设计和安排。按照由浅入深、循序渐进的原则进行组织；程序样例大多简短实用，易于教学使用和读者学习；书中所有代码均经过调试，读者可以直接选用。

Java 语言是一种纯面向对象的编程语言，因此，本书也适合讲述面向对象程序设计课程的教学。面向对象技术总体上包括面向对象分析、设计、编程 3 个方面的内容。本书仅是面向对象编程，要熟悉面向对象分析和设计，读者还需要学习更多的知识和内容，如 UML 建模等，Java 实际是建模实现的最好语言，很多建模工具可以直接将模型转化为 Java 代码。

要学好 Java，一方面，首先必须熟悉 Java 语言的基本语法规则，其次，要尽可能熟悉 Java 的类库，掌握类库的体系和常用类的使用方法。对类库的熟悉在某种程度上也决定了程序员的能力和水平。另一方面，在计算机编程中仅仅知道语言的语法和内容体系并不代表就是一个出色的程序员，软件设计是一个极富创造性的工作，但同时也是一项工程，只有经过严格系统的训练，才能提高编程能力。程序设计是一个实践性很强的教学环节，亲自动手编程并上机调试，是提高编程能力的最好途径。希望读者要养成积极思考和不怕困难的作风。读者在阅读书籍时要注意代码的风格，现代软件设计通常是一项集体的劳动，每个人编写的程序要使别人能容易理解，所以，代码的规范化以及适当加注也是提高软件的效率和可维护性的重要保证。程序设计教学的最根本目标是培养学生的计算机逻辑思维和代码组织能力，而代码设计的首要目标是要做到设计算法清晰、代码规范，与此同时也要考虑代码在运行和存储效率上的最佳化。这点要学习邻国印度的先进做法，据调查，出一道题给 20 个印度程序员写代码，结果基本一样，而中国程序员的结果却五花八门。这点对大型软件设计效率的提高是不利的。因此，希望读者对常见问题的解决方法能熟练掌握，这样，一遇到问题，就能快速写出代码。

本书可作为高等院校开设 Java 语言的教材，也可以作为读者自学 Java 语言的自学用书。书中包括有部分难度较大的综合训练例题和练习，希望读者能仔细阅读，它也许正好能运用在你的实际项目开发中。希望学完本书后，读者对 Java 语言的基础内容体系有较全面的了解，同时通过具体的编程实践在程序设计能力方面有较大的提高。

本书可以考虑安排 64 学时的教学，每部分安排一半时间上机。总体上，学时比较紧,如果课程学时数多,则更宽松一些,最好安排一周的课程设计。如果学时数不足,则可以将第11~第13章这3章作为选学内容。

全书由华东交通大学丁振凡教授编写。第2版在第1版的基础上对一些章节的内容进行了删改,并在原书基础上增加了一些内容,例如:Collection API中增加了 Map 接口的使用,在 Swing 中增加了表格和树的应用等。从而使内容的阐述更为形象和系统。

由于编者水平所限,加之时间仓促,疏漏和错误之处在所难免,恳请读者批评指正。

作　者

目　　录

第 12 章　Java 的网络编程

第 13 章　Swing 编程

第1章 Java 概述

1.1 程序设计语言与 Java

计算机从诞生到现在也不过短短半个世纪左右,从其诞生的那一天起人们就为了能更好地操作计算机而费尽心机,正像人与人之间的交流是从手势逐渐进化到语言一样,人们操作计算机也是从机械开关到程序设计演进的,因而用到程序设计语言。

1.1.1 程序设计语言概述

人类的语言是一个渐变发展的过程,直到今天仍在不断改进。计算机程序设计语言也不是一步到位,而是一个从面向机器语言到面向过程语言,再到今天的面向对象语言的过程。

面向机器语言,如最早的机器语言,是由 0 和 1 组成的枯燥数字序列,不仅难看、难记,也难理解,后来,计算机科学家们又设计出了一种用英文单词或其缩写形式代替枯燥乏味的二进制数字的语言——助记符语言,即汇编语言——使得操作计算机的方式大大简化了。但其编程的思维方式依然是机器式的,人们必须按照计算机固有的方式来设计程序。

面向过程语言,如 Fortran、C、Pascal、BASIC 等,可以让人们用接近数学语言的方式进行程序设计,加快了编程速度,也使得人们能够从繁琐的硬件细节中摆脱出来,而将注意力集中在算法本身。

面向对象语言,如 Java、C++等,解决了传统结构化方法中问题空间和解空间在结构上不一致的问题,避免从分析和设计到软件模块结构间的多次转换过程,使软件开发变得简单、高效、合理,是真正最接近人类思维方式的计算机程序设计语言。

1.1.2 Java 语言的产生与发展

Java 来自于 Sun 公司的一个叫 Green 的项目,其最初的目的是为家用消费电子产品开发一个分布式代码系统。最开始,Sun 公司准备采用 C++,但 C++太复杂,安全性差,最后基于 C++开发一种新的语言 Oak(Java 的前身),Oak 是一种用于使网络精巧而安全的语言,Sun 公司曾依此投标一个交互式电视项目,但结果是被 SGI 打败。可怜的 Oak 几乎无家可归,恰巧这时 Mark Andreessen 开发的 Mosaic 和 Netscape 启发了 Oak 项目组成员,他们用 Java 编制了 Hot Java 浏览器,得到了 Sun 公司首席执行官 Scott McNealy 的支持,触发了 Java 进军 Internet。Java 的取名也有一则趣闻,有一天,几位 Java 成员组的会员正在讨论给这个新的语言取什么名字,当时他们正在一个叫"爪哇"的岛屿的咖啡馆喝着咖啡,有人灵机一动说就叫 Java(爪哇)怎样,得到了其他人的赞赏,于是,Java 这个名字就这样传开了。

Java 一经问世就给软件行业带来了革命性影响,受到业界的普遍关注和支持,并以极其迅猛的势头发展至今。现在 Java 已成为软件开发的主流技术,引领了世界范围内学习和

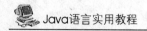

使用 Java 的热潮。

计算机产业的许多大公司购买了 Java 的许可证,如 IBM、Novell、Oracle、SGI 和 Borland 等,Microsoft 公司一开始对 Java 无动于衷,比尔·盖茨在仔细研究了 Java 的技术规范之后,不得不承认"Java 确实是有史以来最伟大的程序设计语言",继而,Microsoft 公司购买了 Java 的使用许可并很快推出了集成化的 Java 开发环境——Visual J++。

众多的软件开发商开始支持 Java 的软件产品。例如:Borland 公司的基于 Java 的快速应用程序开发环境 Latte 在 1996 年发布,推动了 Java 进入 PC 机软件市场。

迄今为止,Java 语言已作为一门综合性技术在众多领域得到发展和应用。除了本书介绍的 Java 应用程序和 Applet 小应用程序外,Java 内容体系还包括:

- JSP/Servlet,用于基于 Web 的服务端动态网页编程;
- Java Bean,用 Java 语言开发的软件组件,可在分布式环境中移动;
- EJB(企业 Java Bean),用于企业分布式应用系统的构建;
- J2ME,是移动消费产品和嵌入式设备的最佳解决方案。

1.2　面向对象概述

1.2.1　面向对象与面向过程的区别

早期的编程语言(如 Fortran、C)基本上都是面向过程的语言,主要是采用数学语言的方式组织编程的语言,其编程的主要思路专注于算法的实现。

传统的面向过程的编程在描述问题时,由数据和过程两部分构成。

- 数据:描述实体状态的数据结构;
- 过程:操作这些状态数据的程序和步骤。

面向过程编程的一个明显特点是数据与程序的分开,数据是静止的东西,不会自行变化,必须通过操作来改变数据,因此,函数调用在面向过程编程中大量使用。

随着计算机软件的发展,程序越做越大,后期维护的工作就越发艰难,甚至出现了因为程序结构不清晰而无法维护改进的局面。面向对象编程提出了一种全新的思路,让计算机语言结构像人类思维方式一样简单、清晰。

面向对象的软件开发中将世界上的事物均看成对象,对象有两个特征:行为与状态。每个对象可以通过自身的行为来改变自己的状态。在面向对象世界中,通过对象间的协作与交互来运作。由于将对象的操作封闭在对象内,外部要与对象进行交互只能通过给对象发送"消息",这个消息实际上就是调用对象的某个方法以及给方法传递参数。

1.2.2　面向对象程序设计的特性

1. 封装性(Encapsulation)

面向对象的第一个原则是把数据和对该数据的操作都封装在一个类中,类的概念和现实世界中的"事物种类"是一致的。比如笔记本电脑就是一个类。笔记本电脑这个类由许多成员构成,有些是静态的(数据),比如尺寸、重量、显示屏的亮度;有些是动态的(对数据的操作),比如可以通过按下组合键"Ctrl+F4"或"Ctrl+F5"来调整显示屏的亮度,可以卸掉它的外挂光驱来减轻它的重量。

对象是类的一个实例化结果,对象具有类所描述的所有的属性以及方法。比如笔者所使用的电脑,就是一台具体的笔记本电脑,它和其他具体电脑即便是同一品牌笔记本电脑,都是不同的对象,虽然配置相同,它们的序列号也是不同的,但它们之间毫无疑问存在一些关系,比如说它们都重量较轻,便于携带。其实它们之间的共同属性就是它们所属的类——笔记本电脑类的属性。

每个对象都有自己的存储空间,其中存储对象的所有属性。有些属性本身又可能是其他对象,或者说通过封装现有的对象,可以产生新型对象。因此,尽管对象的概念非常简单,但是经过封装以后却可以在程序中达到任意复杂程度。

| 类名 |
| 属性1:类型
属性2:类型 |
| 方法1(参数表)
方法2(参数表) |

每个对象都属于某个类。面向对象程序设计就是设计好相关的类,类中有静态的域(数据)和动态的方法(对数据的操作)。在统一建模语言 UML 中使用如图 1-1 所示的符号来描述对象和类的结构,其中,属性用来描述对象的状态,而方法则描述对象的行为。

图 1-1 类的表示

2. 继承性(Inheritance)

继承是在类、子类以及对象之间自动地共享属性和方法的机制。类的上层可以有父类,下层可以有子类,形成一种层次结构。一个类将直接继承其父类的属性和行为,而且,继承还具有传递性,因此,它还将间接继承所有祖先类的属性和行为。

图 1-2 给出了以生物的划分对应的类层次关系。

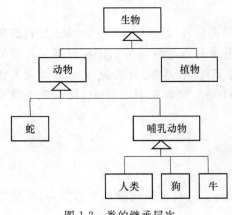

图 1-2 类的继承层次

"人类"继承了"哺乳动物"、"动物"以及"生物"的特性。

继承最主要的优点是重复使用性,通过继承可以无限繁衍出更多的类。在继承已有类的基础上加以改写,进而得到功能的不断扩充,可达到程序共享的好处,提高软件开发效率。

继承的另一个优点在于接口的一致性。当超类繁衍出许多子类时,它的行为接口通过继承可以传给其所有子类。因此,可以通过统一的行为接口去访问不同子类对象的行为,但不同子类中具体行为实现可能不一样。子类中对父类定义的行为重新定义是下面将介绍的多态性的一种体现。

3. 多态性(Polymorphism)

多态是指在表示特定功能时,有多种不同的形态或实现方法。常见的多态形式有方法的重载与方法的覆盖两种。

- 方法的重载(Overloading):即在同一个类中某个方法有多种形态。方法名相同,但参数不同,所以也称参数多态。
- 方法的覆盖(Overriding):对于父类的某个方法,在子类中重新定义一个相同形态的方法,这样,在子类中将覆盖从父类继承来的那个方法。

多态为描述客观事物提供了极大的能动性。参数多态提供方法的多种使用形式,这样方便使用者的调用;而覆盖多态则使得我们可以用同样的方式对待不同的对象,不同的对象可以用各自的方式响应同一消息。通过父类定义的变量可引用子类的对象,执行对象方法时则表现出每个子类对象各自的行为,这种特性也称运行时的多态性。

4. 抽象性(Abstraction)

这里,抽象有两个层次的含义,一是体现在类的层次设计中,高层类是底层类的抽象表述。类层次设计体现着不断抽象的过程。例如,Java 中有一个类 Object,它处于类层次结构的顶端,该类中定义了所有类的公共属性和方法。可以用 Object 类的变量去引用任何子类的对象,通过 Object 对象引用能访问的成员,在子类中总是存在的。

二是体现在类与对象之间的关系上,类是一个抽象的概念,而对象是具体的。面向对象编程的核心是设计类,但实际运行操作的是对象。类是对象的模板,对象的创建是以类为基础的。同一类创建的对象具有共同的属性,但属性值不同。

1.3 Java 的开发和运行环境

Java 的开发和运行环境有很多,比如:

- Sun 公司的 JDK、NetBeans、Java Studio 5、Java Workshop、Jcreator 等;
- Borland 公司的 Jbuilder;
- IBM 公司的 Visual Age for Java;
- BEA 公司的 WebLogic Workshop;
- Macromedia 公司的 JRUN。

在以上工具中,只有 JDK 是字符环境,其他均是图形环境。JDK 可以从 Sun 公司的主页 http://java.sun.com/ 处下载,本书以 JDK 为开发环境进行介绍。JDK 包括运行环境(Java 虚拟机,即 Java 类和支持文件的平台)和开发工具(编译器、调试器、工具库以及其他工具)。Java 运行环境(JRE,Java Runtime Environment,包含在 JDK 中,也可单独下载安装)主要担负三大任务:

① 加载代码——由类加载器执行;

② 检验代码——由字节码校验器执行;

③ 执行代码——由运行时解释执行。

JDK 下载后需要安装,比如安装在 C:\jdk14 目录下,其他采用默认安装即可,安装完毕后会在此目录下建立 5 个子目录。

① bin 目录是二进制文件存放目录,所有 JDK 的可执行程序都是放在此目录下,像javac、java、appletviewer、jar 等。

② demo 目录下存放了 Sun 公司提供的一些经典示例,是学习 Java 的优秀范例。

③ include 目录下存放了一些 Sun 公司提供的头文件。

④ jre 目录是 Java 的运行环境,如果不需要开发 Java 程序,只是为了能够运行 Java 字节码,可以只安装 jre,它会在系统中已安装的浏览器下安装相应的解析环境,使浏览器能够运行 Java。

⑤ lib 目录下是一些库文件。

另外在安装目录下有一个非常重要的压缩文件 src. zip,里面存放了 Java 的一些基本的语言源程序,比如系统 Applet 类、Graphics 类都是在相应的. java 源程序里。

1.4　简单 Java 程序及调试步骤

根据结构组成和运行环境的不同,Java 程序可以分为两类:Java 应用程序(Java Application)和小应用程序(Java Applet)。

1.4.1　Java Application

Java Application 是一个完整的程序,不过仍然需要独立的解析器来解析运行。也就是说,Java 不像其他大多数语言一样,可以编译链接成可独立运行的.exe 等可执行程序,Java 需要编译,但不需要链接,编译后生成.class 字节码文件,这是 Java 平台无关性的重要体现,因为.class 不是可直接执行的程序文件,而是需要解析器解析的二进制目标码,可以在任何装有 JRE 的系统下运行。比如说,可以在 Windows 下编译 Java 源程序,然后到 Linux 下去运行它,当然反过来也可以。这也正是 Java 的"Write once, run anywhere"(一次编写,到处运行)跨平台的重要特性。调试 Java Application 包括编辑、编译、运行 3 个步骤,如图 1-3 所示。

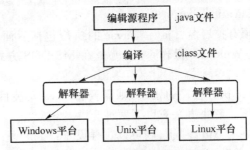

图 1-3　Java 程序的调试过程

1. 编辑源程序

可以用任意文本编辑器(如 Edit、记事本或 IDE 集成开发环境中的编辑窗口)编辑源程序文件。

例 1-1　JavaApplication.java。

程序代码如下:

```java
class    JavaApplication {
    public  static  void  main (String[]  args) {
        System.out.println("Hello World!");
    }
}
```

【说明】

① Java 源程序文件必须以.java 的扩展名结尾。

② 程序中的语句必须以";"结尾。

③ 程序中的语句块以"{"开始,以"}"结束,可以嵌套。

④ Java 语言是大小写敏感的语言,Java 的文件名以及程序中的符号均要严格注意大小写,如果把 class 写成 Class 或 CLASS 都是错误的。Java 的所有关键字均是小写,习惯上,Java 的类名用大写字母开头,方法名则用小写字母开头,如果一个标识符由多个单词构成,则切换新单词的开头字母用大写。

⑤ 每个 Java 程序是由若干类构成,再简单的 Java 程序也必须包括一个类。Java 中用关键字 class 标志一个类定义的开始,class 前面可以有若干标志该类属性的关键字。class 后面跟的就是类名,主类的类名(包含 main 方法的类)必须和文件名一致。

⑥ public static void main (String[] args)定义一个方法头,方法名是 main。方法名后的一对小括号中定义方法的参数,String[] args 表示参数 args 是一个字符串类型的数组;public 的含义是该方法的访问是公开的;static 表示该方法是一个静态方法;void 表示该方法无返回值。main 方法是 Java Application 的执行入口。

⑦ System.out.println 是一条 Java 语句,表示引用 System 类(是 Java 语言基础类库中一个类)的 out 属性(代表标准输出流对象)的 println 方法,该方法将其参数“Hello World!”在标准输出设备(显示器)上输出。

2. 编译生成字节码文件(.class)

这里要用到 JDK 的 Java 编译器程序(javac.exe),其目的是根据 Java 源程序文件(.java)语义产生一个对应的字节码文件(.class),它是一个与平台无关的二进制文件。

命令格式:javac 文件名.java

例如:javac JavaApplication.java。

要注意文件名后必须有扩展名“.java”,javac 的执行包括后面的 java 的执行必须在命令行方式下执行,如果是 Windows 操作系统,就是在 MS-DOS 方式下,如果是 Linux 操作系统,就是在 shell 方式下。

如果出现找不到 javac 执行程序的错误,则需要将 Java 安装目录的 bin 子目录设置到 DOS 的搜索路径(path)下。解决办法有以下两种。

(1) 如果 JDK 安装在 C:\jdk14 下,则可以这样设置:

path = %path%;c:\jdk14\bin

其中,%path%代表 path 环境变量原来的值。

(2) Windows 桌面下,“我的电脑”右键属性→“系统属性”→“高级”→“环境变量”,如图 1-4 所示,选择系统环境变量 path,点击“编辑”,出现如图 1-5 所示的“编辑系统变量 Path”对话框,在变量值一栏中添加“;C:\jdk14\bin”。

图 1-4　环境变量

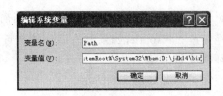

图 1-5　编辑系统变量

　　源程序如果有语法错误,编译则会给出相应的错误提示信息和错误大致位置,这个位置基本准确,但有时可能是其他地方的错误而引发,所以在排除错误时要前后仔细查看。有错误或警告的话,用文本编辑器重新编辑修改,存盘退出后,再次编译,直至没有任何错误。当然,要提醒读者的是,编译器只能查找程序中的语法错误,对于程序逻辑上的问题,编译器是不会给出提示的。

　　编译成功后,Java 程序的编译对应源代码文件中定义的每个类都生成一个以这个类名字命名的.class 文件。也就是说,源代码文件中定义了几个类,编译结果就会产生几个字节码文件。例 1-1 中只有一个类,因此也只产生一个 JavaApplication.class 文件。但以下程序 MyApplication2.java 中定义了两个类,则编译后将产生两个字节码文件。这种情形下,同一 Java 源文件中最多只能定义一个 public 类,如果定义了 public 类,则要求源程序的文件名必须与 public 类的名称相同,main 方法放在该类中。

```
public class MyApplication2 {
  public static void main(String args[ ]) {
    System.out.println(UserClass.Message);
  }
}
class UserClass {
    static String Message = "Hello Java!";
}
```

3. 字节码的解释与运行

　　在 JDK 软件包中,用来解释 Java Application 字节码的解释器程序是 java.exe。

　　命令格式:java 字节码文件名

　　注意,这时字节码文件名后面不要写后缀名.class,因为默认的就是要去执行.class 的文件,写了反而要出错。

　　例如:java JavaApplication。

　　有时编译无错,但执行时可能会出现下面的错误:

　　Exception in thread "main" java.lang.NoClassDefFoundError:JavaApplication（类找不到错误）

　　解决办法如下。

　　(1) DOS 命令提示符下:

　　set classpath = % classpath % ;.

其中,classpath 代表 classpath 的原有值,"."代表用户操作的当前目录。

(2) 修改 Windows 环境变量 classpath,如果没有该环境变量,可新建一个,将 jdk 的 lib 目录(c:\jdk14\lib)放在该环境变量的值中。

例 1-1 的编译、解析执行完整情况如图 1-6 所示。

```
E:\java>javac JavaApplication.java

E:\java>java JavaApplication
Hello World!

E:\java>_
```

图 1-6　应用程序调试过程

调试 Java 程序时,如果已设置好环境变量,则源程序可以存放在磁盘的任何路径下,进行程序的编译和运行只要将用户的当前操作目录更改到该路径即可。

Java 的字节码是平台无关的,图 1-7 是例 1-1 的字节码在 Linux 下解释执行的情况。

```
root@HEDY:/mnt/win-c/Java/bin
文件(F)  编辑(E)  查看(V)  终端(T)  标签(B)
/mnt/win-c/Java/bin# java  JavaApplication
Hello World!
/mnt/win-c/Java/bin# []
```

图 1-7　Linux 下 Java 程序的执行

1.4.2　Java Applet

Java Applet 是另一类 Java 程序,它的源代码编辑和字节码编译生成过程与 Java Application 相同,但其运行是将 Applet 字节码作为一个对象嵌入 HTML 页面中由浏览器解释执行。

例 1-2　JavaApplet.java。

程序代码如下:

```java
import java.awt. * ;            //引入 awt 的所有类
import java.applet.Applet;      //引入系统类 Applet
public class JavaApplet extends Applet  {
    public void paint(Graphics g)  {
        g.drawString("Java Applet !", 40, 80);  //输出字符串
        g.setColor(Color.red);          //设置画笔颜色
        g.drawLine(30,40,130,40);       //画直线
        g.drawOval(30,40,100,100);      //画椭圆
    }
}
```

【说明】

① "//" 后面表示行注释,它是用来对相应的代码进行解释。所有注释的内容在编译

器处理时将被忽略掉。

② 两个 import 语句是用来引入 Java 系统提供的类,java.applet.Applet 表示 java.applet 包中的 Applet 类;java.awt.Graphics 表示 java.awt 包中的 Graphics 类。Java 语言中通过包组织类,通过引入其他包中的类,就可以在程序中直接使用这些类。

③ class JavaApplet extends Applet 定义了本例的主类,JavaApplet 是类名,要注意主类名必须和文件名相同,extends 是关键字,表示继承的意思,如果一个 Applet 程序中包含多个类,则继承 Applet 的类为主类。

④ public void paint(Graphics g)是一个在 Applet 中实现图形绘制的方法,Applet 程序将自动调用该方法进行绘图。paint 方法的参数是一个代表"画笔"的 Graphics 对象(这里名字为 g),利用该对象可调用 Graphics 类的各种方法实现各种图形的绘制,如:drawString 在指定位置绘制字符串、setColor 设置画笔的颜色、drawLine 绘制直线、drawOval 绘制椭圆等,各方法参数的具体含义参见第 6 章。对象方法的调用形式通常是"对象.方法(参数列表)"。

运行 Java Applet 时必须通过<APPLET>标记将其字节码嵌入到 HTML 文件中。例如:

```
<HTML>
<BODY>
<APPLET CODE = "JavaApplet.class" HEIGHT = 150 WIDTH = 150>
</APPLET>
</BODY>
</HTML>
```

其中,<APPLET>标签指定浏览器必须装载 JavaApplet.class 字节码文件,WIDTH 和 HEIGHT 属性指定 applet 显示区域的宽和高的大小,单位是像素。

将该文件命名为 AppletInclude.html,Applet 的运行过程可以用图 1-8 表示。浏览器首先通过发送 http 请求访问 HTML 文件,服务器将 HTML 文件作为 http 响应发送给浏览器;接下来,浏览器解释执行 HTML 文件,如果 HTML 中有<applet>标记,则当处理到<applet>标记时,它将给服务器发送请求,请求服务器在 HTML 文档所在目录下寻找这个类文件,从服务器"下载"该 Applet 字节码文件,然后,在浏览器中解释执行 applet 代码。

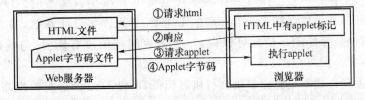

图 1-8 Applet 的解释执行过程

选择 IE 3.0 以上的 Web 浏览器运行以上的 AppletInclude.html 程序,可观察结果,如图 1-9 所示。可以看出 Applet 默认灰色为背景色。

也可以用 JDK 中提供的 AppletViewer.exe 应用程序来查看运行结果,如图 1-10 所示。用 Appletviewer 查看 Applet 时,背景色默认是白色。

E:\java> appletviewer AppletIncude.html

图 1-9　浏览器中查看 Applet

图 1-10　用 Appletviewer 查看 Applet

1.5　Java 语言的特点

1.5.1　简单的面向对象语言

Java 的语法类似于 C 或 C++，Java 是从 C++发展而来的，从某种意义上讲，Java 语言是 C 及 C++语言的一个变种，因此，C++程序员可以很快就掌握 Java 编程技术。但 Java 比 C++要简单，Java 摒弃了 C++中容易引发程序错误的地方，如指针和内存管理。另一方面，它又从 Smalltalk 和 Ada 等语言中吸收了面向对象技术中最好的东西。Java 语言的设计完全是面向对象的，Java 提供了丰富的类库。

1.5.2　跨平台与解释执行

Java 实现了软件设计人员的一个梦想——"跨平台"。为此目标，Java 的目标代码设计为字节码的形式，从而可以"一次编译，到处执行"。在具体的机器运行环境中，由 Java 虚拟机对字节码进行解释执行。通过定义独立于平台的基本数据类型及其运算，Java 数据得以在任何硬件平台上保持一致。Java 编译器本身也是用 Java 语言编写的。Java 虚拟机的编制是以定义良好的移植层面和工业界标准的 POSIX 界面作为设计基础，用 ANSIC 语言写成。因此，移植也是容易的事情。可以说，Java 语言规范中没有任何"与具体平台实现相关"的内容。

解释执行无疑在效率上要比直接执行机器码低，所以 Java 的运行速度相比 C++要慢些。但 Java 解释器执行的字节码是经过精心设计的，Java 解释器执行的速度比其他解释器快。结合其他一些技术，也可以提高 Java 的执行效率，例如，在具体平台下，Java 还可以使用本地代码。Java 运行环境将提供一个即时编译器，这个编译器在运行时将结构中立的字节码翻译为机器码。

1.5.3 健壮和安全的语言

Java 在编译和运行程序时,都要对可能出现的问题进行检查,以消除错误的产生。Java 在编译时,提示可能出现但未被处理的异常,帮助程序员正确地进行选择,以防止系统的崩溃。类型检查帮助检查出许多开发早期出现的错误。Java 不支持指针,从而防止了对内存的非法访问。在 Java 语言里,像指针和释放内存等 C++功能被删除,避免了非法内存操作。

由于 Java 代码的可移动特性,代码的安全设计变得至关重要。例如,Java Applet 是存放在 Web 服务器上,但却是下载到客户端浏览器中运行的,如果 Applet 中含有恶意代码,(如,修改或删除客户端的文件),那是非常危险的,因此,Java 代码在执行前将由运行系统进行安全检查,只有通过了安全检查的代码才能正常执行。

在 JDK 的发展过程中对安全模型进行了不同的规定。最早的 JDK 1.0 规定所有的远程代码必须在沙箱中执行。在沙箱中只有不违背安全规定的代码才能顺利执行,对本地文件的操作访问被认为是非法的,Applet 也只限于与它所在的 Web 服务器建立网络通信连接。

在 JDK 1.1 中,对上述安全限制作了适当的改进。一个经过签名的 Applet 代码被认为是可信任的,可以不受沙箱限制访问本地文件,如图 1-11 所示。JDK 1.1 沙箱模型的特点是被信任程序拥有全部访问权限,不被信任的程序只能在沙箱中运行。而实际上,即使是被信任的程序也应该限制它们的权限。

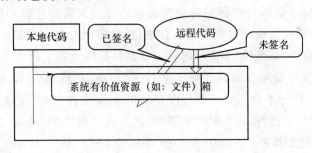

图 1-11 JDK 1.1 的沙箱模型

在新的 Java 2 模型中,安全性进一步得到完善。每个 Java 类(包括应用程序和 Applet 程序)都在保护域中运行。每个域规定相关的权限(例如,某域中的类可能允许访问硬盘,但不允许任何网络连接),Java 类根据装入来源和是否签名指定给某个保护域。应用程序与小应用程序之间的差别在于默认设置,小应用程序默认为严格安全设置;而应用程序则默认为非严格安全设置。

1.5.4 支持多线程

多线程是当今软件技术的一项重要成果,它在很大程度上提高了软件的运行效率,因此,在操作系统、数据库系统以及应用软件开发等很多领域得到广泛使用。多线程技术允许在同一程序中有多个执行线索,也就是可以同时做多件事情,从而满足复杂应用需要。Java

不但内置多线程功能(例如,Java 的自动垃圾回收就是以线程方式在后台运作),而且 Java 提供语言级的多线程支持,利用 Java 的 Thread 类可容易地编写多线程应用。

1.5.5 面向网络的语言

Java 源于分布式应用这一背景,以及 Java Applet 是直接嵌入到浏览器中执行的程序,给浏览器页面的动态交互性带来了重大影响。Java 中还提供了丰富的网络功能,例如,利用Java提供的 Socket 和数据报的通信功能,可以很容易编写客户/服务器应用。Java 应用程序可凭借 URL 打开并访问网络上的对象,其访问方式与访问本地文件系统几乎完全相同。如今,Java 已经成为了分布式企业级应用的事实标准。

1.5.6 动态性

Java 程序的基本组成单元是类,有些类是程序员自己编写的,有些是从类库引入的。在运行时所有 Java 类是动态装载的,这就使 Java 可以在分布式环境下动态地维护程序和类库。不像 C++那样,每当类库升级后,相应的程序都必须重新修改、编译。

1.6 本章小结

本章介绍了 Java 语言的产生和特点。给出了两种 Java 程序:Java Application 和 Java Applet 的调试步骤。Java Application 在 DOS 命令方式下进行调试,而 Java Applet 在浏览器的环境下运行。Java 是一门纯面向对象的编程语言。面向对象编程的思路认为程序都是对象的组合,因此要克服面向过程编程的思路,直接按照对象和类的思想去组织程序,面向对象所具有的封装性、继承性、多态性等特点使其具有强大的生命力。Sun 公司为全世界 Java 开发人员提供了一套免费的软件开发包 Java2 SDK,也称为 JDK,它不仅是 Java 的开发平台,还是 Java 的运行平台。Java 源程序存放在. java 文件中,可以通过任意一个文本编辑器编辑产生,源程序经过"javac"命令编译后,就生成了相应的. class 文件,而用"java"命令就可以运行 Java 应用程序。Applet 程序必须嵌入到 HTML 文件中运行。

习 题

1-1 有哪 3 种类型的程序设计语言?

1-2 什么是类? 什么是对象? 类与对象有何关系?

1-3 简述面向对象程序设计的特性。

1-4 简述 Java 语言的特点。

1-5 参照本章例子,创建一个名为 TestApp 的 Java Application,在屏幕上分行显示如下一段文字:

华东交通大学

欢迎您!

1-6 参照本章例子,创建一个名为 TestApplet 的 Java Applet,在窗体中显示两个同心圆,圆内显示两个汉字"同心",同时需要编写 test.html 文件。

1-7 分别编写 Java 应用程序和 Applet 程序实现如下三角形图案的绘制。

$$*$$

$$***$$

$$*****$$

【提示】 在命令行方式下,输出字符串是通过换行定位,在图形方式下,绘制字符串通过坐标定位。

第 2 章　Java 语言基础

2.1　Java 符号

Java 语言主要由以下 5 种元素组成：标识符、关键字、运算符、分隔符和注释。这 5 种元素有着不同的语法含义和组成规则，它们互相配合，共同完成 Java 语言的语意表达。

2.1.1　标识符

在程序中，通常要为各种变量、方法、对象和类等加以命名，将所有由用户定义的名字称为标识符（Identifier）。Java 语言中，标识符是以字母、下划线（_）、美元符（$）开始的一个字符序列，后面可以跟字母、下划线、美元符、数字。标识符的长度没有限制。除了上面的规则外，定义标识符还要注意以下几点。

① Java 的保留字（也称关键字）不能作为标识符，如，if、int、public 等。

② Java 是大小写敏感的语言。所以，A1 和 a1 是两个不同的标识符。

③ 标识符能在一定程度上反映它所表示的变量、常量、类的意义，即能见名知义。

按照一般习惯，变量名和方法名以小写字母开头，而类名以大写字母开头的。如果变量名包含了多个单词，则单词组合时，每个单词的第一个字母大写，比如 isVisible。

表 2-1 列出了一些 Java 的合法标识符、不合法标识符以及不合法的原因。

表 2-1　Java 标识符举例

合法标识符	不合法标识符	不合法原因
tryAgain	try#	不能含有♯号
group_7	7group	不能以数字开头
opendoor	open—door	不能出现减号，只能用下划线
boolean_1	boolean	关键字不能作为标识符

2.1.2　关键字

Java 语言中将一些单词赋予特殊的用途，不能当成一般的标识符使用，这些单词称为关键字（Key word）或保留字（Reserved word）。表 2-2 列出了 Java 语言中的所有关键字及用途。

表 2-2　Java 常用关键字

关键字	用途
boolean byte char double float int long short void	基本类型
new super this instanceof null	对象创建、引用
if else switch case default	选择语句
do while for	循环语句
break continue return	控制转移
try catch finally throw throws assert	异常处理
synchronized	线程同步
abstract final private protected public static	修饰说明
class extends interface implements import package	类、继承、接口、包
native transient volatile	其他方法
true false	布尔常量

有关 Java 关键字要注意以下几点。

① Java 语言中的关键字均为小写字母表示。TRUE、NULL 等不是关键字。

② goto 和 const 虽然在 Java 中没有作用,但仍保留作为 Java 的关键字。

2.1.3　分隔符

在 Java 中,圆点".""、分号";"、空格和花括号"{ }"等符号具有特殊的分隔作用。将其统称为分隔符。每条 Java 语句是以分号作为结束标记。一行可以写多条语句,一条语句也可以占多行。例如,以下 Java 语句是合法的。

```
int i,j;
i = 3;j = i + 1;
String x = "hello" +
    ", welcome!";
```

Java 中可以通过花括号"{ }"将一组语句合并为一个语句块。语句块在某种程度上具有单条语句的性质。类体和方法体也是用一组花括号作为起始和结束。

为了增强程序的可读性,经常在代码中插入一些空格来实现缩进。一般按语句的嵌套层次逐层缩进。为使程序格式清晰而插入到程序中的空格只起分隔作用,在编译处理时将自动过滤掉多余空格。但字符串中的每个空格均是有意义的。

2.1.4　注释

注释是程序中的可选部分,但在程序的关键部分书写注释是良好的习惯。清楚、必要的注释可以增强程序的可阅读性。Java 的注释有以下 3 种。

(1) 单行注释符

在语句行中以"//"开头到本行末的所有字符会被编译系统视为注释,在编译时它将被忽略。例如:

```
setLayout(new FlowLayout());    //默认的布局
```

（2）多行注释

以"/ *"和" * /"进行标记,其中"/ *"标志着注释块的开始," * /"标志注释块的结束。例如:

```
/ *  以下程序段循环计算并输出
     2!、3!、…、9! 的值
 * /
int fac = 1;
for (int k = 2; k<10; k ++ ) {
    fac = fac * k;
    System. out. println(k + "! = " + fac);
}
```

（3）文档注释

类似前面的多行注释,但注释开始标记为"/ **",结束仍为" * /"。文档注释除了起普通注释的作用外,还能够被 Java 文档化工具(javadoc)识别和处理,在自动生成文档时有用。其核心思想是当程序员编完程序以后,可以通过 JDK 提供的 javadoc 命令,生成所编程序的 API 文档,而该文档中的内容主要就是从程序的文档注释中提取的。该 API 文档以 HTML 文件的形式出现,与 Java 帮助文档的风格与形式完全一致。

例如下面的 DocTest. java 文件:

```
/ ** 这是一个文档注释的例子,主要介绍下面这个类 * /
public class DocTest{
    / ** 变量注释,下面这个变量主要是充当整数计数 * /
    public int i;
    / ** 方法注释,下面这个方法的主要功能是计数 * /
    public void count( ) {}
}
```

【注意】 注释的作用是增强程序的可读性,但要注意保持注释的简洁性,避免使用装饰性内容。好的编程习惯是先写注释再写代码或者边写注释边写代码。注释信息不仅要包含代码的功能说明,还要解释必要的原因,以便于代码的维护与升级。

2.2 数据类型

2.2.1 数据类型

在程序设计中要使用和处理各种数据,数据按其表示信息的含义和占用空间大小区分为不同类型。Java 语言的数据类型可以分为简单数据类型和复合数据类型两大类,如图 2-1所示。

简单数据类型也叫基本类型,它代表的是语言能处理的基本数据。如,数值数据中的整数和实数(也叫浮点数),字符类型和代表逻辑值的布尔类型。基本数据类型数据的特点是占用的存储空间是固定的。

复合数据类型也称为引用类型,其数据存储取决于数据类型的定义,通常由多个基本类型或复合类型的数据组合构成,通过引用变量加上其他特指来访问相应的数据空间。

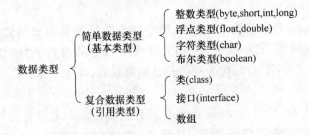

图 2-1　Java 数据类型

数据所占存储空间的大小是以字节为单位,表 2-3 列出了 Java 所有基本数据类型分配的存储空间大小及数据取值范围。在某些情况下,系统自动给基本数据类型变量的存储单元赋默认值,表 2-3 也给出了各种基本类型的默认值。

表 2-3　Java 基本数据类型

关键字	数据类型	所占字节	默认值	取值范围
byte	字节型	1	0	$-2^7 \sim 2^7-1$
short	短整型	2	0	$-2^{15} \sim 2^{15}-1$
int	整型	4	0	$-2^{31} \sim 2^{31}-1$
long	长整型	8	0	$-2^{63} \sim 2^{63}-1$
float	单精度浮点型	4	0.0F	$1.4e^{-45} \sim 3.4e^{+038}$
double	双精度浮点型	8	0.0D	$4.9e^{-324} \sim 1.798e^{+308}$
char	字符型	2	0	$0 \sim 65\,535$
boolean	布尔型	1	false	true,false

2.2.2　常量

常量是指在程序运行过程中其值保持不变的量。每种基本数据类型均有相应的常量,例如,布尔常量、整数常量、浮点常量、字符常量等,另外还有一种常量是字符串常量,该类常量的处理有些特殊,原因在于 Java 并没有将字符串作为简单类型,而是作为一种复合类型对待,在 Java 中专门有一个类 String 对应字符串的处理。

1. 布尔常量

布尔常量只有 true 和 false 两个取值。它表示逻辑的两种状态,true 表示真,false 表示假。注意,Java 中的布尔类型是一个独立的类型,不对应于任何整数值,这点和 C 语言中的布尔值用 0 或非 0 来表示是完全不同的。

2. 整数常量

整数常量就是不带小数的数,但包括负数。在 Java 中整数常量分为 long、int、short 和byte 四种类型。在 Java 语言中对于数值数据的表示有以下 3 种形式。

(1) 十进制:数据以非 0 开头,例如,4,−15。

（2）八进制：数据以 0 开头，其中，每位数字范围为 0～7，例如，054，012。

（3）十六进制：数据以 0x 开头，由于数字字符只有 10 个（0～9），所以表示十六进制时分别用 A～F 几个字母来代表十进制的 10～15 对应的值。因此，每位数字范围为 0～9、A～F，例如，0x11，0xAD00。

Java 语言的整型常量默认为 int 类型，要将一个常量声明为长整数类型则在数据的后面加 L 或 l。一般使用"L"而不使用"l"，因为字母"l"很容易与数字"1"混起来。如，12 代表一个整型常量，占 4 个字节；12L 代表一个长整型常量，占 8 个字节。

3. 浮点常量

浮点常量也称实数，包括 float 和 double 两种类型。浮点常量有两种表示形式。

（1）小数点形式：也就是以小数表示法来表示实数，如，6.37，−0.023。

（2）指数形式：也称科学表示法，如，3e−2 代表 0.03，3.7E15 代表 3.7×10^{15}，这里，e/E 左边的数据为底数，e/E 右边是 10 的幂。另外要注意，只有实数才用科学表示法，整型常量不能用这种形式。

为了区分 float 和 double 两类常量，可以在常量后面加后缀修饰。float 类型常量以 F/f 结尾，double 类型常量以 D/d 结尾。如果浮点常量不带后缀，则默认为双精度常量。

4. 字符常量

字符常量是由一对单引号括起来的单个字符或以反斜线（\）开头的转义符。如：'J'，'4'，'#'，'d'。字符在计算机内是用编码来表示的。为了满足编码的国际化要求，Java 的字符编码采用了国际统一标准的 Unicode 码，一个字符用 16 位无符号型数据表示。这样，Java 程序在不同平台运行能保持一致性。

特殊字符可以通过转义符来表示。表 2-4 列出了常用转义符及含义。

表 2-4 常用转义字符

转义字符	描　　述
\'	单引号字符
\"	双引号字符
\\	反斜杠
\r	回车
\n	换行
\f	走纸换页
\t	横向跳格
\b	退格

表示字符的另一种方式是用转义符加编码值来表示，具体有如下的两种办法。

- \ddd：用 1 到 3 位八进制数（ddd）表示字符。
- \uxxxx：用 1 到 4 位十六进制数（xxxx）表示字符。

5. 字符串常量

字符串常量是用双引号括起来的由 0 个或多个字符组成的字符序列，字符串中可以包含转义字符。例如，"12345"，"This is a string"，"a"。

Java 中，字符串实际上是 String 类常量，String 类在 Java 中有特殊的地位，编译器能自动把双引号之间的字符识别为 String 常量。

2.2.3 变量

1. 变量的定义与赋值

在程序中通过变量来保存那些运行中可变的数据，Java 中的变量必须先声明，后使用。

声明变量包括指明变量的类型和变量的名称,根据需要也可以指定变量的初始值。

格式:类型 变量名[=值][,变量名[=值],…];

说明:格式中方括号表示可选部分,其含义是在定义变量时可以设置变量的初始值,如果在同一语句中要声明多个变量,则变量间用逗号分隔。例如:

```
int count;        // 定义 count 为整型变量
double m,n = 0; // 定义变量 m 和 n 为双精度型,同时给变量 n 赋初值 0
char c = ′a′;     // 定义字符变量 c 并给其赋初值
count = 0;        // 给变量 count 赋值
```

【说明】 上述给变量赋值的语句称为赋值语句。其效果是将赋值号"="右边的值赋给左边的变量。

声明变量又称为创建变量,执行变量声明语句时系统根据变量的数据类型在内存中开辟相应的内存空间,并将变量的值存入该空间。可以想象每个变量为一个小盒子,变量名为盒子的标记,而变量的值为盒中的内容,如图 2-2 所示。

| count | 0 | | c | ′a′ |

图 2-2　变量的定义与赋值

在某些情况下,变量没有赋初值时系统将按其所属类型给变量赋初值。但是,通常要养成引用变量前保证变量已赋值的习惯。

变量的命名要符合标识符的规定,每个变量均有一个作用域,在变量的作用域内不能定义两个同名的变量。程序中用变量名来引用变量的数值。在变量作用域外不能再访问变量。变量占用空间也将由系统垃圾回收程序自动将其释放。

2. 变量的取值范围

变量所分配存储空间大小取决于变量的数据类型,不同数值型变量的存储空间大小不同,因此能存储的数值范围也不同。各种数值变量对应的包装类中分别定义了两个属性常量 MAX_VALUE 和 MIN_VALUE 指示相应基本类型的数值范围,见下例。

例 2-1 简单数据类型变量取值范围演示。

程序代码如下:

```
public class VariablesDemo {
  public static void main(String args[]) {
    System.out.println("字节型的取值范围是:" + Byte.MIN_VALUE + " ～ " + Byte.
    MAX_VALUE);
    System.out.println("短整型的取值范围是:" + Short.MIN_VALUE + " ～ " +
    Short.MAX_VALUE);
    System.out.println("整型的取值范围是:" + Integer.MIN_VALUE + " ～ " + In-
    teger.MAX_VALUE);
    System.out.println("长整型的取值范围是:" + Long.MIN_VALUE + " ～ " + Long.
    MAX_VALUE);
    System.out.println("单精度浮点型的取值范围是:" + Float.MIN_VALUE + " ～ "
    + Float.MAX_VALUE);
    System.out.println("双精度浮点型的取值范围是:" + Double.MIN_VALUE + " ～
    " + Double.MAX_VALUE);
```

```
    System.out.println("字符型 aChar 的值是:" + aChar);
    System.out.println("布尔型 aBoolean 的值是:" + aBoolean);
  }
}
```

【运行结果】

字节型的取值范围是:－128 ～ 127

短整型的取值范围是:－ 32768 ～ 32767

整型的取值范围是:－ 2147483648 ～ 2147483647

长整型的取值范围是:－ 9223372036854775808 ～ 9223372036854775807

单精度浮点型的取值范围是:1.4E－45 ～ 3.4028235E38

双精度浮点型的取值范围是:4.9E－324 ～ 1.7976931348623157E308

【说明】 这里利用了 println()方法来输出数据。它是 Java 字符界面下显示结果的常用方法,该方法在每次执行完输出后将换行。如果希望下条输出语句的输出接着本行后面,可以采用另一个方法 print()。如果是 println()无参数,则仅表示输出一个换行。

 思考

以下代码的输出有几行?
```
System.out.print("good");
System.out.print("bad");
System.out.println();
System.out.println();
System.out.println("hello");
System.out.println("ok");
```

3. 赋值与强制类型转换

在程序中经常需要通过赋值运算设置或更改变量的值。赋值语句的格式为:

变量＝表达式;

其功能是先计算右边表达式的值,再将结果赋给左边的变量。

表达式可以是常数、变量或一个运算式,例如:

int x = 5;　　　//将 5 赋值给变量 x

x = x + 1;　　　//将 x 的值增加 1 重新赋值给 x

【注意】 赋值不同于数学上的"等号",$x = x + 1$ 在数学上不成立。但这里的作用是给变量 x 的值增加 1,程序中常用这样的方式给一个变量递增值。

在使用赋值运算时可能会遇到等号左边的数据类型与等号右边的数据类型不一致的情况。这时需要将等号右边的结果转换为左边的数据类型,再赋值给左边的变量。这时可能出现两种情况,一种是系统自动转换,另一种必须使用强制转换。Java 规定:将数据表示范围小的"短数据类型"转化为数据表示范围大的"长数据类型",系统将自动进行转换;反之必须使用强制转换。

以上内容实际上很容易理解,短数据类型的数据转换为长数据类型显然不存在数据超出范围问题,而将长数据类型的数据存储在短数据类型的空间中,则存在表示超出范围的问题。因此,Java强制程序员使用强制转换实际也是给出一种暗示"是否真有必要转换",如果确实需要,那你就强制这样做吧! 强制转换有可能造成数据的部分丢失。

基本数据类型自动转换的递增顺序为:

byte→short→char→int→long→float→double

强制类型转换格式为:

变量 =(数据类型)表达式;

【注意】 布尔类型不能与其他类型进行转换。

例2-2 简单数据类型输出。

```java
public class SimpleDataType {
    public static void main (String args [ ] ) {
        int i = 3; //整常数默认为 int 型
        byte bi = (byte)i; //将 int 类型转化为 byte 型要使用强制转换
        short si = 20000; //将整常量赋值给变量,不超出变量的数据范围内可以赋值
        int li = (int)4.25; //实数转换为整数
        float f = 3.14f; //实数默认为双精度型,通过后缀指定为 float 型
        System.out.println(bi + "\t" + si + "\t" + i + "\t" + li + "\t" + f);
    }
}
```

【运行结果】

3   20000   3   4   3.14

【说明】 对于整常数赋值转换,有一种较为特殊的处理。系统将自动检查数据的大小是否超出范围,例如:上面的 20 000 虽然是 int 类型常数,但其值在 short 类型有效范围之内,因此系统将自动进行转换,这是编译器对程序员的一种放宽。如果数据超出范围,则不能通过编译,例如:

short si = 200000; //编译指示将丢失数据精度

但要注意,以上指的是整常数,如果赋值号右边是变量,则严格按照类型转换原则进行检查。如果将程序中 byte bi = (byte)i 改为:byte bi=i;则编译器将指示错误,因为数据已经按 int 类型表示,不论其大小,要赋值给 byte 型变量必须强制转换。

上述整常数的情形不能用于实数常量,下述赋值将不能通过编译,必须使用强制转换。

float f = 3.14;

强制转换也可能导致数据结果的错误,例如:

byte x = 25,y = 125;

byte m = (byte)(x + y);

System.out.println("m = " + m);

输出结果为:

m = -106

字节数据的最大表示范围是 127,再大的数只能进位到符号位,因此,产生的结果为一个负数。如果不使用强制转换,直接写成如下形式:

byte m = x + y;

则由 $x+y$ 的值超出 byte 数据类型能表示的数据范围,编译会给出"possible loss of precision"的错误指示。

2.3　表达式与运算符

表达式是由操作数和运算符按一定的语法形式组成的式子。一个常量或一个变量可以看成表达式的特例,其值即该常量或变量的值。在表达式中,表示各种不同运算的符号称为运算符,参与运算的数据称为操作数。

组成表达式的运算符有很多种,按操作数的数目来分,可有一元运算符、二元运算符和三元运算符。

（1）一元运算符

只需要一个运算对象的运算符称为一元运算符,例如,++,——,+,—等。例如:

x = - x;　　　//将 x 的值取反赋值给 x

y = ++ x;　　　//将 x 的值加 1 赋给 y

一元运算符支持前缀或者后缀记号。

- 前缀记号是指运算符出现在它的运算对象之前:

operator op　　　//前缀记号

- 后缀记号是指运算符出现在运算对象之后:

op operator　　　//后缀记号

（2）二元运算符

需要两个运算对象的运算符称为双元操纵符,比如赋值号"="可以看成是一个二元运算符,它指定右边的运算对象给左边的运算对象。其他二元运算符如,+、—、*、/、>、<等。例如:

x = x + 2;

所有的二元运算符使用中缀记号,即运算符出现在两个运算对象的中间:

op1 operator op2　　　//中缀记号

（3）三元运算符

三元运算符需要 3 个运算对象。Java 有一个三元运算符"？：",它是一个简要的 if…else 语句。

三元运算符也是使用中缀记号:

op1 ？ op2 ： op3　　　//其含义是如果 op1 结果为真值执行 op2,否则执行 op3

运算除了执行一个操作,还返回一个数值。返回数值和它的类型依靠于运算符号和运算对象的类型。比如,算术运算符完成基本的算术操作(加、减),并且返回数值作为算术操作的结果。由算术运算符返回的数据类型取决于它的运算对象的类型:如果两个整型数相加,结果就是一个整型数;如果两个实型数相加,那么结果为实型数。

可以将运算符分成以下几类:算术运算符、关系运算符、逻辑运算符、位运算符、赋值运算符、类型转换和其他的运算符。

2.3.1 算术运算符

算术运算是针对数值类型操作数进行的运算。根据需要参与运算的操作数的数目要求,可将算术运算符分双目运算符和单目运算符两种。

1. 双目算术运算符

双目算术运算符见表2-5。

表 2-5　双目算术运算符

运算符	使用形式	描　述	举　例	结　果
+	op1 + op2	op1 加上 op2	5+6	11
−	op1 − op2	op1 减去 op2	6.2−2	4.2
*	op1 * op2	op1 乘以 op2	3 * 4	12
/	op1 / op2	op1 除以 op2	7/2	3
%	op1 % op2	op1 除以 op2 的余数	9%2	1

【注意】

① "/"运算对整数和浮点数情况不同,7/2结果为3,而7.0/2.0结果为3.5,也就是说整数相除将舍去小数部分。而浮点数相除则要保留小数部分。

② 取模运算"%"一般用于整数运算,它是用来得到余数部分。例如,7%4的结果为3。但当参与运算的量为负数时,结果的正负性取决于被除数的正负。实数的取模运算,与整数的计算方法是一致的,但意义不大,见下例。

例 2-3　取模运算。

程序代码如下:

```java
public class test {
    public static void main(String a[]) {
        System.out.print(7 % − 2 + "\t");
        System.out.print(7 % 2 + "\t");
        System.out.print(−7 % 2 + "\t");
        System.out.println(−7 % − 2 + "\t");
        System.out.println("7.2 % 2.8 = " + 7.2 % 2.8);
    }
}
```

【运行结果】

```
1       1       −1       −1
7.2 % 2.8 = 1.6000000000000005
```

【说明】按手工计算7.2%2.8的结果应为1.6,但计算机内,由于数据的表示和运算的精度问题,实数运算往往存在一定的偏差。

③ 在很多情况下会出现各种类型数据的混合运算,这时系统将按自动转换原则将操作数转化为同一类型,再进行运算。如,一个整数和一个浮点数执行运算,结果为浮点型。

2. 单目算术运算符

单目算术运算符见表 2-6。

表 2-6 单目算术运算符

运算符	使用形式	描 述	功能等价
++	a++或++a	自增	$a=a+1$
--	a--或--a	自减	$a=a-1$
-	-a	求相反数	$a=-a$

【说明】

① 变量的自增及自减与++及--出现在该变量前后位置无关。无论是++x还是x++均表示x要增1。

② 表达式的值与运算符位置有关。

若$x=2$,则$(++x)*3$结果为9,也就是++x的返回值是3;而$(x++)*3$结果为6,即x++的返回值是2。这点在记忆上有些困难,可以观察是谁打头,如果是变量打头,则取变量在递增前的值作为表达式结果,实际就是变量的原有值;如果是++打头,则强调要取"加后"的结果,也即取变量递增后的值作为表达式结果。下例进一步演示该运算符的使用特点。

```
public class test {
    public static void main(String args[]) {
        int a = 2;
        a++ ;
        System.out.println("a = " + a);
        int m = a++ ;
        System.out.println("a = " + a + ",m = " + m);
        int n = ++a;
        System.out.print("a = " + a + ",n = " + n);
    }
}
```

【运行结果】

```
a = 3
a = 4,m = 3
a = 5,n = 5
```

2.3.2 关系运算符

关系运算符也称比较运算符,是用于比较两个数据之间的大小关系的运算,见表 2-7所示。

表 2-7　常用的关系运算符

运算符	用　法	描　述	举　例
>	op1 > op2	op1 大于 op2	$x>3$
>=	op1 >= op2	op1 大于等于 op2	$x>=4$
<	op1 < op2	op1 小于 op2	$x<3$
<=	op1 <= op2	op1 小于等于 op2	$x<=4$
==	op1 == op2	op1 等于 op2	$x==2$
!=	op1 != op2	op1 不等于 op2	$x!=1$

关系运算结果是布尔值(true 或 false),如果 x 的值为 5,则 $x>3$ 的结果为 true。

2.3.3　逻辑运算符

逻辑运算是针对布尔型数据进行的运算,运算的结果仍然是布尔型量。常用的逻辑运算有:与(AND)、或(OR)、非(NOT),见表 2-8。

表 2-8　逻辑关系

逻辑运算	含　义
A AND B	A、B 均为真时结果才为真
A OR B	A、B 中有一个为真时结果就是真
NOT A	结果为 A 的相反值

表 2-9 列出了 Java 语言支持的逻辑运算符。

表 2-9　逻辑运算符

运算符	用　法	何时结果为 true	附加特点
&&	op1 && op2	op1 和 op2 都是 true	op1 为 false 时,不计算 op2
||	op1 || op2	op1 或 op2 是 true	op1 为 true 时,不计算 op2
!	! op	op 为 false	

从表 2-9 可以看出,计算逻辑表达式时,在某些情况下,不必要对整个表达式的各部分进行计算,例如,(5==2)&&(2<3) 的结果为 false。这里实际只计算 5==2 的值发现为 false,则断定整个逻辑表达式的结果为 false,右边的(2<3)根本未被计算。这点希望读者能引起注意。在一些特殊情况下,右边的表达式也许会产生某个异常情形,但却因为没有执行右边的运算而没有表现出来。对于或逻辑,当左边的运算为真时也不执行右边的运算。

例如,设 $x=3$,执行下面语句结果为 true。

System.out.println((x == 3)||(x/0>2));

如果将代码改为

System.out.println((x/0>2)||(x == 3));

则运行时将产生算术运算异常,不能用 x 去除 0。

2.3.4　位运算符

位运算是对操作数以二进制比特(bit)位为单位进行的操作运算,位运算的操作数和结果都是整型量。几种位运算符和相应的运算规则参见表2-10。

表 2-10 位运算符

运算符	用 法	操 作
~	~op	结果是 op 按比特位求反
>>	op1 >> op2	将 op1 右移 op2 个位(带符号)
<<	op1 << op2	将 op1 左移 op2 个位(带符号)
>>>	op1 >>> op2	将 op1 右移 op2 个位(不带符号的右移)
&	op1 & op2	op1 和 op2 都是 true
|	op1 | op2	op1 或 op2 是 true
^	op1 ^ op2	op1 和 op2 是不同值

1. 移位运算符

移位运算是将某一变量所包含的各比特位按指定方向移动指定的位数,移位运算符通过对第一个运算对象左移或者右移位来对数据执行位操作。移动的位数由右边的操作数决定,移位的方向取决于运算符本身。表2-11给出具体例子。

表 2-11 移位运算符使用示例

x(十进制表示)	二进制补码表示	$x<<2$	$x>>2$	$x>>>2$
30	00011110	01111000	00000111	00000111
−17	11101111	10111100	11111011	00111011

从表2-11可以看出,数据在计算机内是以二进制补码的形式存储的,正负数的区别看最高位:最高位为0则数据是正数;最高位为1则为负数。显然,对数据的移位操作不能改变数据的正负性质,因此,在处理带符号的右移中,右移后左边留出的空位上复制原数的符号位。而不带符号的右移中,右移后左边的空位一律填0。带符号的左移在后边填补0。

2. 按位逻辑运算

位运算符 &、|、~、^分别提供了基于位的与(AND)、或(OR)、求反(NOT)、异或(XOR)操作。其中,异或是指两位值不同时,对应结果位为1,否则为0。

不妨用两个数进行计算,例如:$x=13$,$y=43$,计算各运算结果。

首先,将数据转换为二进制形式:$x=1101$,$y=101011$。考虑到数据在计算机内的存储表示,不妨以字节数据为例,x 和 y 均占用一个字节,所以 x 和 y 的二进制为:$x=00001101$,$y=00101011$。

$~x$ 结果应为11110010,十进制结果为−14。

【注意】 14的二进制为1110,补全8位也即00001110,−14的补码是14的原码求反加 1,即 11110001+1=11110010。$x\&y$ 的计算如图2-3所示。

$$\begin{array}{r} 00001101 \\ \&\ \underline{00101011} \\ 00001001 \end{array}$$

图 2-3 位与运算

$x\&y=1001$,也即十进制的9。

其他运算可仿照图2-3的办法计算,如下程序可验证运算的正确性。

```
public class TestBitOperation {
    public static void main(String args[]) {
        byte x = 13, y = 43;
        System.out.println("~x = " + (~x));
        System.out.println("x&y = " + (x&y));
        System.out.println("x|y = " + (x|y));
        System.out.println("x^y = " + (x^y));
    }
}
```

【运行结果】

~x = -14

x&y = 9

x|y = 47

x^y = 38

2.3.5 赋值组合运算符

赋值组合运算符是指在赋值运算符的左边有一个其他运算符,例如:

x += 2; //相当于 x = x + 2

其功能是先将左边变量与右边的表达式进行某种运算后,再把运算的结果赋给变量。能与赋值符结合的运算符包括如下几种。

- 算术运算符:+,−,*,/,%
- 位运算符:&,|,^
- 位移运算符:>>,<<,>>>

2.3.6 其他运算符

表 2-12 给出了其他运算符的简要说明。这些运算符的具体应用将在以后用到。

表 2-12 其他运算符

运算符	描 述
?:	作用相当于 if-else 语句
[]	用于声明数组、创建数组以及访问数组元素
.	用于访问对象实例或者类的类成员函数
(type)	强制类型转换
new	创建一个新的对象或者新的数组
instanceof	判断对象是否为类的实例

【说明】

① 条件运算符是唯一的一个三元运算符,其结构如下:

条件? 表达式 1:表达式 2

其含义是如果条件的计算结果为真,则结果为表达式 1 的计算结果,否则为表达式 2 的计算结果。例如,利用以下语句可以求两个数的最大值。

x = (a>b)? a:b;

② instanceof 用来决定第一个运算对象是否为第二个运算对象的一个实例。例如：

String x = ″hello world!″;

if (x instanceof String)

   System.out.println(″s is a instance of String″);

2.3.7 运算符优先级

运算符的优先级决定了表达式中不同运算执行的先后顺序,如,在算术表达式中,"*"号的优先级高于"+"号,所以 $5+3*4$ 相当于 $5+(3*4)$;在逻辑表达式中,关系运算符的优先级高于逻辑运算符,所以,$x>y\&\&x<5$ 相当于 $(x>y)\&\&(x<5)$。

在运算符优先级相同时,运算的运行次序取决于运算符的结合性,例如,$4*7\%3$ 因理解为 $(4*7)\%3$,结果为 1,而不是 $4*(7\%3)$,结果为 4。

运算符的结合性分为左结合和右结合,左结合就是按由左向右的次序计算表达式,例如上面的 $4*7\%3$;而右结合就是按由右到左的次序计算。例如,$a=b=c$ 相当于"$a=(b=c)$",再如,a? b:c? d:e 相当于"a? b:(c? d:e)"。Java 运算符的优先级与结合性见表 2-13。

表 2-13 Java 运算符的优先级与结合性

运算符	描 述	优先级	结合性
()	圆括号	15	左
new	创建对象	15	左
[]	数组下标运算	15	左
.	访问成员(属性、方法)	15	左
++、--	后级自增、自减1	14	右
++、--	前级自增、自减1	13	右
~	按位取反	13	右
!	逻辑非	13	右
-、+	算术符号(负、正号)	13	右
(type)	强制类型转换	13	右
*、/、%	乘、除、取模	12	左
+、-	加、减	11	左
<<、>>、>>>	移位	10	左
<、>、<=、>= instanceof	关系运算	9	左
==、!=	相等性运算	8	左
&	位逻辑与	7	左
^	位逻辑异或	6	左
|	位逻辑或	5	左
&&	逻辑与	4	左
||	逻辑或	3	左
?:	条件运算符	2	右
=、+=、-=、*=、/=、%=、&=、^=、|=、<<=、>>=、>>>=	赋值运算符	1	右

2.4 字符界面常见类型数据的输入

为了在后面的程序介绍中能方便地获取输入数据,以下介绍常用数据输入方法。这些方法用于在字符界面下获取应用的输入数据。这里指的输入是从标准输入设备(键盘)获取数据,System. in 对应标准输入流对象,借助输入流提供的各种方法可以获得用户的输入数据。

1. 字符类型数据的输入

利用标准输入流的 read()方法,可以从键盘读取字符。但要注意,read()方法从键盘获取的是输入的字符的字节表示形式,需要使用强制转换将其转换为字符型。

例 2-4 字符的输入。

程序代码如下:

```java
import java.io. * ;
public class InputChar {
    public static void main(String args[]) {
        char c = ' ';
        System.out.print("Enter a character please:");
        try {
            c = (char)System.in.read(); //读一个字符
        }
        catch (IOException e) { System.out.println(e); }
        System.out.println("You've entered a character:" + c);
    }
}
```

【运行结果】

Enter a character please:d

You've entered a character:d

【说明】 数据输入时有可能因设备问题产生 IO 异常(IOException),所以 Java 编译器强制程序中必须对异常进行捕获处理(try …catch 部分)。将可能产生异常的代码放在 try 块中,catch 用于定义捕获哪类异常,并给出处理代码。异常的详细介绍见第 8 章。

2. 字符串的输入

可用获取字符的办法读取字符串的字符,然后将字符拼接为一个字符串。但这样做除了编程复杂外,更重要的是效率也比较低,所以获取字符串必须使用专门的办法。由于从键盘输入的字符串在键盘缓冲区是字节流数据,要按字符序列来识别数据需要使用 Java 的 InputStreamReader 进行转换,在此基础上,进一步用 BufferedReader 流对数据过滤,借助 BufferedReader 流对象提供的 readLine()方法从键盘读取一行字符。

例 2-5 字符串类型数据输入。

程序代码如下：

```
import java.io. * ;
public class InputString{
    public static void main(String args[]) {
        String s = "";
        System.out.print("Enter a String please: ");
        try {
            BufferedReader in =
                new BufferedReader(new InputStreamReader(System.in));
            s = in.readLine(); //读一行字符
        }
        catch (IOException e) { }
        System.out.println("You've entered a String: " + s);
    }
}
```

【运行结果】

Enter a String please: Hello World!

You've entered a String: Hello World!

【说明】 这里涉及了很多复杂的概念，在以后章节中将详细介绍，读者只需了解要获取字符串使用该方式即可。

获取字符串输入的另一种办法是利用命令行参数，在 main 方法中的参数数组记录的是命令行的所有参数，每个参数为一个数组元素，例如，第一个参数为 args[0]，第 2 个参数为 args[1]，依此类推，数组的大小取决于参数个数。如果执行本例的程序输入如下命令，则命令行参数 args[0]为"hello"，args[1]为 "ok,bye"。

java InputString "hello" "ok,bye"

注意，命令行参数间用空格隔开。

3. 整数和双精度数的输入

Java 程序设计中，还常需要输入数值数据，例如，整数和实数。这类数据必须先通过上面的方法获取一个由数字字符组成的字符串，然后通过下面的转换方法转换成需要的数据，也就是说，其他类型的数据输入必须通过字符串输入方法得到数据，再通过基本数据类的方法将字符串转换为相应类型的数据。下面是两个常用数据类型输入的转换方法。

• Integer.parseInt(String) :将数字字符串转化为整数。

• Double.parseDouble(String) :将字符串形式的数字数据转化为双精度数。

例如：

String x = "123";

int m = Integer.parseInt(x);   //m 的值为 123

x = "123.41";

double n = Double.parseDouble(x);   //n 的值为 123.41

2.5 流程控制语句

流程控制语句提供了一种控制机制,使得程序的执行可以跳过某些语句不执行,而转去执行特定的语句。

2.5.1 条件选择语句

1. if 语句

(1) 格式 1:无 else 的 if 语句

```
if(boolean-expression)
{
    statement1;
}
```

其中,boolean-expression 为条件表达式,由其值决定程序的流程走向,如果条件表达式的值为真,则执行 if 分支;否则,直接执行后续语句。该语句的执行流程如图 2-4 所示。

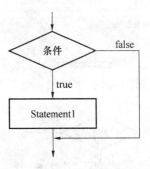

图 2-4 无 else 的条件语句

例 2-6 从键盘输入 3 个数,输出其中的最大者。

程序代码如下:

```
import java.io. * ;
public class Max {
  public static void main(String args[]) {
    int a, b, c, max;
    String s;
    try {
      System.out.print("输入第一个整型数:");
      BufferedReader br =
          new BufferedReader(new InputStreamReader(System.in));
      s = br.readLine();
      a = Integer.parseInt(s);
      System.out.print("输入第二个整型数:");
      s = br.readLine();
      b = Integer.parseInt(s);
      System.out.print("输入第三个整型数:");
      s = br.readLine();
      c = Integer.parseInt(s);
      max = a;
      if (b>max) max = b;
      if (c>max) max = c;
```

```
        System.out.println("三个数中最大值是:" + max);
    } catch(IOException e) { }
    }
}
```

【运行结果】

输入第一个整型数:9

输入第二个整型数:786

输入第三个整型数:23

三个数中最大值是:786

(2)格式 2:带 else 的 if 语句

```
if (boolean-expression)
{
    statement1; // if 块
}
else
{
    statement2;   // else 块
}
```

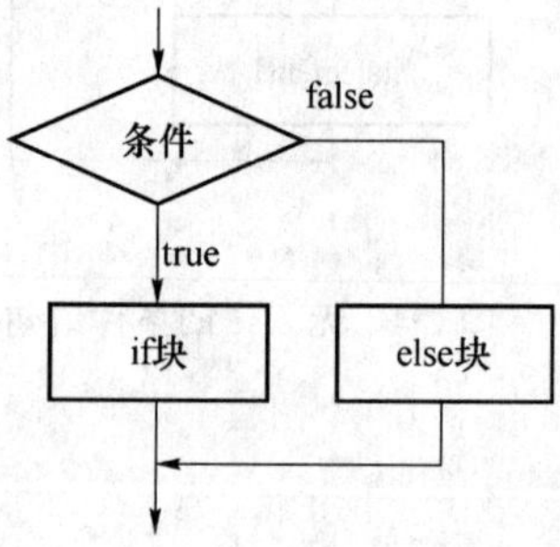

图 2-5 有 else 的条件语句

【说明】 该格式是一种更常见的形式,即 if 与 else 配套使用,所以一般称为 if…else 语句,其执行流程如图 2-5 所示,如果条件表达式的值为真,则执行 if 块的代码;否则执行 else 块的代码。

(3) if 语句的嵌套

在稍微复杂的编程中,经常出现条件的分支不止两种情况,此时的一种解决方法是使用 if 嵌套。所谓 if 嵌套就是在 if 语句的 if 块或 else 块中继续含有 if 语句。

例如,上面求 a、b、c 三个数中最大数,也可以采用 if 嵌套来组织。程序代码如下:

```
if (a>b) {
  if(a>c)
    System.out.println("三个数中最大值是:"+a);
  else
    System.out.println("三个数中最大值是:"+c);
}
else { //a< = b 的情况
  if (b>c)
    System.out.println("三个数中最大值是:"+b);
  else
    System.out.println("三个数中最大值是:"+c);
}
```

关于 if 嵌套要注意的一个问题是 if 与 else 的匹配问题,由于 if 语句有带 else 和不带 else 两种形式,所以在出现嵌套时最好用花括号来清楚地标识相应的块。

观察下面程序段:

```
if (x<6)
  if (x>3)
    System.out.println("3<x<6");
else
    System.out.println("x> = 6");
```

如果 x 的值为 8,也许读者认为输出结果应该是"$x\geqslant6$"。实际上,这里的 else 语句并不是与第一个 if 匹配,而是与第二个 if 匹配,编译程序在给 else 语句寻找匹配的 if 语句时是按最近匹配原则来配对。为了让 else 语句匹配前一个 if,可以通过加花括号来实现。程序代码如下:

```
if (x<6){
  if (x>3)
    System.out.println("3<x<6");
}
else
    System.out.println("x> = 6");
```

 思考

下面的程序与上面的程序在逻辑上是否完全功能一样?

```
if (x<6 && x>3)
    System.out.println("3<x<6");
else
    System.out.println("x> = 6");
```

【提示】 所谓功能完全一样是指 x 为任何值的情况下,程序的结果一样。

例 2-7 输入一个学生的成绩,根据所在分数段输出不同信息。在 0~59 分输出"不及格",在 60~69 分输出"及格",在 70~79 分输出"中",在 80~89 分输出"良",在 90 分以上输出"优"。

程序代码如下:

```
public class Score {
  public static void main(String args[]) {
    int s;
    s = Integer.parseInt(args[0]);
    if (s<60)
```

```
        System.out.println("不及格");
      else
        if (s<70)
          System.out.println("及格");
        else
          if (s<80)
            System.out.println("中");
          else
            if (s<90)
              System.out.println("良");
            else
              System.out.println("优");
    }
  }
```

【说明】 该程序是 if 嵌套的一种比较特殊的情况,除了最后一个 else 外,其他 3 个 else 块中正好是一个 if 语句。

(4) 阶梯 else if

阶梯 else if 是以上嵌套 if 中一种特殊情况的简写形式。这种特殊情况就是 else 块中逐层嵌套 if 语句,例 2-7 即为此类情况,使用阶梯 else if 可以使程序更简短和清晰。程序代码如下:

```
public class Score {
  public static void main(String args[]) {
    int s;
    s = Integer.parseInt(args[0]);
    if (s<60)
      System.out.println("不及格");
    else if (s<70)
      System.out.println("及格");
    else if (s<80)
      System.out.println("中");
    else if (s<90)
      System.out.println("良");
    else
      System.out.println("优");
  }
}
```

【说明】 注意在 else if 中条件的排列是按照范围逐步缩小的,下一个条件是上一个条件不满足情况下的一种限制,例如,条件 $s<90$ 处实际上包括 $s>=80$ 的限制。

2. 多分支语句 switch

对于多分支的处理,Java 提供了 switch 语句,其格式如下:

```
switch (expression)
{
    case value1 : statement1; break;        //分支1
    case value2 : statement2; break;        //分支2
        ...
    case valueN : statementN; break;        //分支n
    [default : 缺省语句块;]                   //分支n+1,均不符合其他case分支
}
```

【说明】

① switch 的执行流程如图 2-6 所示,switch 语句执行时首先计算表达式的值,这个值只能是整型或字符型,同时要与 case 分支的判断值的类型一致。计算出表达式的值后,它首先与第一个 case 分支进行比较,若相同,执行第一个 case 分支的语句块;否则再检查第二个分支……,依次类推。

② case 子句中的值 valueN 必须是常量,各个 case 子句中的值不同。

③ 如果没有情况匹配,就执行 default 指定的语句,但 default 子句本身是可选的。

④ break 语句用来在执行完一个 case 分支后,使程序跳出 switch 语句,即终止 switch 语句的执行,否则,找到一个匹配的情况后面所有的语句都会被执行,直到遇到 break 语句为止。在特殊情况下,多个不同的 case 值要执行一组相同的操作,这时可以不用 break 语句。这点尤其要注意,在流程图中为简洁起见没有反映此种情况。

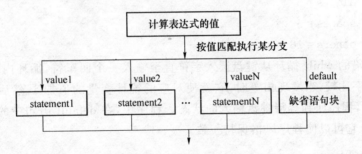

图 2-6　switch 的执行流程

例 2-8　从键盘输入一行字符,分别统计其中数字字符、空格以及其他字符的数量。

程序代码如下:

```
class SwitchTest {
    public static void main (String args[]) throws java.io.IOException {
        int numberOfDigits = 0, numberOfSpaces = 0, numberOfOthers = 0;
        char c;
        while((c = (char)System. in. read()))! = '\n') {
            switch(c) {
                case '0' :
                case '1' :
                case '2' :
```

```
            case ´3´ :
            case ´4´ :
            case ´5´ :
            case ´6´ :
            case ´7´ :
            case ´8´ :
            case ´9´ : numberOfDigits ++ ; break;
            case ´ ´ : numberOfSpaces ++ ; break;
            default: numberOfOthers ++ ; break;
          }
        }
    System. out. println("Number of digits = " + numberOfDigits + "");
    System. out. println("Number of spaces = " + numberOfSpaces + "");
    System. out. println("Number of others = " + numberOfOthers + "");
      }
    }
```

【运行结果】

```
hello james 123 k&d#fjk24
Number of digits = 5
Number of spaces = 3
Number of others = 18
```

【说明】代码的 while 循环从键盘读入字符直至输入一个回车符,循环内部的 switch 语句先把它和数字比较,当发现相等时,它就使对应的统计变量的值加 1,然后 break 语句结束 switch 语句,程序回到等待键盘输入的状态。程序中,在 default 语句中的 break 是不必要的,不过加上它可以使程序风格保持一致。

 思考

> 为了体会 break 语句的作用,读者可以试着分别加上和去掉 break 语句来检查程序的执行效果。

2.5.2 循环语句

循环语句是在一定条件下反复执行的一段代码,被反复执行的程序段称为循环体。Java语言中提供的循环语句如下:

- while 语句;
- do-while 语句;

- for 语句。

1. while 语句

while 语句的一般形式是：

> while（条件表达式）
>
> 　　循环体

while 语句的执行流程如图 2-7 所示，首先检查表达式的值是否为真，若为真，则执行循环体，然后继续判断是否继续循环，直到表达式的值为假，则执行后续语句。循环体通常是一个组合语句，在某些特殊情况下，也可以是单个语句。

例 2-9　在三位数中找出所有水仙花数，水仙花数的条件是该数等于其各位数字的立方和。

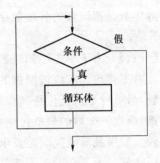

图 2-7　while 循环语句的执行流程

【分析】　三位数的范围是从 100 开始到 999，显然要对该范围的所有数进行检查，因此，可以设置一个循环变量，初始时让其为 100，以后随着循环的进行不断增值，直到其值超出 999 结束循环。这里的一个难点是如何获取各位数字，请读者仔细体会程序中的实现。程序代码如下：

```java
public class Narcissus {
    public static void main(String arge[]) {
        int i, j, k, n = 100, m = 1;
        while(n<1000) {
            i = n/100;                    //获取最高位
            j = (n - i * 100)/10;         //获取第2位
            k = n % 10;                   //获取最低位
            if (Math.pow(i,3) + Math.pow(j,3) + Math.pow(k,3) == n)
                System.out.println("找到第" + m++ + "个水仙花数:" + n);
            n++;
        }
    }
}
```

【运行结果】

找到第 1 个水仙花数:153

找到第 2 个水仙花数:370

找到第 3 个水仙花数:371

找到第 4 个水仙花数:407

【说明】　在程序中用到了 Math 类的一个静态方法 pow 来计算某位数字的立方，该方法的形式为：

Math.pow(x,n)

功能是求 x 的 n 次方（x^n）。

【注意】 while 循环的特点是"先判断,后执行"。如果条件一开始就不满足,则循环执行为 0 次。另外,在循环体中通常要执行某个操作影响循环条件的改变(如本例中的 $n++$),如果循环条件永不改变,则循环永不终止,称为死循环。要强制停止死循环的执行,只有按 Ctrl+C 组合键。在循环程序设计中,要注意避免死循环。

例 2-10 输入一个整数,判断该数是否为降序数,是则输出"true",否则输出"false"。所谓降序数是指该数的各位数字从高到低逐步下降(包括相等)。例如,5441 是降序数,但 363 不是。

【分析】 由于事先不知道数据是几位数,所以,不能用上例的办法将各位数字一次性取出。读者不难想到应该按照位的顺序逐个进行比较,这里有两种方案,一种是从最高位往低位比较,另一种是从低位往高位比较。相对来说,取任意一个整数的最高位在不知位数时有些困难,而取一个数的最低位则非常容易,因此,可以按从低位往高位的顺序来进行两位间的比较。如果最低两位满足要求,则将最低位去掉,那么倒数第 2 位变成新的最低位,就这样循环往复。为了在发现不满足条件的情形时能结束循环,程序中引入一个逻辑变量 flag,flag 为 true 时表示未发现不满足条件的情况。循环的进行条件之一也是 flag 为真。另外,在循环过程中数据 a 在不断缩小,如果最后只剩一位数,显然也要结束循环。因此,循环执行的条件是:$(a>10)$ 且 flag 为真。程序代码如下:

```java
import java.io.*;
public class IsDec {
  public static void main(String args[]) {
    try {
      System.out.print("输入一个整数:");
      BufferedReader br =
          new BufferedReader(new InputStreamReader(System.in));
      String s = br.readLine();
      int a = Integer.parseInt(s);
      boolean flag = true;
      int last = a % 10;           //取最低位
      while ((a>10) && flag) {
        a = a / 10;                //将数据缩小为 1/10,即去掉最低位
        int pre = a % 10;          //取前一位
        if (last > pre)            //倒数两位相比
          flag = false;
        last = pre;                //记住新的最低位
      }
      if (flag)
      System.out.println("true");
      else
      System.out.println("false");
```

```
}catch (IOException e) { }
    }
}
```

【运行结果】

输入一个整数:95541

true

【说明】 该程序用到不少编程技巧,读者需要仔细体会,首先是利用逻辑变量来控制循环,其次是递推处理数据的办法,本例中用 last 和 pre 分别代表相邻的两位,注意这两个变量的赋值变化位置。

2. do…while 语句

如果需要在任何情况下都先执行一遍循环体,则可以采用 do…while 循环,它的格式如下:

```
do
{
    循环体
} while (条件表达式)
```

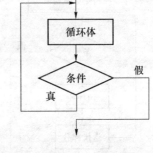

图 2-8 do 循环语句的执行流程

执行流程如图 2-8 所示,先执行循环体的语句,再检查表达式,若表达式值为真则继续循环,否则结束循环,执行后续语句。

do 循环的特点是"先执行,后判断",循环体至少要执行一次,这点是和 while 循环的重要差别,在应用时要注意选择。

例 2-11 求 $1+2+3+4+\cdots+100$ 的值。

程序代码如下:

```
public class Add {
    public static void main(String args[]) {
        long sum = 0;
        int k = 1;
        do {
            sum = sum + k;
            k ++;
        } while (k< = 100);
        System.out.println("1 + 2 + … + 100 = " + sum);
    }
}
```

【运行结果】

1 + 2 + … + 100 = 5050

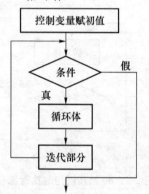思考

　　将该程序改成用 while 循环实现,应如何书写循环条件? 将例 2-10 改用 do 循环能行吗? 分析修改后的程序的运行情况,尤其是边界情况,例如,只输入一位数。

3. for 语句

如果循环可以设计为按某个控制变量值的递增来控制循环,则可以直接采用 for 循环实现。for 语句一般用于事先能够确定循环次数的场合,其格式如下:

for (控制变量设定初值;循环条件;迭代部分)
　　循环体

　　for 循环的执行流程如图 2-9 所示,for 语句执行时,首先执行初始化操作,然后判断终止条件是否满足,如果满足,则执行循环体中的语句,最后通过执行迭代部分给控制变量增值。完成一次循环后,重新判断终止条件。

图 2-9　for 循环语句的执行流程

如果例 2-11 用 for 循环实现可得到简化。代码如下:

```
long sum = 0;
for ( int k = 1;k < = 100;k + + )
    sum  =  sum + k;
```

for 循环的优点在于变量计数的透明性,很容易看到计数的范围。使用 for 循环要注意以下几点:

　　① 初始化、终止条件以及迭代部分都可以为空语句(但分号不能省),三者均为空的时候,相当于一个无限循环。

　　② 在初始化部分和迭代部分可以使用逗号语句来进行多个操作。所谓逗号语句是用逗号分隔的语句序列。例如:

for(i = 0, j = 10; i < j; i + + , j - -) {…}

例 2-12　按 5 度的增量打印出摄氏度到华氏度的转换表,每行显示 4 栏。
程序代码如下:

```
public class TempConversion {
  public static void main (String args[]) {
    int fahr = 0,cels = 0;
    System.out.print("摄氏度\t 华氏度\t 摄氏度\t 华氏度");
    System.out.println("\t 摄氏度\t 华氏度\t 摄氏度\t 华氏度");
    int count = 0;
    for(cels = 0;cels < = 100;cels + = 5) {
      fahr = cels * 9/5 + 32;//根据摄氏度计算华氏度
      System.out.print(cels + "\t" + fahr + "\t");
```

```
        if ( ++ count % 4 == 0)
            System. out. println();
        }
    }
}
```

【运行结果】

摄氏度	华氏度	摄氏度	华氏度	摄氏度	华氏度	摄氏度	华氏度
0	32	5	41	10	50	15	59
20	68	25	77	30	86	35	95
40	104	45	113	50	122	55	131
60	140	65	149	70	158	75	167
80	176	85	185	90	194	95	203
100	212						

例 2-13　求 Fibonacci 数列的前 10 个数。

Fibonacci 数列指的是数列的第 0 个元素是 0,第 1 个元素是 1,后面每个元素都是其前两个元素之和。程序代码如下:

```
public class Fibonacci {
    public static void main(String[] args) {
        int n0 = 0, n1 = 1, n2;
        System. out. print(n0 + ″ ″ + n1 + ″ ″);
        for(int i = 0; i < 8; i ++ ) {
            n2 = n1 + n0;            //计算
            System. out. print(n2 + ″ ″);
            n0 = n1;                 //递推
            n1 = n2;
        }
        System. out. println();
    }
}
```

【运行结果】

0 1 1 2 3 5 8 13 21 34

【说明】　在利用循环解决问题时经常要用到迭代推进的思想。我们已经知道 Fibonacci 数列的规律,问题就是如何在循环中将该规律表现出来,请读者仔细思考循环中 4 个语句的排列次序,先计算 n2、输出 n2,后将变量 n0、n1 的值向前递推,以便下一轮求新值。

 思考

将循环中最后两个语句反过来可否?也即:n1=n2;n0=n1;。

4. 循环嵌套

与条件语句的嵌套类似,循环也可以嵌套。三种循环语句可以自身嵌套,也可以相互嵌套。嵌套将循环分为内外两层,外层循环每循环一次,内循环要执行一圈。注意编写嵌套循环时不能出现内外循环的结构交叉现象。

例 2-14 求 $1! + 2! + 3! + \cdots + 10!$。

这里,$k! = 1 * 2 * \cdots * (k-1) * k$,利用循环容易实现累乘,将初值 1 赋给累乘变量,循环变量从 2 开始,一直递增到 k。程序代码如下:

```java
public class FacSum {
  public static void main(String[] args) {
    long sum = 0; // 累加变量赋初值
    for (int k = 1;k <= 10;k ++) { // 外循环
      /* 以下求 k! */
      int f = 1;
      for(int n = 2; n <= k; n ++) { // 内循环
        f = f * n;
      }
      sum = sum + f; // 累加
    }
    System.out.print("1! + 2! + 3! + ... + 10! = " + sum);
  }
}
```

【说明】 这里使用了二重循环,外层循环实现累加,内层循环计算阶乘。注意累加变量与计算阶乘的初值设定差异。

例 2-15 找出 3~100 间的所有素数,按每行 5 个数输出。

素数是指除了 1 和本身,不能被其他整数整除的数。程序代码如下:

```java
public class FindPrime {
  public static void main(String args[]) {
    int m = 0;
    for (int n = 3;n <= 100;n ++) {
      boolean f = true;
      int k = 2; // 从 2~(n-1)去除 n
      while (f&& k <= (n-1)) {
        if (n % k == 0)
          f = false; //发现有一个数能除尽,n 就不是素数
        k ++;
      }
      if (f) {
        System.out.print("\t" + n);
```

```
    m ++ ;
    if (m % 5 == 0)
      System.out.println();
    }
  }
 }
}
```

【运行结果】

3	5	7	11	13
17	19	23	29	31
37	41	43	47	53
59	61	67	71	73
79	83	89	97	

【说明】 本例包含多种结构嵌套情况,读者需要仔细思考整个程序的组织,从循环的角度来看,包含一个二重循环,外层是有规律的变化,所以用 for 循环实现,内层是要判断数 n 是否为素数,可用 $2 \sim (n-1)$ 之间的数去除 n,如果发现某个数能除尽 n,则说明 n 不是素数,这时应结束循环,程序中引入了一个标记变量 f 来表示这方面的信息,f 为真时表示该数为素数,为假则表示发现该数不是素数。由于内循环的循环次数是不定的,所以,采用 while 循环,注意循环进行的条件是 f 为真且控制变量小于等于 $n-1$。

2.5.3 跳转语句

1. break 语句

在 switch 语中,break 语句已经得到应用。在各类循环语句中,break 语句也给我们提供了一种方便地跳出循环的方法。它有两种使用形式:

- break   // 不带标号,从 break 直接所处的循环体中跳转出来
- break 标号名   // 带标号,跳出标号所指的代码块,执行块后的下一条语句

注意,给代码块加标号的格式如下:

BlockLabel:{ codeBlock }

例 2-16 break 语句使用示例。

程序代码如下:

```
public class UsingBreak {
  public static void main(String args[]) {
    int i = 0;
    while(true) {
      i ++ ;
      System.out.print(i + " ");
      if(i > = 9) break; // 退出循环
    }
```

```
    }
  }
```

【运行结果】

1 2 3 4 5 6 7 8 9

【说明】尽管循环条件永远为真,但当变量 i 的值为 9 时将执行 break 结束循环。

利用 break 语句可以改写前面的很多例子,例如,例 2-15 是引入了布尔变量来控制循环,且采用 while 循环。实际上,也可以用 for 循环来实现,代码如下:

```
for (int k = 2; k <= (n-1);k ++) {  // 从 2~(n-1)去除 n
    if (n % k == 0)
        break;   // 发现有一个数能除尽,n 就不是素数
}
```

在这种情况下,要在循环外再来看是否为素数就只能看循环控制变量的值,但由于这里将 k 定义为循环局部变量,循环结束它的值无效,所以,一种办法是将 k 在循环前定义,这样判断 n 是否为素数只要看 k 是否等于 n 即可。还有一种办法是利用标记变量 f,在 break 前给标记变量赋值,循环结束后根据标记变量来判别是否为素数。

例 2-17 证明 3~100 之间的数是否符合角谷猜想。

角谷猜想:任何正整数 n,如果是偶数,则除 2;如果是奇数,则乘 3 加 1,得到一个新数,继续这样的处理,最后得到的数一定是 1。程序代码如下:

```
public class JGuess{
  public static void main(String args[]) {
    int k;
    outer: for ( k = 3;k <= 100;k ++ ) {
            int n = k;
            do  {
                if (n % 2 == 0)
                 n = n/2;
                else
                 n = n * 3 + 1;
                if (n == 0) {
                System.out.print(k + "不满足角谷猜想");
                break outer;
                }
            } while (n! = 1);
        }
      if (k == 101) // 正常结束循环时 k 为 101
        System.out.print("数 3~100 间的数满足角谷猜想");
  }
}
```

【说明】　本程序由内外循环构成,外循环是控制检查3～100间的所有数,内循环验证当前处理的数能最终计算得到1,所以内循环设计为do循环形式,在内循环中加入了两个if语句,第一个if语句是根据 n 是偶数还是奇数进行计算,另一个if语句是看是否存在意外情况,如果计算后数变为0,那么不用再计算,也就是该数不满足角谷猜想,通过break outer强制结束整个循环。

　　2. continue 语句

　　continue语句用来结束本次循环,跳过循环体中下面尚未执行的语句,接着进行终止条件的判断,以决定是否继续循环。对于for语句,在进行终止条件的判断前,还要先执行迭代语句。它有两种形式:

- continue　　　　　　　//不带标号,终止当前一轮的循环,继续下一轮判断
- continue 标号名　　//带标号,跳转到标号指明的外层循环中

　　例 2-18　思考以下程序运行结果。

```java
public class ContinueST {
    public static void main(String args[]) {
        int j = 0;
        do {
            j ++ ;
            if(j == 5) continue;
            System.out.print(j + "");
        } while(j<10);
    }
}
```

　　【运行结果】

　　1 2 3 4 6 7 8 9 10

　　【说明】　当变量 j 的值为5时,执行continue语句,跳过本轮循环的剩余部分,直接执行下一轮循环,所以在输出结果中没有5。

　　读者可能会注意到Java语言没有goto语句,这对于那些习惯使用它的程序员来讲可能会有些不适应,但有经验的程序员一定会明白,goto语句实际上是程序结构混乱的重要根源之一,它最终所引起的问题比它可能带来的好处要大得多。因此,Java不支持goto语句,尽管goto仍作为Java关键字保留。

2.6　方　法

　　在程序设计中,为了提高代码的重用性。在以往的结构化程序中就注重尽量将完成特定功能的代码编成子程序,在需要该功能时只要调用子程序即可,这样,可以实现代码的共用,从而缩短整个程序的代码长度,提高编程效率。在面向对象程序设计中,所有Java代码均封装在类中,类中包含属性域和方法。这里的方法与结构化程序中的函数或过程概念相当。

2.6.1　方法声明

　　方法是类的行为属性 ,标志了类所具有的功能和操作,用来把类和对象的数据封装在

一起。方法由方法头和方法体组成,其一般格式如下:

修饰符 1 修饰符 2…返回值类型 方法名(形式参数表) [throws 异常列表]
{
    方法体各语句 ;
}

【说明】

① 小括号()是方法的标志,程序使用方法名来调用方法。

② 形式参数是方法从调用它的环境输入的数据,形式参数列表的格式如下:

类型 1　参数名 1,类型 2　参数名 2,…

③ 返回值是方法在操作完成后返还调用它的环境的数据,返回值的类型用各种类型关键字(如,int,float 等)来指定。如果方法无返回值,则用 void 标识。

对于有返回值的方法,在方法体中一定要有一条 return(返回)语句,形式有两种:

• return 表达式 ;　　 //方法返回结果为表达式的值
• return;　　　　　　//用于无返回值的方法退出

return 语句的作用是结束方法的运行,并将结果返回给方法调用者。

例 2-19　求 $n!$ 的方法。

程序代码如下:

```
static long fac( int n)
{
    long res = 1;
    for ( int k = 2;k< = n;k ++ )
        res * = k;
    return res;
}
```

【说明】这里,方法 fac 只有一个整型参数,返回类型为长整数。

 思考

如果 n 为 0 结果如何?

2.6.2　方法调用

调用方法就是要执行方法,方法调用的形式为:

方法名(实际参数表)

【说明】

① 实际参数是传递给方法的参数,实际参数也简称实参,它可以是常量、变量或表达式。相邻的两个实参间用逗号分隔。实参的个数、类型、顺序要与形参对应一致。

② 调用的执行过程是,首先将实参传递给形参,然后执行方法体。方法运行结束,从调

用该方法的下一个语句继续执行。

例 2-20 利用以上求阶乘的方法实现一个求组合的方法。

n 个元素中取 m 个的组合计算公式为：$c(n,m)=n!/((n-m)! * m!)$，并利用求组合方法输出如下杨辉三角形。

$c(0,0)$

$c(1,0)$ $c(1,1)$

$c(2,0)$ $c(2,1)$ $c(2,2)$

$c(3,0)$ $c(3,1)$ $c(3,2)$ $c(3,3)$

程序代码如下：

```java
public class Yanghui {
    public static long fac(int n) {
        long res = 1;
        for (int k = 2;k< = n;k ++ )
            res = res * k;
        return res;
    }

    public static long com(int n,int m) {
        return fac(n)/(fac(n - m) * fac(m));
    }

    public static void main(String args[]) {
        for (int n = 0;n< = 3;n ++ ) {
            for (int m = 0;m< = n;m ++ )
                System.out.print(com(n,m) + " ");
            System.out.println();
        }
    }
}
```

【运行结果】

```
1
1 1
1 2 1
1 3 3 1
```

【说明】本例在 main 方法中调用了求组合的方法 com(n,m)，后者又利用求阶乘方法 fac 计算组合。在调用方法时特别要注意参数的顺序。

2.6.3 参数传递

在 Java 中，参数传递是以传值的方式进行，即将实参的存储值传递给形参。这时要注意以下两种情形。

① 对于基本数据类型的参数,其对应的内存单元存放的是变量的值,因此,它是将实参的值传递给形参单元。这种情形下,在方法内对形参数据的任何修改不会影响实参。

② 对于引用类型(如对象、数组等)的变量,其实参和形参单元中存放的是某个对象的引用地址,因此,它是将实参存放的地址值传递给形参。这样,实参和形参也就指向同一对象。换句话说,实参和形参实际上代表的是同一个对象,形参对其所指对象中数据的更改将直接影响实参。

例 2-21 基本类型参数传递演示。

程序代码如下:

```java
public class SwapTest {
    static void swap(int x,int y) {
        int temp; //为了交换两个变量值,引入一个中间变量
        temp = x;
        x = y;
        y = temp;
        System.out.println("x = " + x + ",y = " + y);
    }
    public static void main(String args[]) {
        int n = 7,m = 5;
        swap(n,m);
        System.out.println("n = " + n + ",m = " + m);
    }
}
```

【运行结果】

x = 5,y = 7

n = 7,m = 5

【说明】 从执行结果可以看出,在方法中,两个形参变量的值发生了交换,但方法执行完毕,实参的值不受影响。表 2-14 反映该变化情况。

表 2-14 基本类型参数传递

程序执行阶段	实 参		形 参	
	参数名	参数值	参数名	参数值
方法调用开始,参数传递	n	7	x	7
	m	5	y	5
执行方法中,结束前情形	n	7	x	5
	m	5	y	7
方法返回,释放形参单元	n	7	—	
	m	5		

思考

交换两个变量如果直接用 $x=y;y=x$ 会导致两个变量的值均为 y 原来值,所以引入一个临时变量。而且要注意语句次序。

例 2-22 引用类型的参数传递。

程序代码如下:

```
public class RefSwap {
    int value = 0;
    static void swap(RefSwap x, RefSwap y) {
        int temp;
        temp = x. value;
        x. value = y. value;
        y. value = temp;
        System. out. println("in calling method");
        System. out. println("x. value = " + x. value + ",y. value = " + y. value);
    }
    public static void main(String args[]) {
        RefSwap n = new RefSwap(); //创建两个 RefSwap 对象
        RefSwap m = new RefSwap();
        n. value = 4; //给对象 n 的属性 value 赋值
        m. value = 5;
        System. out. println("before calling");
        System. out. println("n. value = " + n. value + ",m. value = " + m. value);
        swap(n,m);
        System. out. println("after called");
        System. out. println("n. value = " + n. value + ",m. value = " + m. value);
    }
}
```

【运行结果】

```
before calling
n. value = 4,m. value = 5
in calling method
x. value = 5,y. value = 4
after called
n. value = 5,m. value = 4
```

【说明】 图 2-10 给出了参数传递时,形参与实参的对应关系。本例用到下一章将介绍的对象知识,这里,读者只需要初步了解,引用类型参数传递的结果是形参和实参代表同一对象,在方法中对形参所指对象数据内容的更改将直接影响实参。从运行结果也可以发现变量 n,m 引用的对象的 value 属性值在方法执行后发生了改变。方法执行结束,形参单元将释放,但其所指对象的空间将因为实参引用的存在不会释放掉。

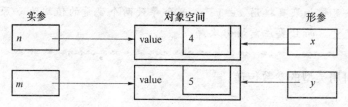

图 2-10　参数传递结果,形参和实参指向同一对象

2.6.4　递归

递归是方法调用中的一种特殊现象,它是在方法内又调用方法自己。注意,在方法内递归调用自己通常是有条件的,在某个条件下不再递归。递归调用的一个典型例子是求阶乘问题,根据阶乘的计算特点,可以发现如下规律:

$$n! = n * (n-1)!$$

也就是说,求 5 的阶乘可以将 5 乘上 4 的阶乘,而 4 的阶乘又是将 4 乘上 3 的阶乘,依此类推。最后 1 的阶乘为 1,或 0 的阶乘为 1,结束递归。

用数学表示形式来描述可以写成:

$$\begin{cases} \text{fac}(n) = 1 & \text{当 } n=1 \\ \text{fac}(n) = n * \text{fac}(n-1) & \text{当 } n>1 \end{cases}$$

可以编写如下利用递归求阶乘的方法:

```
static int fac (int n) {
    if (n == 1)
        return 1;
    else
        return n * fac(n - 1);
}
```

在编写递归程序时一定要将检查不递归的条件放在前面,从而避免无限递归。递归的执行要用到堆栈来保存数据,它在递归的过程中需要保存程序执行的现场,然后在结束递归时再逐级返回结果。返回时知道 1! 就可以得到 2!,知道 2! 就可得到 3!,…,依此类推。也就是计算递归时分为递推和回推两个阶段,采用递归计算在效率上明显不高,因此,在一般情况下不采用递归计算。

例 2-23　求 $1+1/2! +1/3! +\cdots+1/10!$。

程序代码如下:

```
public class Factorial {
    public static void main(String arge[]) {
        double s = 1;
        for (int k = 2;k <= 10;k ++) {
```

```
            s = s + 1.0/fac(k);
        }
        System.out.println("1 + 1/2! + 1/3! + … + 1/10! = " + s);
    }

    static int fac (int n) {
        if (n == 1)
            return 1;
        else
            return n * fac(n - 1);
    }
}
```

【运行结果】

1 + 1/2! + 1/3! + … + 1/10! = 1.7182818011463847

【注意】 写累加式时一定要写 $1.0/\mathrm{fac}(k)$，如果直接写 $1/\mathrm{fac}(k)$，则结果将因整型运算变为 0，而实际上，希望得到小数部分。

2.7 数 组

Java 语言中，数组是一种最简单的复合数据类型。数组的主要特点如下：

- 数组是相同数据类型的元素(element)的集合；
- 数组中的各元素是有先后顺序的，连续存放在内存之中；
- 每个数组元素用整个数组的名字和它在数组中的位置(称为下标)表达。

2.7.1 一维数组

一维数组与数学上的数列有着很大的相似性。数列 $a_1, a_2, a_3, \cdots$ 的特点是各个元素名字相同，但下标不同，数组也是如此。创建一维数组需要以下 3 个步骤。

1. 声明数组

声明一个数组要定义数组的名称、维数和数组元素的类型。有如下两种定义格式。

- 格式 1：数组元素类型 数组名[ ]；
- 格式 2：数组元素类型[ ] 数组名；

其中，数组元素的类型可以是基本类型，也可以是类或接口。例如，要保存某批学生的成绩，可以定义一个数组 score，声明如下：

int score[ ]；

该声明定义了一个名为 score 的数组，每个元素类型为整型。

2. 创建数组空间

数组声明只是定义了数组名和类型，并未指定元素个数。与变量一样，数组的每个元素需要占用存储空间，因此必须通过某种方式规定数组的大小，进而确定数组需要的空间。

给已声明的数组分配空间可采用如下格式：

数组名＝new 数组元素类型［数组元素的个数］；

例如：

```
score = new int[10];   //创建含10个元素的整型数组
```

也可以在声明数组的同时给数组规定空间，即将两步合并。

例如：

```
int score [ ] = new int[10];   //创建同时声明
```

一旦数组创建以后，数组就有了固定长度的结构，数组中各元素通过下标来区分，下标从 0 开始，最大下标值为数组大小减 1。当数组的元素类型为基本类型时，在创建存储空间时将按默认规定给各元素赋初值。对于 score 数组，10 个元素的下标分别为：score[0]、score[1]、score[2]，…，score[9]。系统为该数组的 10 个元素分配空间，每个元素的初值为 0，如图 2-11 所示。

score[0]	0
score[1]	0
score[2]	0
score[3]	0
score[4]	0
score[5]	0
score[6]	0
score[7]	0
score[8]	0
score[9]	0

图 2-11　数组的存储分配

3. 创建数组元素并初始化

另一种给数组分配空间的方式是：声明数组时给数组一个初值表，则数组的元素个数取决于初值的数量。格式如下：

类型　数组名［］＝{初值表}；

例如：

```
int score[ ] = {1,2,3,4,5,6,7,8,9,10};
```

该语句将创建一个整型数组 score，包含 10 个元素，且各元素的初值分别为 1,2,…,10。

所有的数组都有一个属性 length(长度)，它存储了数组元素的个数。例如，score.length 指明数组 score 的长度。

使用数组时要注意下标值不要超出范围，数组元素的下标从 0 开始，直到数组元素个数减 1 为止，如果下标超出范围，则运行时将产生"数组访问越界异常"。在实际应用中，经常借助循环来控制对数组元素的访问，访问数组的下标随循环控制变量变化。

例 2-24　求 30 个学生的平均成绩。

程序代码如下：

```
import java.io. * ;
public class Average {
  public static void main(String args[]) {
    int score[] = new int[30];
    / * 以下输入30个学生的成绩存入数组 score 中 * /
    for ( int k = 0;k＜30;k ++ ) {
      System.out.print("输入一个学生成绩:");
      try {
      BufferedReader br = new BufferedReader(new InputStreamReader(System.
      in));
      String s = br.readLine();
```

```
        score[k] = Integer.parseInt(s); // 将成绩存入数组中
      } catch(IOException e) { }
    }
    /* 以下计算平均成绩 */
    int sum = 0;
    for (int k = 0;k<30;k++)
        sum += score[k];
    System.out.println("平均成绩为:" + sum/30);
  }
}
```

【说明】　在该程序中,给数组输入数据和计算平均成绩分别用两个循环来处理,虽然可以合并为一个循环,但建议读者还是养成每个程序块功能独立的编程风格,这样程序更清晰。

2.7.2　多维数组

Java 中,多维数组被看成数组的数组,多维数组的定义是通过对一维数组的嵌套来实现的。即用数组的数组来定义多维数组。

多维数组中,最常用的是二维数组,下面以二维数组为例介绍多维数组的使用。

1. 声明数组

二维数组的声明与一维数组类似,只是给出两对方括号。

格式1:数组元素类型　数组名[ ][ ];

格式2:数组元素类型[ ][ ]　数组名;

例如:

int a[][];

2. 创建数组空间

为二维数组创建存储空间有如下两种方式。

① 直接为每一维分配空间,如:

int a[][] = new int [2][3];

以上定义了两行三列的二维数组 a,数组的每个元素为一个整数。数组中各元素通过两个下标来区分,每个下标的最小值为0,最大值比行数或列数少1。数组 a 共包括6个元素,即 $a[0][0],a[0][1],a[0][2],a[1][0],a[1][1],a[1][2]$,其排列见表2-15。

表 2-15　二维数组的排列

a[0][0]	a[0][1]	a[0][2]
a[1][0]	a[1][1]	a[1][2]

可以看出二维数组在形式上与数学中的矩阵和行列式相似。

② 从最高维开始,按由高到低的顺序分别为每一维分配空间。如:

int a[][] = new int [2][];

a[0] = new int [3];

```
a[1] = new int [4];
```

Java 语言中,把二维数组看成是数组的数组,不要求二维数组每一维的大小相同。要获取数组的行数,可以通过如下方式获得:

```
数组名.length
```

数组的列数则要先确定行,再通过如下方式获取列数:

```
数组名[行标].length
```

例 2-25 二维数组动态创建示例。

程序代码如下:

```java
public class ArrayOfArraysDemo2 {
    public static void main(String[] args) {
        int[][] aMatrix = new int[4][];
        for (int i = 0; i < aMatrix.length; i++) {
            aMatrix[i] = new int[i+1]; //创建子数组
            for (int j = 0; j < aMatrix[i].length; j++) {
                aMatrix[i][j] = i + j;
            }
        }
        //输出数组
        for (int i = 0; i < aMatrix.length; i++) {
            for (int j = 0; j < aMatrix[i].length; j++) {
                System.out.print(aMatrix[i][j] + "");
            }
            System.out.println();
        }
    }
}
```

【运行结果】

```
0
1 2
2 3 4
3 4 5 6
```

【说明】 本例首先确定主数组的长度,而子数组的长度则在循环中逐个创建,大小不同。引用数组元素时,必须保证访问的数组元素是在已创建好的空间范围内。

3. 创建数组元素并初始化

和一维数组一样,在给数组创建空间时,如果元素是基本类型,系统将按默认规则赋初值。但如果元素类型为其他引用类型,则其所有元素为未赋初值状态(null)。

可以通过如下方式给二维数组初始化,即在数组定义时同时进行初始化,如:

```java
int a[][] = {{1,2,3},{4,5,6}};     // 2×3 的数组
```

```
int b[][] = {{1,2},{4,5,6}};          // b[0]有两个元素,而 b[1]有 3 个元素
```

更为常见的做法是在数组定义后通过循环语句给数组每个元素赋值。

例 2-26 矩阵相乘 $C_{n \times m} = A_{n \times k} B_{k \times m}$。

矩阵 C 的任意一个元素 $C(i,j)$ 的计算是将矩阵 A 第 i 行的元素与矩阵 B 第 j 列的元素对应相乘的累加和。公式表示如下:

$$C(i,j) = \sum_{p=0}^{k-1} A(i,p) B(p,j)$$

而 i 的变化范围为 $0 \sim n-1$;j 的变化范围为 $0 \sim m-1$;p 的变化范围为 $0 \sim k-1$,所以,矩阵相乘需要用三重循环来实现。程序代码如下:

```java
public class MatrixMultiply {
  public static void main(String args[]) {
    int i,j,p;
    int n = 2,k = 4,m = 3;
    int a[][] = {{1,0,3,-1},{2,1,0,2}};          //2 行 4 列
    int b[][] = {{4,1,0},{-1,1,3},{2,0,1},{1,3,4}};//4 行 3 列
    int c[][] = new int[2][3];                     //2 行 3 列
    System.out.println("******** Matrix A *********");     //输出矩阵 A
    for (i = 0;i<n;i++) {
        for (j = 0; j<k ;j++)
            System.out.print(a[i][j] + "\t");
    }
    System.out.println("\n******** Matrix B *********");     //输出矩阵 B
    for (i = 0;i<k;i++) {
        for (j = 0; j<m ;j++)
            System.out.print(b[i][j] + "\t");
    }
    /* 计算 C = A×B */
    for (i = 0;i<n;i++) {
        for (j = 0;j<m;j++) {
          c[i][j] = 0;
          for(p = 0;p<k;p++)
              c[i][j]+ = a[i][p] * b[p][j];
        }
    }
    System.out.println("\n****** Matrix C = A×B ******");     //输出矩阵 C
    for(i = 0;i<n;i++) {
        for (j = 0;j<m;j++)
```

```
        System.out.print(c[i][j]+"\t");
      }
    }
}
```

【运行结果】

```
 ******** Matrix A *********
1      0      3      −1
2      1      0      2
 ******** Matrix B *********
4      1      0
−1     1      3
2      0      1
1      3      4
 ****** Matrix C=A×B ******
9      −2     −1
9      9      11
```

2.7.3　数组作为方法参数

在方法调用中,数组也可以作为方法参数来传递。但要注意数组是属于引用类型的参数传递,也就是在方法中对虚参数组的操作会影响实参数组。

例 2-27　一维数组作为参数,计算数组中所有元素的和。

程序代码如下:

```
public class Sum {
  public static void main(String arge[]) {
    int a[] = {1,2,3,4,5,6,7,8,9,10};
    System.out.println("数组 a 的总和是:" + sum(a));
  }
  static int sum(int a[]) {
    int s = 0;
    for (int i = 0; i<a.length; i++)
      s = s + a[i];
    return s;
  }
}
```

【运行结果】

数组 a 的总和是:55

【说明】　本例的方法 sum 只是访问 *a* 数组的元素,没有对数组做任何改动,所以实参数组的数据保持不变。

例2-28 编写一个方法将一维数组元素按由小到大排列。并用一个实际数组验证排序。

排序方法有很多种,这里介绍一种最简单的办法——交换排序法。其基本思想如下:

假设对 n 个元素进行比较,即 $a[0],a[1],\cdots,a[n-1]$。

第一遍,目标是在第 1 个元素处($i=0$)放最小值,做法是将第一个元素与后续各元素($i+1\sim n$)逐个进行比较,如果有另一个元素比它小,就交换两元素的值。

第二遍,仿照第一遍的做法,在第 2 个元素处($i=1$)放剩下元素中最小值。也即将第 2 个元素与后续元素进行比较。

……

最后一遍(第 $n-1$ 遍),将剩下的两个元素 $a[n-2]$ 与 $a[n-1]$ 进行比较,在 $a[n-2]$ 处放最小值。

也就是要进行 $n-1$ 遍比较(外循环),在第 i 遍(内循环)要进行$(n-i)$次比较。程序代码如下:

```java
public class TestSort{
    public static void main(String arge[]) {
        int a[] = {4,6,3,8,5,3,7,1,9,2};
        System.out.println("排序前…");
        for (int k = 0;k<a.length;k ++ )
            System.out.print(" " + a[k]);
        sort(a); //调用排序方法
        System.out.println();
        System.out.println("排序后…");
        for (int k = 0;k<a.length;k ++ )
            System.out.print(" " + a[k]);
    }
    static void sort(int a[]) { //对数组 a 的元素按由小到大排序
        int n = a.length;
        for (int i = 0; i<n-1; i ++ )
            for (int j = i+1;j<n;j ++ )
                if (a[i]>a[j]) {
                    /* 交换 a[i]和 a[j] */
                    int temp = a[i];
                    a[i] = a[j];
                    a[j] = temp;
                }
    }
}
```

【运行结果】

排序前…

  4 6 3 8 5 3 7 1 9 2

排序后…

  1 2 3 3 4 5 6 7 8 9

【说明】 显然,在方法中对形参数组排序后,实参数组也排好了序,因为在方法中对虚参的操作实际上就是操作实参数组。

例 2-29 二维数组作为参数,输出数组各行元素的值。

程序代码如下:

```java
public class InitArray {
  public static void main(String arge[]) {
    int array1[][] = { { 1, 2, 3 }, { 4, 5, 6 } };
    int array2[][] = { { 1, 2 }, { 3 }, { 4, 5, 6 } };
    System.out.println( "array1 数组中每行元素的值分别是:");
    buildOutput( array1 );
    System.out.println( "array2 数组中每行元素的值分别是:");
    buildOutput( array2 );
  }
  /* 输出二维数组 array 中各行元素值 */
  public static void buildOutput( int array[][] ) {
    for ( int row = 0; row < array.length; row ++ ) {
      for ( int column = 0; column < array[ row ].length; column ++ )
        System.out.print( array[ row ][ column ] + " " );
      System.out.print( "\n" );
    }
  }
}
```

【运行结果】

array1 数组中每行元素的值分别是:

1 2 3

4 5 6

array2 数组中每行元素的值分别是:

1 2

3

4 5 6

2.7.4　Java 的命令行参数

前面已知道,在 Java 应用程序的 main 方法中有一个字符串数组参数,该数组中存放所有的命令行参数,命令行参数是给 Java 应用程序提供数据的手段之一,它跟在命令行运行的主类名之后,各参数之间用空格分隔。使用命令行参数有利于提高应用程序的通用性。

例 2-30　利用命令行参数实现两整数相乘。

程序代码如下:

```java
public class UseComLParameter {
  public static void main(String args[ ]) {
    int a1, a2, a3;
    if (args.length < 2) {
      System.out.println("运行本程序应该提供两个命令行参数。");
      System.exit(0); //结束程序运行
    }
    a1 = Integer.parseInt(args[0]); //第 1 个参数
    a2 = Integer.parseInt(args[1]); //第 2 个参数
    a3 = a1 * a2;
    System.out.println(a1 + " 与 " + a2 + " 相乘的积为:" + a3);
  }
}
```

【运行结果】

E:\java>java UseComLParameter 21 6

21 与 6 相乘的积为:126

【说明】　所有的命令行参数都是以字符串 String 类型的对象形式存在,如果希望把参数作为其他类型的数据使用,则还需要做相应的类型转换。使用命令行参数还需要注意数组 args[ ]越界的问题。

例 2-31　输出命令行所有参数。

程序代码如下:

```java
public class AllCommandPara {
  public static void main(String[] args) {
    for(int i = 0;i<args.length;i ++ )
      System.out.println(args[i] + " ");
  }
}
```

【运行结果】

E:\java>java AllCommandPara "hello good" 34 "my 123"

hello good

34

my   123

【说明】 如果命令行参数中有引号，则两个引号间的字符系列为一个参数，空格作为参数的分隔符。如果引号不匹配，则从最后一个引号到行尾的所有字符将作为一个参数。

2.8 本章小结

本章是 Java 语言程序设计的基础，主要对程序组成元素和逻辑进行介绍。

Java 中的数据类型有简单数据类型和复合数据类型两种，其中简单数据类型包括整数类型、浮点类型、字符类型和布尔类型；复合数据类型包含类、接口和数组。

表达式是由运算符和操作数组成的符号序列，对一个表达式进行运算时，要按运算符的优先顺序从高向低进行，同级的运算符则按结合性决定运算次序。

条件语句、循环语句和跳转语句是 Java 中常用的控制语句。对这些语句的正确理解和运用非常重要。程序设计的关键一步是要将算法思路转化为语句的实现。

方法包括定义和调用两方面，方法可以有效地实现功能的封装，有利于程序代码的重复使用，方法调用时应注意参数匹配和参数传递方式。

数组是具有相同类型元素的有序集合，数组的创建分为定义、分配内存以及初始化等阶段。通过下标变量访问数组中元素。经常用循环来控制对数组元素的访问，但要注意访问不要越界。Java 应用程序的命令行参数作为一个数组传递给 main 方法。利用命令行参数可增进程序的通用性。

习 题

2-1 下列（　　）是合法的 Java 标识符名字。

  A. counterl   B. $index,

  C. name-7   D. _byte

  E. larray   F. 2i

  G. try   H. integer

2-2 下面各项中定义变量及赋值不正确的是（　　）。

  A. int i = 32;

  B. float f = 45.0;

  C. double d = 45.0;

2-3 Java 语言中，整型常数 123 占用的存储字节数是（　　）。

  A. 1   B. 2   C. 4   D. 8

2-4 给出下面代码：

```
public class Person{
  public static void main(String a[]) {
      int arr[] = new int[10];
    System.out.println(arr[1]);
  }
}
```

以下( )说法正确。

A. 编译时将产生错误

B. 编译时正确,运行时将产生错误

C. 输出零

D. 无输出

2-5 设有如下类:

```
class Loop{
  public static void main(String[] agrs) {
    int x = 0;int y = 0;
    outer: for(x = 0;x<100;x ++ ){
    middle: for(y = 0;y<100;y ++ ){
              System.out.println("x = " + x + "; y = " + y);
              if (y == 10) {<<<insert code>>>}
        }
      }
  }
}
```

在<<<insert code>>>处插入什么代码可以结束外循环?

A. continue middle;

B. break outer;

C. break middle;

D. continue outer;

2-6 以下代码的编译运行结果为( )。

```
public class Test {
  public static void main (String args []) {
    int age;
    age = age + 1;
    System.out.println("The age is " + age);
  }
}
```

A. 编译通过,运行无输出

B. 编译通过,运行输出" The age is 1"

C. 编译通过但运行时出错

D. 不能通过编译

2-7 试判断下列表达式的执行结果。

(1) 6+3<2+7   (2) 4%2+4 * 3/2

(3) (1+3) * 2+12/3   (4) 8>3&&6==6&&12<3

(5) 7+12<4&&12-4<8   (6) 23>>2

2-8 已知圆球体的体积为$\frac{4}{3}\pi r^3$，编写一个程序输入半径，求体积。

2-9 编程输出如下可变大小图案。要求用循环计算（最好能动态地根据代表起始值 1 和结束值 9 的参数变化显示）。

```
1
121
12321
1234321
123454321
```

2-10 思考如下程序段的运行结果？

程序 1：

```java
int i = 9;
switch (i) {
  default：
    System.out.println("default");
  case 0：
    System.out.println("zero");
    break;
  case 1：
    System.out.println("one");
  case 2：
    System.out.println("two");
}
```

程序 2：

```java
outer：
  for (int i = 1;i<2;i++)
  for (int j = 1;j<4;j++)
    {
        if (i == 1 && j == 2)
          continue outer;
      System.out.println("i = " + i + " j = " + j);
    }
```

程序 3：

```java
int j = 0;
do {
    if(j == 5) continue;
    System.out.print(j + " ");
```

```
    j ++ ;
} while(j<10);
```
程序 4：
```
int a = 2;
System.out.print( a ++ );
System.out.print( a );
System.out.print( ++ a );
```
程序 5：
```
int x = 4;
System.out.println( "value is " +((x > 4) ? 99.99 : 9));
```
程序 6：
```
int i = 10,j = 10;
boolean b = false;
if ( b = i == j)
    System.out.println("True");
else
    System.out.println("False");
```

2-11　从键盘输入一系列字符,以♯号作为结束标记,求这些字符中的最小者。注意:输入数据建议采用一行输入(例如,abdhg34dg♯)。

2-12　编写一个方法求 3 个数中的最大值,并调用该方法求从命令行参数中获得的任意 3 个整数中的最大者。

2-13　编写一个方法,利用选择排序按由小到大的顺序实现一维数组的排序,并验证方法。选择排序与交换排序的不同在于,在每遍比较的过程中,不急于进行交换,先确定最小元素的位置,在每遍比完后,再将最小元素与本遍最小值该放位置的元素进行交换。

2-14　输入一个班的成绩写入到一维数组中,求最高分、平均分,并统计各分数段的人数。其中分数段有:不及格(小于 60)、及格(60~69)、中(70~79)、良(80~89)、优(大于 90)。

2-15　写一个方法判断一个数是否为素数,返回布尔值。利用该方法验证哥德巴赫猜想:任意一个不小于 3 的偶数可以拆成两素数之和。不妨将验证范围缩小到 3~100。

2-16　利用求素数的方法,找出 3~99 之间的所有姐妹素数? 所谓姐妹素数是指两个素数为相邻奇数。

2-17　利用下式求 e^x 的近似值:
$$e^x = 1 + x/1! + x^2/2! + x^3/3! + \cdots + x^n/n! + \cdots$$
输出 $x=0.2~1.0$ 之间步长为 0.2 的所有 e^x 值(计算精度为 0.000 01)。

2-18　设有一条绳子,长 2 000 m,每天剪去三分之一,计算多少天后长度变为 1 cm。

2-19　幻方是一个奇数阶矩阵,每个元素值不同,且它的每一行之和是每一列之和,同时还是左对角线之和,也是右对角线之和,且都等于一个相同的数。编写一个程序验证输入的三阶矩阵是否为幻方。以下为两组验证数据：

4	9	2		47	113	17
3	5	7		29	59	89
8	1	6		101	5	71

2-20 从键盘输入一个整数，根据是奇数还是偶数分别输出"odd"和"even"。

2-21 编写并验证如下方法：

(1) 求一维数组中最大元素值；

(2) 求一维数组所有元素的平均值；

(3) 查找某个数据在数组中的出现位置。

第3章 类与对象

3.1 Java 的类

3.1.1 系统定义的类

Java 系统提供的类库也称为 Java API,它是系统提供的已实现的标准类的集合。根据功能的不同,Java 类库按其用途被划分为若干个不同的包,每个包都有若干个具有特定功能和相互关系的类(Class)和接口(Interface)。在 J2SE 中可以将 Java API 的包主要分为 3 部分:"java. * "包、"javax. * "包、"org. * "包,其中,第一部分称为核心包(以 java 开头),主要子包有:applet、awt、beans、io、lang、math、net、sql、text、util 等;第二部分又称 Java 扩展包(以 javax 开头),主要子包有 swing、security、rmi 等;第三部分不妨称为组织扩展包,主要用于 CORBA 和 XML 处理。

学习 Java 语言除了掌握 Java 编程的基本概念和基本思想外,也应对 Java 类库的内容体系有个基本了解,知道什么场合使用什么类和什么方法。

要使用某个类必须指出类所在包的信息,这点和操作系统中访问文件需要指定文件路径是一致的。例如,以下代码将使用 java. util 包中的 Date 类创建一个代表当前日期的日期对象,并将该对象的引用赋值给变量 x。

java. util. Date x = new java. util. Date();

实际上,在 java. sql 包中也包括一个 Date 类,因此,使用类必须指定包路径。

使用系统类均给出全程路径无疑会使用户觉得麻烦,为此,Java 提供了 import 语句引入所需的类,然后在程序中直接使用类名来访问类。使用形式如下:

import java. util. Date;

…

Date x = new Date();

3.1.2 用户自定义的类

用户编写 Java 程序均要定义自己的类。类定义包括类声明和类体两部分。类定义的格式为:

[修饰符] class 类名 [extends 父类名][implements 类实现的接口列表]{

…　　　//类体部分

}

【说明】

① 类定义中带方括号"[]"的内容为可选部分。

② 修饰符定义类的访问控制权限(如,public)和类型(如,abstract,final)。

③ 关键字 class 引导要定义的类,类的命名应符合 Java 对标识符命名要求,通常类名用大写字母开始。

④ 关键字 extends 引导该类要继承的父类。

⑤ 关键字 implements 引导该类所实现的接口列表。

⑥ 类体部分用一对大括号括起来,包括属性和方法的定义,类的属性(也称域)反映了类的对象的特性描述,而类的方法表现为对类对象实施某个操作,往往用来获取或更改类对象的属性值,方法通常以小写字母开始。

- 类的成员属性的定义格式如下:

  [修饰符]类型 变量名;

- 类的成员方法的定义格式如下:

  [修饰符]返回值类型 方法名([参数定义列表])[throws 异常列表]{

  … //方法体

  }

例 3-1 表示人员信息的 Person 类。

程序代码如下:

```java
public class Person {              //类名为 Person
  private String address;          //籍贯
  private String name;             //姓名
  private int age;                 //年龄
  public String getName() {        //获取人名
    return name;
  }
  public int getAge() {            //获取年龄
    return age;
  }
  public void changeName(String new_name) {   //更改姓名
    name = new_name;
  }
  public void incAge() {           //增加 1 岁
    age ++ ;
  }
  public void setAge(int new_age) {   //设置年龄
    age = new_age;
  }
```

```
public String getAddress() {              //获取籍贯
    return address;
}
public void setAddress(String x) {  //设置籍贯
    address = x;
}
public String toString() {                //对象的字符串描述表示
    String s = "Name:" + name + "\n";
    s += "Age:" + age + "\n";
    s += "Address:" + address + "\n";
    return s;
}
}
```

【说明】 在 Person 类中,定义了 3 个属性,name、age、address 分别表示人的姓名、年龄、籍贯,读者可以在此基础上根据需要扩充。类中还提供了一系列方法,例如,incAge()方法用于给对象增加 1 岁;changeName 方法用于更改对象的姓名(name 属性);toString 方法用来获取对象的描述信息,它将对象的相关属性值拼接为一个字符串作为方法返回结果,大多数类设计均会考虑提供该方法。

【注意】 定义类时,通常将给类的属性加上 private 访问修饰,表示只能在本类中访问该属性;而给类的方法加上 public 访问修饰,表示该方法对外公开,也就是在任何地方均可通过 Person 类对象访问该方法。有关访问修饰的更多内容以后将讨论。

3.2 对象的创建与引用

3.2.1 创建对象及访问对象成员

定义 Java 类后,就可以使用"new＋构造方法"来创建类的对象,并使用"对象名.属性"访问对象的属性,或者使用"对象名.方法名(实参表)"访问对象的方法。

创建对象的具体语句格式如下:

＜类型＞ 对象名＝ new ＜类型＞(［参数］)

其中,＜类型＞为类的名字,new 操作实际就是调用类的构造方法创建对象。如果一个类未定义构造方法,则系统会提供默认的无参构造方法。

为了演示对象的创建,不妨在例 3-1 程序中增加一个 main 方法,并添加如下代码:

```
public static void main(String args[]) {
    Person p1 = new Person(); //创建一个 Person 对象
    Person p2 = new Person(); //创建另一个 Person 对象
    p1.changeName("John");
```

```
    p1.setAge(23);
    p1.setAddress("江西");
    p1.incAge();
    p2.changeName("Mary Ann");
    p2.setAge(22);
    p2.setAddress("北京");
    Person p3 = p1;
    p3.age ++ ;
    System.out.println("姓名 =" + p1.getName() +",地址 =" + p1.getAddress());
    System.out.println("姓名 =" + p2.getName() +",地址 =" + p2.getAddress());
}
```

【运行结果】

姓名 = John,地址 = 江西

姓名 = Mary Ann,地址 = 北京

【注意】　同一类可以创建任意个对象,每个对象有各自的值空间,对象不同则属性值也不同。在许多场合,对象也称为类的实例,相应地,对象的属性也叫实例变量,而对象的方法也叫实例方法,实例方法通常用来获取对象的属性或更改属性值。

【说明】　在 main 方法中首先创建了两个对象,并通过变量 p1 和 p2 保存其引用。通过 p1 和 p2 可以访问这两个对象,有时直接称为对象 p1 和对象 p2。但必须注意 p1 和 p2 只是引用变量,如果其赋值变化,则引用对象也不同。程序中创建对象时没有给对象赋初值,因此,对象的初始值由相应数据类型的默认值决定,如整型属性赋初值 0;对于字符串类型的属性则有些特别,Java 中字符串是作为对象看待,字符串没有指定初值也就是没有指向具体对象,因此 address 和 name 属性的默认值是 null,如图 3-1 所示。

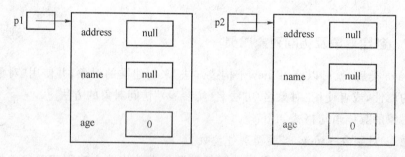

图 3-1　对象初始值

执行后续程序后,对象 p1 和 p2 分别执行各自的操作,相应的属性变量值如图 3-2 所示。这里 address 和 name 为字符串类型,实际上是引用变量。

将变量 p1 赋值给变量 p3 表示这两个变量指向同一个对象,p3 的 age 值发生变化,则 p1 也跟随变化。

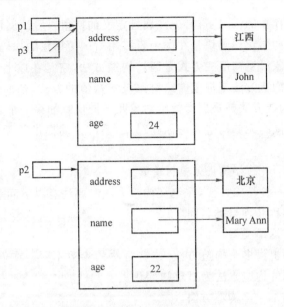

图 3-2　对象赋值变化

3.2.2　对象的初始化和构造方法

在创建对象时,要给对象的属性成员分配内存空间,同时也会对所有数据成员进行初始化。如果定义属性成员时没有指定初值,则系统自动指定初值,如例 3-1 所示。在定义属性成员时也可以指定初值。如下代码所示:

```
public class Person {
    private String address;            //籍贯
    private String name = "无名氏";     //姓名
    private int age = 100;             //年龄
    ...
```

则创建对象时,每个对象的初值均按上述设置赋值。也即所有 Person 对象 age 为 100,而 name 为"无名氏"。

指定初值的另一种办法是通过初始化块来设置对象的初值。如下代码所示:

```
public class Person {
    private String address;       //籍贯
    private String name;          //姓名
    private int age = 12;         //年龄
    ...
    {  //初始化代码块
        name = "无名氏";
        age = 100;
    }
    ...
```

在有初始化代码存在的情况下,首先按属性定义的初值设置给属性赋值,然后执行初始化代码块重新赋值。初始化代码块是在类中直接用"{…}"括住的代码段,不在任何方法中。

更为常用的给对象设置初值的方式是通过构造方法,它是在以上情况的赋初值执行完后才调用构造方法。构造方法是规范的给对象设置初值的方式,前面介绍的方式对所有对象均是一样的值,而构造方法是根据参数给对象赋不同值。如果一个类未指定构造方法,则只能使用系统自动提供的无参构造方法创建对象,系统自动提供的无参构造方法无具体代码,形式如下:

```
public Person() { }   //默认无参构造方法
```

构造方法是类的一种特殊方法,在定义构造方法时要注意以下问题:

- 构造方法的名称必须与类名同名;
- 构造方法没有返回类型;
- 通常一个类可提供多个构造方法,这些方法的参数不同。在创建对象时,系统自动调用参数匹配的构造方法为对象初始化。

以下为 Person 类的一个构造方法。

```java
public Person(String myname, int myage) { //构造方法
  name = myname;
  age = myage;
}
```

使用该构造方法可以创建一个 Person 对象赋给变量 p3:

```java
Person p3 = new Person("John", 20);
```

例 3-2　Person 类添加子女属性,由于每个子女也是一个 Person,可以将所有子女用一个 Person 数组表示。这里,为节省篇幅省略了与本例演示不相关的方法。程序代码如下:

```java
public class Person {
  private String name;
  private int age;
  private Person[] children = null;
  public Person(String myname, int myage) { //无子女构造方法
    name = myname;
    age = myage;
  }
  public String toString() {
    String s = "Name:" + name + "\n";
    s += "Age:" + age + "\n";
    return s;
  }
  public Person(String name1, int age1, Person chs[]) {
  //有子女构造方法
    name = name1;
```

```
        age = age1;
        children = chs;
    }
    public Person[] getChildren() {
        return children;
    }
    public void setChildren(Person[] mychildren) {
        children = mychildren;
    }
    public static void main(String argv[]) {
        Person p1 = new Person("John", 20);
        Person p2 = new Person("Mary", 18);
        Person[] c1 = {p1,p2};
        Person p3 = new Person("Smith", 50,c1);
        System.out.println("father: " + p3 + "have following children ");
        Person[] mychild = p3.getChildren();
        for (int k = 0;k<mychild.length;k++ ) {
            System.out.println("child " + (k+1) + ": " + mychild[k]);
        }
    }
}
```

【说明】 这里提供了两个构造方法,一个是含 2 个参数的无子女情形,另一个是含 3 个参数的有子女情形,在创建对象时将自动根据参数匹配选用相应的构造方法。

3.3 变量作用域

变量的作用域也称为变量的有效范围,它是程序的一个区域,变量在其作用域内可以通过它的名字来引用。作用域也决定系统什么时候为变量创建和清除内存。根据变量在程序声明的位置,可以将变量分为如下 4 类情形:

- 成员变量;
- 局部变量;
- 方法参数;
- 异常处理参数。

以下结合具体实例介绍各类变量的作用域。

例 3-3 各类变量的作用域。

程序代码如下:

```
public class Scope {
    int x; //成员变量
```

```
    int y;
    { x = 2; //成员变量的初始化代码
      y = 1;
    }
    public void method(int a) { //方法参变量在整个方法内有效
      int x = 5; //本地变量将成员变量隐藏
      for ( int i = 1;i<a;i++ ) //在循环内定义的变量 i 只在循环内有效
      { x = x + i;
      }
      System.out.println("x = " + x + ",y = " + y + ",a = " + a);
    }
    public static void main(String a[]) {
      Scope x = new Scope(); //方法内定义的局部变量 x
      x.method(6);
    }
}
```

【运行结果】

x = 20,y = 1,a = 6

【说明】

① 成员变量的作用域是整个类体。本例中定义的成员变量 x,y 在任何成员方法中均可以访问,在类体中可以通过初始代码段或在定义的同时给成员变量直接赋初值,所有成员变量在定义时系统会自动赋默认的初始值。

② 局部变量也称自动变量,是在方法中定义或者在一段代码块中定义的变量。方法中局部变量的作用域从它的声明点扩展到它被定义的代码块结束。例如,method 方法中局部变量 x 在整个方法内有效,而 i 只在循环内有效。注意,局部变量在定义时系统不会赋默认初值,因此在引用变量时要保证先赋值;但由基本类型元素构成的局部数组,则系统会按基本类型的默认初值原则给每个元素赋默认初值。

③ 方法参数的作用域是整个方法。参数值由方法调用时的实参决定。

④ 异常处理参数跟方法参数的作用很相似,差别为前者是传递参数给异常处理块而后者是传递给方法。例如,以下代码段演示了对算术运算的异常检查,try 引导要进行异常检查的代码段,而 catch 则捕获代码段中可能产生的异常。catch 后面的小括号中定义了异常处理参数 e,它只能在该 catch 的代码块(大括号部分)中访问。

```
try {
    int x = 5/0;
}catch (ArithmeticException e) { //异常处理参数的有效范围
    System.out.println("产生异常:" + e);
}
```

【注意】 在同一作用域不能定义两个同名变量,比如,不能有两个成员变量 x,方法中不能再定义一个与参数同名的变量。但不同作用域变量允许同名,例如,method 方法内定义的局部变量 x 与成员变量同名,它将隐藏同名的实例变量,也即在该方法中所有对 x 的访问均是指本地的局部变量 x。

3.4　类变量和静态方法

3.4.1　类变量

用 static 修饰符修饰的属性是仅属于类的静态属性,相应的成员变量也称类变量或者静态变量。它保存在类的内存区域的公共存储单元。

1. 类变量的访问形式

类变量通常是通过类名来访问,通过对象也可以访问,在类体中甚至可以直接通过名字来访问。例如,以下程序中,在 main 方法中访问静态变量 count 可以用如下几种方式:

- 在本类中直接访问,count;
- 通过类名访问,User. count;
- 通过类的一个对象访问,如,x1. count。

静态变量在存储上归属类空间,不依赖任何对象,通过对象去访问静态变量实质上还是访问类空间的那个变量。在类外访问静态变量,建议养成通过类名访问的习惯,通过对象访问容易引起误解。

2. 给类变量赋初值

类的静态变量的初始化不依赖对象的创建,在程序执行加载类代码时将自动给类的静态变量分配空间并按程序中的设置赋初值。静态变量的初始化赋值原则与类的实例变量一致。静态变量也可以通过静态初始代码块赋初值,静态初始代码块与对象初始代码块的差别是在大括号前加有 static 修饰。如下所示:

```
static {
    count = 100;
}
```

【注意】　对象创建时是不会执行静态初始代码块的,静态初始代码块中只能访问静态变量。静态空间和对象空间的概念必须明确区分。

例 3-4　静态空间与对象空间的对比。

程序代码如下:

```
class TalkPlace {
    static String talkArea = "";
}

public class User {
    static int count = 0;
    String username;
```

```
    int age;
    public User(String name,int yourage) {
        username = name;
        age = yourage;
    }
    /* 记录进入用户的个数 */
    void login(){
        count ++; //直接访问同一类中的静态变量
        System.out.println("you are no " + count + " user");
    }
    /* 向讨论区发言 */
    void speak(String words){
        //访问其他类的类变量通过类名访问类变量
        TalkPlace.talkArea =    TalkPlace.talkArea + username + "说:" + words + "\n";
    }
    public static void main(String args[]) {
        User x1 = new User("张三",20);
        x1.login();
        x1.speak("hello");
        User x2 = new User("李四",16);
        x2.login();
        x2.speak("good morning");
        x1.speak("bye");
        System.out.println("---讨论区内容如下:");
        System.out.println(TalkPlace.talkArea);
    }
}
```

【运行结果】

```
you are no 1 user
you are no 2 user
---讨论区内容如下:
张三说:hello
李四说:good morning
张三说:bye
```

【说明】 本例包含两个类,在 User 类中有 3 个属性,其中 username 和 age 为实例变量,其值依赖于对象,对象变量在对象空间分配存储单元,每个对象有各自的存储空间。count 为类变量,其值可以为类的所有成员共享,类变量在类空间分配单元。如图 3-3 所示。由于类变量是共享的,在实例方法中可以直接访问同一类的类变量,但要访问另一类的类变量必须以另一类的对象或类名作前缀才能访问。

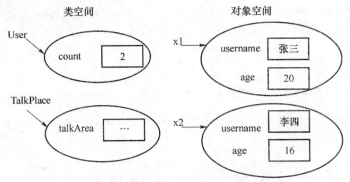

图 3-3 对象空间和类空间的存储示意图

思考

如果将例 3-4 程序中的 count 变量改为实例变量,程序输出结果如何?

3.4.2 静态方法

用 static 修饰符修饰的方法称为静态方法,也叫类方法,在调用时,一般使用类名作前缀。当然,也可以通过对象来调用,但必须清楚的是它不依赖于任何对象。在 static 方法中只能处理类变量,也可访问其他 static 方法,但绝不能访问任何归属对象空间的变量或方法。

例 3-5 求 10~100 之间的所有素数。

程序代码如下:

```
public class findPrime {
  public static boolean prime(int n){
    for ( int k = 2;k< = Math. sqrt(n);k ++ ) {
      if ( n % k == 0)
        return false;
    }
    return true;
  }
  public static void main(String args[]) {
    for ( int m = 10;m< = 100;m ++ ) {
      if (prime(m))
        System. out. print(m +″ , ″);
    }
  }
}
```

【说明】 该程序将求素数的方法编写为静态方法是最好的选择,事实上,大多数数学运算函数均可考虑设计为静态方法,在 main 方法中可以直接调用 prime 方法。

 思考

如果将 prime 方法设计为非静态方法,则如何在 main 方法中调用?

3.5 使用包组织类

3.5.1 建立包

对象重用是面向对象编程的主要优点之一,在 Java 语言中,对象是以类的形式体现的,因此对象重用也就体现在类的重用上。一个类如果要在多个场合反复调用,可以把它存放在"包"中,这里的包实际上就是一组类组成的集合,习惯称之为类库。包是一种松散的类的集合,通常,把具有共性的类放到同一个包中。

包的组织采用分层结构,与文件系统中目录的组织对应一致,通常将逻辑相关的类放在同一个包中。包将类的命名空间进行了有效划分,同一包中不能有两个同名的类。

在缺省情况下,系统会为每一个源文件创建一个无名包,这个源文件中定义的所有类都隶属于这个无名包,它们之间可以相互引用非私有的域或方法,但无名包中的类不能被其他包中的类所引用。

除系统本身提供的包之外,编程人员还可以自行定义一些包,把相关的类集中存放。创建包的语句需要使用关键字 package,而且要放在源文件的第一行。每个包对应一条目录路径,例如,以下定义 test 包就意味着在当前目录下对应有一个 test 子目录,这个包中所有类的字节码文件将存放在该子目录下。

例 3-6 包的定义。

程序代码如下:

```
package test; //定义包
public class Date {
    private int month;
    private int day;
    private int year;
    public Date(int theMonth, int theDay, int theYear) {
        if (theMonth>0 && theMonth< = 12)
            month = theMonth;
        else
            month = 1; //非法月份,强制设置为 1 月
        year = theYear;
```

```
        day = checkDay(theDay);
    }
    private int checkDay(int testDay) {
        int daysPerMonth[] = {31,28,31,30,31,30,31,31,30,31,30,31};
        if (month == 2 && testDay <= 29&&(year % 400 == 0||(year % 4 == 0&&year %
        100! = 0)))
            return testDay; //闰年的 2 月最多 29 天
        if (testDay>0&&testDay <= daysPerMonth[month-1])
            return testDay; //正常情况,每月天数在数组规定之内
        return 1; //非法日期默认改为该月的第 1 天
    }
    public String toString() {
        return month + "/" + day + "/" + year;
    }
}
```

【说明】 本例中将日期的处理封装在 Date 类中,在构造方法中对日期的合法性进行了检查处理,使用该类创建日期对象就可保证日期的合法性。

【注意】 有两种办法编译该程序:一种办法是手工创建一个 test 子目录,将源程序文件存放到该目录,在该目录下利用 javac 编译源代码,或者在别处编译完程序后将字节码文件复制到该目录即可。另一种办法是采用带路径指示的编译命令:

格式:javac - d destpath filename. java

其中,destpath 为存放类文件的目录路径,编译器将自动在 destpath 指定的目录下建一个 test 子目录,并将产生的字节码文件保存到该子目录下。

典型的用法是在当前目录下进行编译,则命令为:

javac - d . Date. java

3.5.2 包的引用

在一个类中可以引用与它在同一个包中的类,也可以引用其他包中的 public 类,但这时要指定包路径,具体有以下几种方法。

① 在引用类时使用包名作前缀,例如:

new java. util. Date();

② 用 import 语句加载需要使用的类。在程序开头用 import 语句加载要使用的类,例如:

import java. util. Date;

然后在程序中可以直接通过类名创建对象,例如:

new Date();

③ 用 import 语句加载整个包——用"＊"号代替类名位置。它将加载包中的所有的类,例如:

import java. util. ＊;

【注意】 import 语句加载整个包并不是将包中的所有类添加到程序中,而是告诉编译

器使用这些类时到什么地方去查找类的代码。在某些特殊情况下,两个包中可能包含同样名称的类,例如,java.util 和 java.sql 包中均包含 Date 类,如果程序中同时引入了这两个包,则不能直接用 new Date()创建对象,而要具体指定包路径。

④ 通过设置环境变量 CLASSPATH 指明字节码文件路径。

CLASSPATH 类似于 DOS 的 PATH 命令,PATH 是用来指示 DOS 外部命令的查找路径,而 CLASSPATH 用于指示字节码文件的查找路径。当一个程序找不到它所需类的class 文件时,系统自动到 CLASSPATH 指示的路径下查找。要设置 CLASSPATH 可以通过修改系统的环境变量或使用如下 dos 命令进行设置。

SET CLASSPATH = . ;C:\jdk1.4\lib\dt.jar;c:\jdk1.4\lib\tools.jar

其中,“.”代表当前目录,在有些情况下,由于 CLASSPATH 的值中不包含当前目录,在执行 Java 命令时也许会发现类文件找不到,这时可修改系统环境变量 CLASSPATH 的值使其包含代表当前目录的“.”项目。jar 文件为一组类的打包压缩文件。

例 3-7 给 Person 类中加入出生日期属性。

程序代码如下:

```
import test. * ; //引入 test 包中所有类
public class Person {
    private String name;
    private int age;
    ...
    private Date birthDay;
    public Person(String myname, int myage,int year,int month,int day)
    {
        name = myname;
        age = myage;
        birthDay = new Date(year, month, day);
    }
    // ...其他代码
}
```

该程序的完整修改由读者自行完成。

包的作用是多方面的,它不仅可以方便对类的引用,还可规定类的方法和变量的引用范围。类的成员变量和方法如果不带 public、private 和 pretected 等修饰符,就只能由同一包中的类所引用,因此,通过包的访问控制限制可实现信息隐藏。

【注意】如果一个程序中同时存在 package 语句、import 语句和类定义,则 package 语句为第一条语句,接下来是 import 语句,然后是类定义。

3.6 本章小结

Java 所有代码均封装在类中,在类体中包括成员属性和方法,构造方法的方法名与类名一致,无返回类型。对象也称为类的实例,在创建对象时将使用类的构造方法,一个类没有编写构造方法时,系统自动提供默认无参构造方法,方法内容为空。构造方法的作用是给对象的属性成员赋初值。在类中定义的成员,根据是否加 static 修饰分为归属类的成员和归属对象的成员。前者直接通过类名访问和使用,而后者依托具体对象。换句话说,前者是所有对象共享的,后者是各自对象的。包是类的一种组织形式,包的层次与操作系统中的目录路径相似,创建自定义包时,要将文件放到该包对应的子目录下。

<h1 style="text-align:center">习 题</h1>

3-1 比较类变量与实例变量、类方法与实例方法在使用上的差异。

3-2 包有什么作用? 如何给类指定包和在别的类中引用包中的类?

3-3 写出以下程序的运行结果。

程序 1:

```java
public class test{
    static int x1 = 4;
    int x2 = 5;
    public static void main(String a[]) {
        test obj1 = new test();
        test obj2 = new test();
        obj1.x1 = obj1.x1 + 2;
        obj1.x2 = obj1.x2 + 4;
        obj2.x1 = obj2.x1 + 1;
        obj2.x2 = obj2.x2 + 6;
        x1 = x1 + 3;
    System.out.println("obj1.x1 = " + obj1.x1);
        System.out.println("obj1.x2 = " + obj1.x2);
        System.out.println("obj2.x2 = " + obj2.x2);
        System.out.println("test.x1 = " + test.x1);
    }
}
```

程序 2:

```java
public class IsEqual {
    int x;
    public IsEqual(int x1) {
        x = x1;
    }
    public static void main(String a[]) {
        IsEqual m1 = new IsEqual(4);
        IsEqual m2 = new IsEqual(4);
```

```
        IsEqual m3 = m2;
        m3.x = 6;
        System.out.println("m1 = m2 is " + (m1 == m2));
        System.out.println("m2 = m3 is " + (m2 == m3));
        System.out.println("m1.x == m2.x is " + (m1.x == m2.x));
    }
}
```

程序 3：

```
class test {
    static int x = 5;
    static { x += 10; }
    public static void main(String args[]) {
        System.out.println("x = " + x);
    }
    static { x = x - 5; }
}
```

3-4　给例 3-5 中的日期类引入格式属性，常用格式是 yyyy. mm. dd,美国格式为 mm/dd/yyyy,欧洲格式为:dd-mm-yyyy。并给日期类引入一个行为,例如,比较两个日期的前后,求两个日期的相差天数等。并创建一个测试程序测试该类。

3-5　编写一个学生类 student,包含的属性有:学号、姓名、性别、年龄等。将所有学生存储在一个数组中,编写学生管理程序实现如下操作:

（1）增加一个学生；

（2）根据学号删除某个学生；

（3）将所有学生年龄增加一岁；

（4）按数组中顺序显示所有学生信息；

（5）将所有学生按姓名排序输出。

3-6　编写一个程序实现扑克牌的洗牌算法。将 52 张牌(不包括大、小王)按东、南、西、北分发。每张牌用一个对象代表,其属性包括:牌的类型、大小序号、名称。例如,黑头 A 的牌型为 S,序号为 13(在 K 之后),名称为 A。比较牌大小时按序号比较大小(2 的序号最小、A 最大),显示牌时将按牌型、名称显示。

第4章 继承、多态与接口

4.1 继 承

4.1.1 Java 继承的实现

现代软件设计强调软件重用,而面向对象的继承机制为软件的重用提供了很好的支持。继承是存在于面向对象程序中两个类之间的一种关系。被继承的类称为父类或超类,而继承父类或超类的所有属性和方法的类称为子类。父类实际上是所有子类的公共域和公共方法的集合,而每一个子类则是父类的特殊化,是对公共域和公共方法在功能、内涵方面的扩展和延伸,子类将继承父类的状态和行为,同时子类可以增加变量和方法,也可以重载继承的方法并且为这些方法提供特殊实现。使用继承的主要优点是使程序结构清晰,降低编码和维护的工作量。继承为组织和构造软件程序提供了一个强大的和自然的机理。

继承树或者类的分级结构可以是很深的,方法和变量是逐级继承的。总的来说,在分级结构的下方,有更多的行为。如果对象类处于分级结构的顶端,则其他类直接地或者是间接地是它的后代。在 Java 中 Object 类是所有类的祖先,如果某个类没有明确指定继承关系,则默认是继承 Object 类。

在定义类时如果使用 extends 关键字指明了父类,就在两个类之间建立了继承关系。通过子类对象除了可以访问子类中直接定义的成员外,也可直接访问父类的所有非私有成员。

假如要构造一个代表"学生"的 Student 类,某人可能编写如下代码:

```
class Student {
    private String address;          //籍贯
    private String name;             //姓名
    private int age;                 //年龄
    String no;                       //学号
    public Student(String name1,int age1) {
        name = name1;                //通过构造方法的参数给属性变量赋值
        age = age1;
    }
    //其他…
}
```

仔细思考不难发现,前面已编写过 Person 类,而学生是 Person 的一种特殊情况,利用继承可以将 Student 类的定义改动如下:

```
class Student extends Person {
    String no;        //学号
    //其他…
}
```

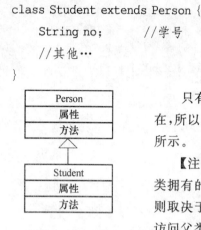

图 4-1 继承的符号表示

只有 no 属性是新加入的,其他属性在 Person 类中均存在,所以,代码一下简化许多。用 UML 表示继承关系如图 4-1 所示。

【注意】 通过类的继承,祖先类的所有成员均将成为子类拥有的"财富"。但是能否通过子类对象直接访问这些成员则取决于访问权限设置。比如,在子类中不能通过子类对象访问父类的私有属性,但并不意味着子类对象没有拥有该属性,可能通过其他一些公开方法间接存取该属性。

4.1.2 构造方法在类继承中的作用

严格地说,构造方法不能继承,子类继承父类的所有成员变量和成员方法,但不继承父类的构造方法。由于子类在创建对象时要对继承于父类的成员进行初始化,因此,在创建子类时,除了执行子类的构造方法外,还需要调用父类的构造方法,具体遵循原则如下:

① 若子类未定义构造方法,创建对象时将无条件地调用父类的无参构造方法;

② 对于父类的含参数构造方法,子类可以在自己的构造方法中使用关键字 super 来调用它,但 super 调用语句必须是子类构造方法中的第一个可执行语句;

③ 子类在自己定义的构造方法中如果没有用 super 明确调用父类的构造方法,则在创建对象时,将自动先执行父类的无参构造方法,然后再执行自己定义的构造方法。

以下程序在编译时将出错,原因在于父类不含无参构造方法。

```
class parent {
    String my;
    public parent(String x) { my = x; }
}
public class subclass extends parent { }
```

在 parent 类中由于定义了一个有参构造方法,所以系统不会自动产生无参构造方法。如果将有参构造方法进行注释,编译将可以通过。

鉴于上述情形,一个类在设计时如果有构造方法,最好提供一个无参构造方法。因此,系统类库中的类大多提供了无参构造方法,用户编程时最好也养成此习惯。

例 4-1 类的继承中构造方法的调用测试。

程序代码如下:

```
class Person {                    // Person 类
    private String address;       //籍贯
```

```
    private String name;              //姓名
    private int age;                  //年龄
    public String getName() {         //获取人名
        return name;
    }
    public Person(String name1,String address1,int age1) {
        name = name1;
        address = address1;
        age = age1;
    }
    public Person() {
        name = "无名氏";
    }
}


public class Student extends Person {
    String no;                        //学号
    public Student(String name1,String address1,int age1,String no1) {
        super(name1,address1,age1);
        no = no1;
    }
    public static void main(String a[]) {
    Student x = new Student("张三","江西",25,"20012541");
    System.out.println("name = " + x.getName());
    System.out.println("no = " + x.no);
    }
}
```

【运行结果】

name = 张三

no = 20012541

【说明】 调用父类的构造方法是非常必要的,原因在于实际应用中很多属性均定义为私有属性,那么在子类中不能直接访问这些属性对其初始化,请父类的构造方法来帮忙是再合适不过了。

为了演示对父类无参构造方法的隐含调用,可以将 Student 的构造方法中含 super 调用的行注释,则程序运行结果将为:

name = 无名氏

no = 20012541

也就是执行了父类的无参构造方法。

4.1.3 变量的继承、隐藏

子类可以继承父类的所有非私有属性。由于子类的可扩充性,子类有可能定义与父类同名的属性变量,这种情况下,在子类中将隐藏父类的同名变量。

例4-2 思考以下程序的运行结果。

程序代码如下:

```
class parent {
    int a = 3;
    int m = 2;
}
public class subclass extends parent {
    int a = 4;          //隐藏父类的 a
    int b = 1;
    public static void main(String a[]) {
        subclass my = new subclass();
        System.out.println("a = " + my.a + ",b = " + my.b + ",m = " + my.m);   //继承父类 m
    }
}
```

【运行结果】

a = 4,b = 1,m = 2

4.2 访 问 控 制 符

访问控制符是一组限定类、域或方法是否可以被程序里的其他部分访问和调用的修饰符。Java用来修饰类的访问控制符只有 public,表示类对外"开放",类定义时也可以无访问修饰,则类只限于同一包中能访问使用。修饰属性和方法的访问修饰符有 3 种:public、protected、private,还有一种是无修饰符的默认情况。在外界能使用某个类的成员的条件是首先能访问类,接下来是要能访问类的成员。

4.2.1 公共访问控制符 public

公共访问控制符 public 可以用于两个地方:首先是作为类的修饰符,将类声明为公共类,表明它可以被所有的其他类访问和引用;其次,可以作为类的成员的访问修饰符,表明在其他类中可以无限制地访问该成员。

要真正做到类成员可以在任何地方访问,在进行类设计时必须同时满足两点:首先类被定义为 public,其次,类的成员被定义为 public。

4.2.2 缺省访问控制符

缺省的访问控制指在属性和方法定义前没有给出访问控制符情形,在这种情况下,该类只能被同一个包中的类访问和引用,而不可以被其他包中的类使用。因此,这种访问特性又称为包访问。

4.2.3 私有访问控制符 private

私有访问控制符 private 用来声明类的私有成员,它提供了最高的保护级别。用 private 修饰的域或方法只能被该类自身所访问和修改,而不能被任何其他类(包括该类的子类)来获取和引用。

通常,出于系统设计的安全性考虑,将类的成员属性定义为 private 形式保护起来,而将类的成员方法定义为 public 形式对外公开,这是类封装特性的一个体现。

例 4-3 测试对私有成员的访问。

程序代码如下:

```java
class Myclass {
    private int a;      //私有变量
    void set(int k) {
        a = k;
    }
    void display() {
        System.out.println(a);
    }
}

public class test {
  public static void main(String arg[]) {
    Myclass my = new Myclass();
    my.a = 5;      //不能直接访问另一个类的私有成员
    my.set(4);
    my.display();
  }
}
```

以上程序在编译时将产生访问违例的错误指示:

```
F:\java>javac test.java
test.java:13: a has private access in Myclass
    my.a = 5;
      ^
1 error
```

【说明】 由于私有成员 *a* 只限于在本类访问,所以,在另一个类中不能直接对其访问,通过非私有成员方法 set 和 display 间接访问 *a* 是允许的。

【练习 4-1】 将 private 去除或改为其他修饰符,测试各种修饰符在同一包中的访问限制。

4.2.4 保护访问控制符 protected

用 protected 修饰的成员可以被 3 种类所引用:

- 该类本身;
- 与该类在同一个包中的其他类;
- 在其他包中的该类的子类。

例 4-4 测试包的访问控制的一个简单程序。

文件 1:PackageData.java(该文件存放在 sub 子目录下)

```
package sub;
public class PackageData {
    protected static int number = 1;
}
```

文件 2:Mytest.java

```
import sub. * ;
public class Mytest {
  public static void main( String args[] ) {
    System. out. println("result = " + PackageData. number);
  }
}
```

程序编译将显示如下错误:

```
Mytest. java:4: number has protected access in sub. PackageData
    System. out. println("result = " + PackageData. number);
                                                     ^
1 error
```

如果将程序 Mytest.java 程序的类头部作如下修改再测试:

```
public class Mytest extends PackageData
```

则程序编译通过,运行结果如下:

```
result = 1
```

【说明】 本例中定义的一个静态属性 number 的访问修饰符定义为 protected,在其他包中只有子类才能访问该属性。类名 Mytest 后的 extends PackageData 子句表示该类继承 PackageData 类,也就是 Mytest 为 PackageData 的子类。不同包中,只有子类允许访问另一个包中父类的 protected 访问修饰属性。

 思考

　　将 PackageData 类中 number 属性改为非静态属性,如果在另一个类中要访问这个属性,程序应如何修改?

【练习4-2】 要检查其他访问控制修饰效果,可以修改访问控制符分别进行测试。

综上所述,各类访问控制符的作用可以归纳为表 4-1。

表 4-1　各类访问控制符的作用

控制等级	同一类中	同一包中	不同包的子类中	其　他
private	可直接访问			
默认	可直接访问	可直接访问		
protected	可直接访问	可直接访问	可直接访问	
public	可直接访问	可直接访问	可直接访问	可直接访问

【注意】 表中指的访问限制是指类的修饰符为 public 的情况下,对成员变量的访问限制。如果类的修饰符缺省,则只限于在本包中的类才能访问。可以想象,Java API 所提供的类均是 public 修饰,否则,在其他包中不能访问其任何成员。即便是 public 成员,类的修饰不是 public 也限制了其访问。

4.3　多 态 性

所谓多态,是指一个程序中同名的不同方法共存的情况。前面介绍的一个类有多个构造方法称为构造方法的多态性。一般地,面向对象的多态性主要指如下两个方面。

- 方法的重载(Overload):在同一个类中定义多个同名的不同形态方法。
- 子类对父类方法的覆盖(Override):在子类中对父类定义的方法重新定义,在子类中将隐藏来自父类的同形态方法。

4.3.1　方法的重载

重载中区分同名的不同形态方法通过形式参数表的差异来区分,包括形式参数的个数、类型、顺序。例如,类 A 中定义了 3 个名为 test 的方法,参数个数相同,但参数类型不同。

方法调用的匹配处理原则是:首先按"精确匹配"原则去查找方法,如果找不到,则按"自动类型转换匹配"原则去查找能匹配的方法。

所谓"精确匹配"就是实参和形参类型完全一致。所谓"自动转换匹配"是指虽然实参和形参类型不同,但能将实参的数据按自动转换原则赋值给形参。

例 4-5 方法调用的匹配测试。

程序代码如下:

```
public class A {
    int x = 0;
    void test(int x) {
        System.out.println("test(int):" + x);
    }
    void test(long x) {
        System.out.println("test(long):" + x);
```

```
    }
    void test(double x) {
        System.out.println("test(double):" + x);
    }
public static void main (String[] args) {
    A a1 = new A();
    a1.test(5.0);
    a1.test(5);
    }
}
```

根据方法调用的匹配原则,不难发现运行程序时将得到如下结果:

test(double):5.0

test(int):5

如果将以上 test(int x)方法注释掉,那么情况会如何呢? 结果为:

test(double):5.0

test(long):5

【说明】 因为实参 5 默认为 int 型数据,因此,有 test(int x)方法存在时将按"精确匹配"处理,但如果无该方法存在,将按"转换匹配"优先考虑匹配 test(long x)方法。

 思考

(1) 如果将 test(long x)方法也注释掉,情况如何?

(2) 以上 3 个方法中,如果只将 test(double x)方法注释掉,程序能编译通过吗?

例 4-6 复数的加法。

程序代码如下:

```
public class Complex {
    private double x, y;    //x,y 分别代表复数的实部和虚部
    public Complex(double real, double imaginary) {  //构造方法
        x = real;
        y = imaginary;
    }
    public String toString() {
        return "(" + x +","+ y +"i" +")";
    }
    /* 方法1:将复数与另一复数 a 相加 */
    public Complex add(Complex a) {  //实例方法
        return new Complex(x + a.x ,y + a.y);
```

```
    }
    /* 方法 2：将复数与另一个由两实数 a,b 构成的复数相加 */
    public Complex add(double a,double b) {   //实例方法
        return new Complex(x + a , y + b);
    }
    /* 方法 3：将两复数 a 和 b 相加 */
    public static Complex add(Complex a, Complex b) {   //静态方法
        return new Complex(a.x + b.x , a.y + b.y);
    }
    public static void main(String args[]) {
        Complex x,y,z;
        x = new Complex(4,5);
        y = new Complex(3.4,2.8);
        z = add(x,y);        //调用方法 3 进行两复数相加
        System.out.println("result = " + z);
        z = x.add(y);        //调用方法 1 进行两复数相加
        System.out.println("result = " + z);
        z = y.add(4,5);      //调用方法 2 进行两复数相加
        System.out.println("result = " + z);
    }
}
```

【运行结果】

result = (7.4,7.8i)

result = (7.4,7.8i)

result = (7.4,7.8i)

【说明】 以上有 3 个方法实现复数的相加运算,其中有两个为实例方法,另一个是静态方法,它们的参数形态是不同的,调用方法时将根据参数形态决定匹配哪个方法。注意静态方法和实例方法的调用差异,实例方法一定要有一个对象作为前缀,本例 x.add(y) 和 y.add(x) 的效果是一样的;静态方法则不依赖对象,程序中调用形式为 add(x,y),请读者思考用 x.add(x,y) 可以吗? 用 Complex.add(x,y) 又如何?

以上 3 个方法进行复数相加将产生一个新的复数作为方法的返回值,并不改变参与运算的两个复数对象的值,如果要改变调用方法的哪个复数的值,则方法可能设计为如下形式:

```
public void add(Complex a) {   // 将另一复数的值加到当前复数上
    x = x + a.x;
    y = y + a.y;
}
```

请读者测试该方法的调用,思考哪种设计更规范、合理。

4.3.2 方法的覆盖

子类将继承父类的非私有方法,在子类中也可以对父类定义的方法重新定义,这时将产生方法覆盖。需要注意的是子类在重新定义父类已有的方法时,应保持与父类完全相同的方法头部声明,即应与父类具有完全相同的方法名、返回类型和参数列表。

例如,以下类 B 定义的方法中,只有 test(int x)存在对例 4-5 中类 A 的方法覆盖。

```
class B extends A {
    void test(int x){    //将覆盖父类方法
        System.out.println("in B.test(int):" + x);
    }
    void test(String x,int y) { //不会产生方法覆盖
        System.out.println("in B.test(String,int):" + x+","+y);
    }
}
```

 思考

通过子类 B 的对象共可直接调用多少个 test 方法?

关于方法覆盖有以下问题值得注意:

(1) 方法名、返回类型、参数列表完全相同才会产生方法覆盖。

(2) 方法覆盖不能改变方法的静态与非静态属性。子类中不能将父类的非静态方法定义为静态方法,反之也一样。

(3) 不允许子类中方法的访问修饰符比父类有更多的限制。例如,不能将父类定义用 public 修饰的方法在子类中重定义为 private 方法,但可以将父类的 private 方法重定义为 public 方法。通常子类中的方法访问修饰与父类的保持一致。

(4) 使用 final 修饰符修饰的方法不能被覆盖。

4.4　this 和 super

4.4.1 this 的应用

this 出现在类的实例方法或构造方法中,用来代表使用该方法的对象。this 的用途主要包含以下几个方面。

(1) 把当前对象的引用作为参数传递给另一个方法。如,obj.f(this)。

(2) 可以调用当前对象的其他方法或访问当前对象的实例变量。如:

```
public void f() {
    this.g();
}
```

(3) 使用 this 可以区分当前作用域中同名的不同变量。

```
public class Test1 {
    String x;
    int y;
    public Test1(String x,int a) {
        this.x = x;      //在方法体内参变量隐藏了同名的实例变量
        y = a;
    }
}
```

在以上构造方法中,由于参数名 x 与实例变量 x 同名,在方法内直接写 x 指的是参数,要访问实例变量必须加 this 来特指。而 y 不存在这个问题,当然将 y＝a 写成 this.y＝a 也可。

(4) 一个构造方法中调用另一个构造方法。例如:

```
class Test2 {
    int x,y;
    public Test2(final int x,final int y)
        this.x = x; this.y = y;
    }
    public Test2(final int x) {
        this(x,0);   //调用两个参数的构造方法,第 2 个参数默认为 0
    }
}
```

这里,this 当成方法名来使用,之后有一个参数表,其作用是调用匹配参数列表的构造方法。这里要注意,用 this 调用构造方法必须是方法体中的第一个语句。

思考

this 的使用依赖于对象环境,所以 this 特指当前对象的引用。在实例方法中能使用 this 是因为调用方法时总是以对象作为前缀的。在静态方法中能使用 this 吗?

4.4.2 通过 super 访问父类成员

super 表示当前对象的直接父类对象的引用。所谓直接父类是相对于当前对象的其他"祖先"类而言的。使用 super 可以访问被子类重新声明而隐藏的超类的变量和方法。使用 super 常有以下情形。

(1) 访问超类的变量或方法。

例 4-7 访问超类的成员。

程序代码如下:

```
class parent {
    int a = 3;
    void f() {
```

```
        a = a + 1;
        }
}
public class subclass extends parent {
    int a = 6;      //在子类中将隐藏超类的变量a
    void f() {
      super.f();    //调用超类的方法
      a = a + super.a - 3;      //用 super.a 特指超类的变量a
      }
public static void main(String a[]) {
    subclass my = new subclass();
    my.f();
    System.out.println("a = " + my.a);
    }
}
```

思考

分析上述程序的调用关系,写出程序的运行结果。

(2) 调用超类的构造方法。

```
public class graduate_student extends Student
{   Date enterDate;      //入校时间
    public graduate_student(String name, int age, Date d)
    {
        super(name, age);      //调用超类的构造方法
        enterDate = d;
    }
    public String toString() {      //读对象信息
      String s = "Name:" + name + "\n";
      s += "Age:" + age + "\n";
      s += "Address:" + address + "\n";
      s += "enter school time:" + enterDate + "\n";
      return s;
      }
    …
}
```

【说明】 调用超类的构造方法的语句与使用 this 调用本类的其他构造方法一样,必须放在方法的第一条语句。事实上,如果在构造方法未使用 super 或 this 来调用其他构造方

法,则编译程序将自动插入一条 super(),即调用超类的默认构造方法。

图 4-2 演示了子类中调用方法的查找过程以及 this 和 super 的用法。

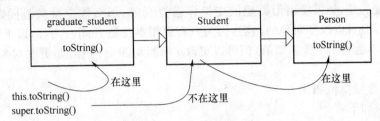

图 4-2　方法的执行查找过程

针对 graduate_student 对象,执行 this. toString()方法,在本类中由于能找到,所以执行本类中定义的 toString()方法,而执行 super. toString()方法,首先是到直接父类找,如果没找到,再到父类的祖先类中查找,最后执行的是 Person 类中定义的方法。

 思考

如果 graduate_student 中无 toString()方法,则 this. toString()将会出现什么情况?

4.5　final 修饰符的使用

4.5.1　final 作为类修饰符

如果一个类被 final 修饰符所修饰和限定,说明这个类称为最终类,它不可能有子类,有子类就意味着可以定义新成员。Java API 中有不少类定义为 final 类,这些类通常是有固定作用、用来完成某种标准功能的类,例如:Math 类、String 类、Integer 类等。

abstract 和 final 修饰符不能同时修饰一个类,但是可以各自与其他的修饰符合用。当一个以上的修饰符修饰类或类中的域、方法时,这些修饰符之间以空格分开,写在关键字 class 之前,修饰符之间的先后排列次序对类的性质没有任何影响。

4.5.2　用 final 修饰方法

用 final 修饰符修饰类的方法,是功能和内部语句不能被更改的最终方法,即不能被当前类的子类重新定义的方法。它固定了这个方法所对应的具体操作,防止子类对父类关键方法的错误的重定义,保证了程序的安全性和正确性。

所有已被 private 修饰符限定为私有的方法,以及所有包含在 final 类中的方法,都被缺省地认为是 final 的。

4.5.3　用 final 定义常量

final 标记的变量即成为常量。如:

final double PI = 3.14159;

常量可以在定义时赋值,也可以先定义后赋值,但只能赋值一次。与属性变量不同的是,系统不会给常量赋默认初值,因此,要保证引用常量前给其赋初值。

需要注意的是,如果将引用类型的变量标记为 final,那么该变量只能固定指向一个对象,不能修改,但可以改变对象的内容,因为只有引用本身是 final。例如,以下程序中将 *t* 定义为常量,则不能再对 *t* 重新赋值,但可以更改 *t* 所指对象的内容,如更改对象的 weight 属性值。

例 4-8 常量赋值测试。

程序代码如下:

```
public final class test {
    public static int totalNumber = 5;
    public final int id;        //定义常量
    public int weight;
    public test(int weight) {
        id = totalNumber ++ ;        //在构造方法中给常量赋值
        this.weight = weight;
    }
    public static void main(String args[]) {
        final test t = new test(5);
        t.weight = t.weight + 2;        //允许
        t.id ++ ;        //不允许
        t = new test(4);        //不允许
    }
}
```

4.6 抽象类和抽象方法

4.6.1 抽象类的定义

在现实世界中人们善于站在抽象思维的角度来刻画事物的一些公共特性,具有这些特性的实体则可以将这些特性具体化。在面向对象程序设计中通过继承机制来描述这种关系。抽象类代表着一种优化了的概念组织方式,它是所有子类的公共属性的集合,抽象类用来描述对象的一般状态和行为,然后在其子类中再去实现这些状态和行为,以适应对象的多样性。

抽象类用 abstract 修饰符修饰,具体定义形式为:

```
abstract class 类名称 {
    成员变量;
    方法(){…}        //定义一般方法
    abstract 方法();    //定义抽象方法
}
```

在抽象类中可以包含一般方法和抽象方法。抽象方法的定义与一般方法不同,抽象方法在方法头后直接跟分号,而一般方法含有以大括号括住的方法体。所有的抽象方法必须存在于抽象类中。

抽象类表示的是一个抽象概念,不能被实例化为对象。Java 类库中有很多类设计为抽象类,例如,Java 中 Number 类是一个抽象类,它只表示"数字"这一抽象概念,只有其子类 Integer 和 Float 等才能创建具体对象;GUI 编程中的 Component 也是一个抽象类,它将所有部件的公共特性定义下来,但不具体实现,在每个子类中要提供具体实现。

4.6.2 抽象类的实现

例 4-9 动物类的简单实现。

程序代码如下:

```java
abstract class Animal {        //抽象类
    String name;
        abstract public int getLeg();        //抽象方法
}


class Dog extends Animal {
    int leg = 4;
    public Dog(String n) {
      name = n;
    }
    public int getLeg() {
      return leg;
    }
}


class Fish extends Animal {
    public Fish(String n) {
     name = n;
    }
    public int getLeg() {
      return 0;
    }
}


public class test {
    public static void main(String args[]) {
        Animal a[] = new Animal[3];
        a[0] = new Dog("dog - A ");
        a[1] = new Fish("cat - A ");
        a[2] = new Dog("dog - B ");
```

```
for (int i = 0;i<3;i++){
    System.out.println(a[i].name+"has "+a[i].getLeg()+" legs");
    }
  }
}
```

【说明】　在抽象类 Animal 中定义了一个抽象方法 getLeg(),其子类中通常要将该方法具体实现,除非子类也是抽象类。这里的两个子类 Dog 和 Fish 均实现了抽象类中定义的方法 getLeg()。在类 test 中创建一个 Animal 类型的数组,将所有通过子类创建的对象存放到该数组中,即用父类变量存放子类对象的引用,在 for 循环中访问数组元素,实际上是通过父类引用去访问具体的子类对象的属性和方法。这种现象称为运行时的多态性,通过父类引用到底会调用哪个子类的成员取决于运行时该父类引用变量的具体赋值。

4.7　接　口

Java 中不支持多重继承,而是通过接口实现比多重继承更强的功能,Java 通过接口使处于不同层次甚至互不相关的类可以具有相同的行为。

4.7.1　接口定义

接口是由常量和抽象方法组成的特殊类,接口定义由关键字 interface 引导,具体定义语法如下:

[public] interface 接口名 [extends 父接口名列表]{

　　[public] [static] [final] 域类型 域名＝常量值 ;　　　//常量域声明

　　[public] [abstract] [native] 返回值 方法名(参数列表)[throw 异常列表];

　　//抽象方法声明

}

有关接口定义要注意以下几点 :
- 声明接口可给出访问控制符,用 public 修饰的是公共接口;
- 接口具有继承性,一个接口还可以继承多个父接口,父接口间用逗号分隔;
- 系统默认接口中所有属性的修饰都是 public static final;
- 系统默认接口中所有方法的修饰都是 public abstract。

思考

通过接口名能访问接口中定义的常量吗？能否通过接口名访问方法？接口中有私有成员吗？

例如,所有的 shapes(形状)都有一个 draw()和 area()成员方法,可以创建一个接口:
interface Shape{

```
void draw();          //用于绘制形状
double area();          //用于求面积
}
```

接口是抽象类的一种,不能直接用于创建对象。接口的作用在于规定一些功能框架,具体功能的实现则由遵守该接口约束的类去完成。

4.7.2 接口的实现

接口定义了一套行为规范,一个类实现这个接口就要遵守接口中定义的规范,实际上就是要实现接口中定义的所有方法,也就是说,在类中要为接口中的抽象方法写出实在的方法体。只要有一个方法未实现,该类就只能是抽象类。例如,以下 Rectangle 类只实现了接口 Shape 中的一个方法 area(),还有一个方法 draw()未实现,所以只能是抽象类。

```
abstract public class Rectangle implements Shape {
    private double x,y,w,h;
    public Rectangle(double x,double y,double w,double h) {
        this.x = x;
        this.y = y;
        this.w = w;
        this.h = h;
    }
    public double area() {
        return w * h;
    }
}
```

有关接口的实现,要注意以下问题。

(1) 一个类可以实现多个接口。在类的声明部分用 implements 关键字声明该类将要实现哪些接口,接口间用逗号分隔。

(2) 如果实现某接口的类不是 abstract 的抽象类,则在类的定义部分必须实现指定接口的所有抽象方法。

(3) 一个类在实现某接口的抽象方法时,必须使用完全相同的方法头。

(4) 接口的抽象方法的访问限制符默认为 public,在实现时要在方法头中显式地加上 public 修饰,这点很容易被忽视。

接口的多重实现机制在很大程度上弥补了 Java 类单重继承的局限性,不仅一个类可以实现多个接口,而且多个无关的类可以实现同一接口。

例 4-10 接口应用举例。

程序代码如下:

```
interface StartStop {      //定义 StartStop 接口
    void start ();
    void stop ();
}
```

```
class Conference implements StartStop {       //会议实现 StartStop 接口
    public void start () {
        System. out. println ("Start the conference.");
    }
    public void stop () {
        System. out. println ("Stop the conference.");
    }
}


class Car implements StartStop {  //汽车实现 StartStop 接口
    public void start () {
        System. out. println ("Insert key in ignition and turn.");
    }
    public void stop () {
        System. out. println ("Turn key in ignition and remove.");
    }
}


public class TestInterface {
    public static void main (String [] args) {
        StartStop [] ss = { new Car(), new Conference() };
        for (int i = 0; i < ss. length; i++) {
            ss[i]. start ();
            ss[i]. stop ();
        }
    }
}
```

【说明】 在本例中,定义了一个 StartStop 接口,给该接口规定了 start()和 stop()两个方法,在实现该接口的类中均给出了方法的具体实现,显然,会议和汽车是两个不相关的类,但它们却拥有共同的行为,尽管行为的具体内容不同。接口也可以用来代表一种类型,在TestInterface 类中,利用接口名 StartStop 定义了一个数组,并分别创建了一个 Car 和一个Conference 对象赋值给数组,由于两个对象均拥用接口 StartStop 的特性,因此通过数组元素访问 start()和 stop()自然是没有问题。

由于一个类可以继承某个父类同时实现多个接口,因此,也会带来多重继承上的二义性问题,例如,以下代码中 Test 类继承了 Parent 类同时实现了 Frob 接口。不难注意到,在接口和父类中均有变量 v,这时通过 Test 类的一个对象直接访问 v 就存在二义性问题,编译将指示错误。因此,程序中通过 super. v 和 Frob. v 来具体指定是哪个 v。事实上,这两个 v不仅数值不同,而且性质也不同,接口中的是常量,而类中定义的是变量。

```
interface Frob { float v = 2.0f; }      //接口定义
class Parent { int v = 3; }             //父类定义
class Test extends Parent implements Frob {
    public static void main(String[] args) {
        new Test().printV();
    }
    void printV() {
        System.out.println((super.v + Frob.v)/2);
    }
}
```

4.8　内　嵌　类

内嵌类是指嵌套在一个类中的类,因此,有时也称为嵌套类(NestedClass)或内部类(InnerClass),而包含内嵌类的那个类称为外层类(OuterClass)。内部类与外层类存在逻辑上的所属关系,内部类的使用要依托外层类,这点与包的限制类似。内部类一般用来实现一些没有通用意义的功能逻辑。与类的其他成员一样,内嵌类也分 static 和非 static,前者称为静态内嵌类,后者称为成员类。

4.8.1　成员类

例 4-11　一个简单例子。

程序代码如下:

```
public class OuterOne {
    private int x = 3;
    InnerOne ino = new InnerOne();    //外层类有一个属性指向创建的内嵌类的对象

    public class InnerOne {      //内嵌类
        private int y = 5;
        public void innerMethod() {
            System.out.println("y is " + y);
        }
        public void innerMethod2() {
            System.out.println("x2 is " + x);        //访问外部类变量
        }
    }  //内嵌类结束

    public void OuterMethod() {
        System.out.println("x is " + x);
```

```
        ino. innerMethod();
        ino. innerMethod2();
    }

    public static void main(String arg[]) {
        OuterOne my = new OuterOne();
        my. OuterMethod();
    }
}
```

【运行结果】

x is 3

y is 5

x2 is 3

【注意】 Java 程序中所有定义的类均将产生相应的字节码文件,以上程序中的内嵌类经过编译后产生的字节码文件名为:OuterOne $ InnerOne. class。内嵌类的命名除了不能与自己的外层类同名外,不必担心与其他类名的冲突,因为其真实的名字加上了外层类名作为前缀。

从程序中不难看出,内嵌类与外层类的其他成员处于同级位置,所以也称为成员类。

(1) 在内嵌类中可以访问外层类的成员

与外层类的成员一样,在内嵌类中可以访问外层类的成员,内嵌类可以使用访问控制符 public、protected、private 修饰。

(2) 在外层类中访问内嵌类的方法

方法 1:在外层类的成员定义中创建内嵌类的对象。例如:

InnerOne ino = new InnerOne();

然后,在外层类中通过该成员变量 ino 访问内嵌类。

方法 2:在外层类的某个实例方法中创建内嵌类的对象,然后通过该对象访问内嵌类的成员。例如:

```
public void accessInner() {
    Innerone anInner = new Innerone();
    anInner. innerMethod();
}
```

但是不能直接在 main 等静态方法中直接创建内嵌类的对象,在外界要创建内嵌类的对象必须先创建外层类对象,然后通过外层类对象创建内嵌类对象。例如:

```
public static void main(String arg[]) {
    OuterOne. InnerOne i = new OuterOne(). new InnerOne();
    i. innerMethod();
}
```

(3) 在内嵌类中使用 this

在内嵌类中,this 指内嵌类的对象,要访问外层类的当前对象须加上外层类名作前缀,例如,以下程序中用 A.this 代表外层类的 this 对象。

例 4-12 在内嵌类中使用 this。

程序代码如下:

```java
public class A {
    private int x = 3;

    public class B {        //内嵌类
        private int x = 5;
        public void M(int x) {
            System.out.println("x = " + x);
            System.out.println("this.x = " + this.x);
            System.out.println("A.this.x = " + A.this.x);
        }
    }    //内嵌类结束

    public static void main(String arg[]) {
        A a = new A();
        A.B b = a.new B();
        b.M(6);
    }
}
```

【运行结果】

```
x = 6
this.x = 5
A.this.x = 3
```

【说明】 main 方法中的 3 行可用 1 行代替 new A().new B().M(6);之所以分成 3 行是让读者理解对象的创建过程和关系。

思考

如果方法 M 的参数名改为 y,程序运行结果如何? 如果将内部类的私有属性 x 的定义注释掉,情况又会如何?

4.8.2 静态 inner 类

内嵌类可定义为静态的,静态内嵌类不需要通过外层类的对象来访问,静态内嵌类不能访问外层类的非静态成员。如果将上面例子中的内嵌类定义为 static 形式,则方法 inner-Method2 中对外层类的非静态成员 x 的访问是非法的。

例 4-13　静态内嵌类举例。

程序代码如下：

```java
public class Outertwo {
    private static int x = 3;
    private int y = 5;

    public static class Innertwo {        //静态内嵌类
        public static void Method() {        //静态方法
            System.out.println("x is " + x);
        }
        public void Method2() {        //实例方法
            System.out.println("x is " + x);
            // System.out.println("y is " + y);    不允许访问外层类的非静态成员
        }
    } //内嵌类结束

    public static void main(String arg[]) {
        Outertwo.Innertwo.Method();        //静态方法直接访问
        new Outertwo.Innertwo().Method2();    //创建内嵌类的对象访问其实例方法
    }
}
```

【说明】　本程序在静态内嵌类 Innertwo 中定义了两个方法，方法 Method()为静态方法，在外部要调用该方法直接通过类名访问，如：

Outertwo.Innertwo.Method();

而方法 Method2()为实例方法，必须通过创建内嵌类的对象来访问，但是由于这里内嵌类是静态类，所以可以通过外层类名直接访问内嵌类的构造方法，如：

new Outertwo.Innertwo().Method2();

相信读者看到这样的访问形式会联想到对 Java 包中类的访问格式。在层次组织上它们有相似性，但概念上是不同的。

4.8.3　方法中的内嵌类与匿名内嵌类

1. 方法中的内嵌类

内嵌类也可以在某个方法中定义，这种内嵌类也称局部内嵌类（Local class）。在方法内通过创建内嵌类的对象去访问其成员，由于内嵌类对象的创建与方法内定义的局部变量的赋值没有逻辑关系，所以，Java 规定方法内定义的内嵌类只允许访问方法中定义的常量。

例 4-14　方法中的内嵌类。

程序代码如下：

```java
public class OuterTwo {
    private int x = 3;
```

```
   public void OuterMethod(int m) {
     final int n = x + 2;
     class InnerTwo {      //方法内的内嵌类
     private int y = 5;
     public void innerMethod() {
       System. out. println("y is " + y);
       System. out. println("n is " + n);
       // System. out. println("m is " + m);  //访问 m 不允许
       System. out. println("x is " + x);
     }
   } //内嵌类结束
    InnerTwo in2 = new InnerTwo();     //在方法内创建内嵌类的对象
    in2. innerMethod();     //调用内嵌类的方法
   }

   public static void main(String arg[]) {
     OuterTwo my = new OuterTwo();
     my. OuterMethod(8);
   }
 }
```

【注意】 方法内定义的内嵌类只能访问方法内定义的带 final 修饰的变量,如本例中的 n,但对形参 m 的访问非法,除非 m 在形参表中加 final 修饰。

2. 匿名内嵌类

Java 允许创建对象的同时定义类的实现,但是未规定类名,Java 将其定为匿名内嵌类。

例 4-15 匿名内嵌类的使用。

程序代码如下:

```
interface sample {
   void testMethod();
}
public class AnonymousInner {
   void OuterMethod() {
    new sample() {      //由接口派生匿名内嵌类
      public void testMethod( ) {
        System. out. println("just test");
      }
    } . testMethod();     //调用内嵌类中定义的方法
   }
   public static void main(String arg[])
   {
```

```
        AnonymousInner my = new AnonymousInner();
        my.OuterMethod();
    }
}
```

【说明】 上面程序中,由接口直接创建对象,似乎是不可能的,但要注意后面跟着的大括号代码中给出了接口的具体实现。实际上这里的意思是创建一个匿名内嵌类实现 sample 接口,同时创建该匿名类的一个对象。

【注意】 在程序编译时,匿名内嵌类同样会产生一个对应的字节码文件,其特点是以编号命名,例如,上面匿名内嵌类的字节码文件为 AnonymousInner $ 1. class。如果有更多的匿名内嵌类将按递增序号命名。

匿名内嵌类在事件驱动编程中大量采用,在那里事件响应的方法都通过接口进行规范,事件响应程序往往可以用实现接口的内嵌类编写。

4.9　对象引用转换

4.9.1　对象引用赋值转换

在语言的基础部分介绍了基本类型的数据赋值转换原则,那么对象类型在赋值处理上有哪些规定呢? 在前面章节的例子中,已接触到可以将一个对象赋值给其父类的引用变量。也就是当 NewType 为 OldType 的父类时,如下赋值是允许的:

```
Oldtype x = new OldType();

NewType y = x;
```

允许将子类对象赋值给父类引用可有效满足运行时的多态性要求。经过这种转换赋值后,通过父类引用访问的成员方法实际是子类对象的。编译时检查访问的合法性是按父类的成员来检查的,但由于子类继承了父类的属性和方法,因此,只要对于父类是合法的成员,在子类中也必然是合法的。当然,编译不允许通过父类引用访问子类的扩展成员。

反过来,不能将一个父类对象赋值给子类对象,因为子类对象拥用更丰富的成员,显然,通过子类引用允许访问的方法在父类根本没有,所以,这种转换是不允许的。

最后,记住对象引用转换原则的核心是允许将类层次中低层类对象赋值给高层类的引用。但同时要注意,由于仅仅是将子类对象的引用赋值给父类变量,所以通过父类变量访问的实际对象仍然是子类对象,当然,访问的成员属性和方法也就是子类的。

例如,在图 4-3 所示的类层次中,进行以下从低层到高层的转换是允许的:

```
Object x = new Apple();

Fruit m = new Orange();
```

但如下从高到低的转换是不允许的:

```
Apple x = new Fruit();
```

这种赋值转换也经常发生在方法调用的参数传递时,如果一个方法的形式参数定义的是父类对象,

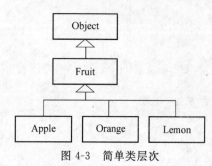

图 4-3　简单类层次

那么调用这个方法时,可以使用子类对象作为实际参数。

由于实现接口在某种程度上类似于继承,因此,上述赋值转换情形也适用于类与接口的类型转换,可以通过接口变量去引用实现了接口的类所创建的对象。实际上,数组类型也可以转换为 Object 或特定接口。在赋值时允许的转换归纳如下:

- 接口类型可转换为父接口或 Object 类;
- 类对象可以转换为父类或该类实现了的接口类型;
- 数组可以转换为 Object,也可转换为 Cloneable 或 Serializable 接口,数组还可转换为一个新数组,但旧数组的元素类型必须能够允许转换为新类型方可。

例 4-16 方法的引用类型参数匹配处理。

程序代码如下:

```
public class A {
    int x = 0;
    void test(int x) {
        System.out.println("test(int):" + x );
    }
    void test(Object obj) {
        System.out.println("test(Object):" + obj );
    }
    void test(String str ) {
        System.out.println("test(String):" + str);
    }
    public static void main (String[] args) {
        A a1 = new A();
        a1.test("hello");
        a1.test(5);
    }
}
```

根据方法调用的匹配原则,运行程序时将得到如下结果:

test(String):hello

test(int):5

如果将以上 test(String str)方法注释掉,那么情况会如何呢?结果为:

test(Object):hello

test(int):5

为什么执行 test("hello")会匹配 test(Object obj)方法,原因在于 Object 类是任何类的祖先,可以将任何对象引用赋值给代表 Object 类型的变量,将一个 String 对象传给 Object 类的引用变量,方法内输出处理时仍调用 String 对象的 toString()方法。这种情况告诉我们,如果没有方法参数的精确匹配,则看参数的对象引用是否允许赋值转换,如果允许,仍可以实现方法调用。

假如注释掉 test(int x)方法,则 test(5)将找不到匹配方法,因为 int 只是基本数据类型,不能与 Object 类型进行转换匹配。因此,编译将指示错误。

4.9.2　对象引用强制转换

将父类引用赋值给子类变量时要进行强制转换,这种强制转换在编译时总是认可的,但运行时的情况取决于对象的值。如果父类对象引用指向的就是该子类的一个对象,则转换是成功的,如果指向的是其他子类对象或父类自己的对象,则转换会抛出异常,也就是出现错误。举例如下:

```
Fruit x;
Apple y;
Orange m,n;
n = new Orange();
x = n;          //允许,父类引用子类对象
m = (Orange)x;      //允许,没有问题
y = (Apple)x;       //允许,但运行时出错,因为 x 实际指向一个 Orange 对象
```

4.10　本章小结

封装、继承和多态是面向对象的 3 个重要特性。继承是实现代码重用的手段,Java 中只支持单重继承,但可以通过实现多个接口来体现多重继承的一些特性。多态性表现在两个方面:一方面是在同一类中可以编写同名但不同形态的方法,不同形态是通过参数个数或类型区分,这种行为称为重载;另一方面是子类中可以重写父类中定义的方法,这种行为称为覆盖。实际上,对于父类中定义的属性变量在子类中也可以重新定义,从而将父类的属性隐藏起来。

this 和 super 是在类的成员方法中常用的两个特殊引用,this 用来代表执行当前方法的对象,而 super 则用来特指对父类的访问。

Java 的访问控制修饰符有 4 种,其中一种是没有修饰符的,称为默认(default)。实际的访问控制包含两方面的限制,一方面是对类的访问是否允许,另一方面是对成员的访问是否允许。

用 abstract 修饰的类是抽象类,其中定义的抽象方法没有方法体,在抽象类的子类中再将方法具体实现。接口中定义的方法均为抽象方法,因此实现某接口就要将接口中定义的方法全部编写实现,哪怕对某个方法不感兴趣也必须写出空方法体。用 final 修饰类的最终类,最终类不允许继承。如果某个方法用 final 修饰,则该方法不允许覆盖。

内嵌类是指嵌套在一个类或者方法中定义的类,通常内嵌类是在类中使用,要从外部访问内嵌类的成员必须加上外部类的标识作为前缀。匿名内嵌类在使用上有些特殊,它是由接口名直接创建对象,但紧接着给出接口的实现代码,省略了实现接口的类名。Java 编译器将自动为匿名类命名。

与基本类型数据的赋值转换类似,对象的赋值转换原则是处于类层次中上层的引用可

以指向下层类的对象。而要将上层的一个引用变量的值赋值给下层则要强制转换,且运行时可能出现转换错误。

习 题

4-1 类的修饰符有哪几种?它们各有什么特点?

4-2 方法的重载与方法的覆盖分别代表什么含义?

4-3 Java 类的继承有何特点?如何理解接口的作用?

4-4 this 代表什么,在哪几种场合可以使用?

4-5 对象引用转换有哪些限制?以下程序哪行将编译出错( )?

    A. Object ob = new Object();

    B. String str = "hello";

    C. Float f1 = new Float(3.14);

    D. ob = str;

    E. f1 = ob;

    F. ob = f1;

4-6 为了使下面的程序能运行,最少要做哪些修改( )?

```
1. final class A {
2.   int x;
3.   void mA() { x = x + 1; }
4. }
5. class B extends A {
6.   final A a = new A();
7.   final void mB()
8.     a.x = 20;
9.     System.out.println("hello");
10.   }
11. }
```

    A. 第 1 行去掉 final

    B. 第 6 行去掉 final

    C. 删除第 8 行

    D. 第 1 行和第 6 行去掉 final

4-7 写出下面程序的运行结果:

```
class parent {
    protected static int count = 0;
    public parent() {count ++ ; }
}
public class child extends parent{
```

```
    public child() { count ++ ; }
    public static void main(String args[]) {
        child x = new child();
        System.out.println("count = " + x.count);
    }
}
```

4-8　考虑如下类：

```
public class Sub extends Base {
    public Sub(int k) { }
    public Sub(int m,int n) {
        super(m,n);
        ...
    }
}
```

假设 Base 类与 Sub 类在同一包中，则在 Base 类中必须存在如下哪些构造方法（　　）？

A．Base()

B．Base(int k) { }

C．Base(int m,int k) { }

D．Base(int i,int j,int k) { }

4-9　编写一个复数类，能进行复数的加、减、乘和求模运算，其中，加、减、乘运算提供了两种形式，一种是对象方法，将当前复数与参数中的复数进行运算，返回一个新的复数对象，另一种是静态方法，将两个参数代表的复数进行运算。另外设计 toString()描述复数对象，通过实际数据测试类的设计。

4-10　编写一个抽象类表示形状，其中有一个求面积的抽象方法。继承该抽象类分别编写三角形、圆、矩形类，创建一个数组存放创建的各类图形对象，输出图形面积。

【提示】　根据求面积的需要考虑各类图形的属性，并编写构造方法。

第5章 常用系统类

5.1 语言基础类

5.1.1 Object 类

Object 类是所有 Java 类的最终祖先，一个类在声明时不包含关键词 extends，编译将自动认为该类直接继承 Object 类。Object 类包含了所有 Java 类的公共属性和方法，例如下述的 3 个。

- public boolean equals(Object obj)：该方法用于对两个对象的"深度"比较，它是比较对象的数据是否相等；而比较运算符"＝＝"在比较两对象变量时，只有当两个对象引用指向同一对象时才为真值。

  【注意】 在 Object 类中，equals 方法是采用"＝＝"运算进行比较，其他类如果没有定义 equals 方法，则继承 Object 类的 equals 方法。

- public String toString()：该方法返回对象的字符串描述，在调试程序时很有用，在该类中它被设计为返回对象名后跟一个 Hash 码。其他类通常将该方法进行重写，以提供关于对象的更有用的描述信息。

- public final Class getClass()：返回对象的类，例如，代码 obj. getClass(). getName() 可获取 obj 对象的类名称。

在类设计中经常将 Object 作为方法的形式参数类型，这样它可以匹配所有对象。

5.1.2 Math 类

Math 类包含用来完成常用的数学运算的方法以及 Math. PI 和 Math. E 两个数学常量，类中的所有成员均是加 public 、static、final 修饰，使用时直接用类名做前缀来调用。事实上，Math 类的构造方法是私有的，因而根本不允许在类的外部创建 Math 类的对象，另外 Math 类本身加有 final 修饰，不能被继承。因此，只能使用 Math 类的方法而不能做任何补充和改进。表 5-1 列出了 Math 类的主要方法。

表 5-1　Math 类的主要方法

方　法	功　能
int abs(int i)	求整数的绝对值 （注：另有针对 long、float、double 的多态方法）
double ceil(double d)	不小于 d 的最小整数（返回值为 double 型）
double floor(double d)	不大于 d 的最大整数（返回值为 double 型）

续表

方 法	功 能
int max(int i1,int i2)	求两个整数中最大数 (注:另有针对 long、float、double 的多态方法)
int min(int i1,int i2)	求两个整数中最小数 (注:另有针对 long、float、double 的多态方法)
double random()	0~1 之间的随机数
int round(float f)	求最靠近 f 的整数
long round(double d)	求最靠近 d 的长整数
double sqrt(double a)	求平方根
double cos(double d)	求 d 的余弦函数 (注:其他求三角函数的方法有 sin、tan)
double log(double d)	求自然对数
double exp(double x)	求 e 的 x 次幂(e^x)
double pow(double a, double b)	求 a 的 b 次幂

例 5-1　利用随机函数产生 10 道二位数的加法测试题,根据用户输入计算得分。
程序代码如下:

```java
import java.io. * ;
public class AddTest {
    public static void main(String args[]) throws IOException {
        int score = 0;
        BufferedReader in =
                new BufferedReader(new InputStreamReader(System.in));
        for (int i = 0;i<10;i++) {
            int a = 10 + (int)(90 * Math.random());
            int b = 10 + (int)(90 * Math.random());
            System.out.print(a + "+" + b + "= ? ");     //显示加法表达式
            int ans = Integer.parseInt(in.readLine());     //获取用户输入
            if (a + b == ans)
                score = score + 10;     //每道题 10 分
        }
        System.out.print("your score = " + score); //输出总得分
    }
}
```

【说明】　程序中用表达式 10+(int)(Math.random() * 90)产生[10,99]之间的随机数。本例在 main 方法的头部增加了 throws IOException 子句,是为了声明该方法对获取用户输入的输入流产生的异常没做处理,从而免去在 main 方法内书写 try-catch 语句。

5.1.3　数据类型包装类

每个 Java 基本类型均有相应的类型包装类。例如,Integer 类包装 int 值,Float 类包装

float 值。表 5-2 列出了基本数据类型和相应的包装类。

使用包装类要注意以下几点。

（1）数值类型的包装类均提供了以相应
基本类型的数据作为参数的构造方法，同时
也提供了以字符串类型作为参数的构造方
法，但如果字符串中数据不能代表相应数据
类型则会抛出 NumberFormatException 异
常。例如，Integer（整型）类的构造方法
如下。

表 5-2　基本数据类型和相应的包装类

基本数据类型	数据类型类
boolean	Boolean
char	Character
double	Double
float	Float
long	Long
int	Integer
short	Short
byte	Byte

- public Integer(int value)：根据整数
值创建 Integer 对象。
- public Integer(String s)：根据一个数字字符串创建 Integer 对象。

（2）每个包装类均提供有相应的方法用来从包装对象中抽取相应的数据，对于 Boolean
类的对象，可以调用 booleanValue()方法；对于 Character 的对象，可以用 charValue()方
法；其他 6 个类可以利用如下方法抽取数值数据，这些方法在它们的父类 Number 中定义，
但 Number 类是抽象类，没有具体实现这些方法，每个包装子类提供了方法的具体实现。

- public byte byteValue()
- public short shortValue()
- public int intValue()
- public long longValue()
- public float floatValue()
- public double doubleValue()

（3）包装类提供了各种 static 方法，例如，Character 类提供有 isDigit(char ch)方法可判
断一个字符是否为数字。除 Character 类外的所有包装类均提供有 valueOf(String s)的静
态方法，它将得到一个相应类型的对象。例如，Long. valueOf("23")构造返回一个包装了数
据值 23 的 Long 对象。Integer 类的 toString(int i, int radix)方法返回一个整数的某种进
制表示形式，例如，Integer. toString(12,8)的结果为 14；方法 toString(int i)返回十进制表
示形式。

还有一组非常有用的静态包装方法是 parseXXX()方法，它们是：

- public static byte Byte. parseByte(String s)
- public static short Short. parseShort(String s)
- public static int Integer. parseInt(String s)
- public static long Long. parseLong(String s)
- public static float Float. parseFloat(String s)
- public static double Double. parseDouble(String s)

这些方法以字符串作为参数，返回相应的基本类型数据，在分析时如果数据不正常均会
抛出 NumberFormatException 异常。

5.2 字 符 串

字符串是编程时经常使用到的一种数据类型。字符串是字符的序列,在某种程度上类似字符的数组,实际上,在有些语言中(如 C 语言)就是用字符数组表示字符串,在 Java 中则是用类的对象来表示。Java 中使用 String 类和 StringBuffer 来封装字符串。String 类给出了不变字符串的操作,StringBuffer 类则用于可变字符串处理。换句话说,String 类创建的字符串是不会改变的,而 StringBuffer 类创建的字符串可以修改。

5.2.1 String 类

String 类主要用于对字符串内容进行检索、比较等操作,但要记住操作的结果通常得到一个新字符串,而不会改变源串的内容。

1. 创建字符串

字符串的构造方法有如下 4 个。

- public String():创建一个空的字符串。
- public String(String s):用已有字符串创建新的 String。
- public String(StringBuffer buf):用 StringBuffer 对象的内容初始化新 String。
- public String(char value[ ]):用已有字符数组初始化新 String。

在构造方法中使用最多的是第 2 个,即用另一个串作为参数创建一个新串对象,例如:

String s = new String("ABC");

这里要注意,字符串常量在 Java 中也是以对象形式存储,Java 编译时将自动对每个字符串常量创建一个对象,因此,将字符串常量传递给构造方法时,可以自动将常量对应的对象传递给方法参数。当然,也可以直接给 String 变量赋值。例如:

String s = "ABC";

字符数组要转化为字符串可以利用第 3 个构造方法,例如:

char[] helloArray = { 'h', 'e', 'l', 'l', 'o' };

String helloString = new String(helloArray);

2. 比较两个字符串

字符串的比较有如下方法。

(1) boolean equals(Object anObject)

当前串与参数串比较是否相等,如果相等返回 true,否则返回 false。注意,虽然方法的参数允许任何类型对象,但如果将值为“123”的串与一个封装了数值 123 的 Integer 对象比较,结果将为 false 值。只有参数为等值字符串时返回 true。

(2) int compareTo(String anotherString)

当前串与参数字符串比较,如果当前串大于参数串则返回值大于 0,小于参数则返回值小于 0,等于参数则返回值为 0。

(3) boolean equalsIgnoreCase(String anotherString)

比较两个字符串,不计较字母的大小写。字符串的比较有一个重要的概念要引起注意,见下例：

```
String s1 = ˝Hello! World˝;
String s2 = ˝Hello! World˝;
boolean b1 = s1.equals(s2);
boolean b2 = (s1 == s2);
```

s1. equals(s2)是比较两个字符串的对象值是否相等,显然结果为 true;而 s1 == s2 是比较两个字符串对象引用是否相等,这里的结果仍为 true,为何?

由于字符串常量是不变量,Java 在编译过程中,在对待字符串常量的存储时有一个优化处理策略,相同字符串常量只存储一份,也就是 s1 和 s2 指向的是同一个字符串,如图 5-1 所示。

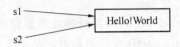

图 5-1 相同串常量的存储分配

因此,s1 == s2 的结果为 true。不妨对程序适当修改,其中一个采用构造函数创建,情况又是怎么样呢?

```
String s1 = ˝Hello! World˝;
String s2 = new String(˝Hello! World˝);
boolean b1 = s1.equals(s2);
boolean b2 = (s1 == s2);
```

这时 b1 是 true,b2 却为 false。因为 new String("Hello! World")将导致运行时创建一个新字符串对象,如图 5-2 所示。

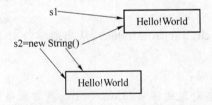

图 5-2 用 String 的构造方法将创建一个新串对象

注意,String 类的 intern()方法返回字符串的一个等同串。如下赋值等价:

```
String s2 = s1.intern();
String s2 = s1;
```

3. 字符串的其他常用方法

（1）求字符串长度

length()方法可获得当前字符串对象字符个数。例如,以下程序运行结果为 6。

```
String s = ˝Hello!˝;
System.out.println(s.length());
```

（2）字符串的连接

利用"+"运算符可以实现字符串的拼接,进一步地,可以将字符串与任何一个对象或基本数据类型的数据进行拼接。例如:

```
String s = ˝Hello!˝;
```

```
s = s + "Mary" + 4;        //s 的结果为 Hello! Mary 4
```

读者也许会想,String 对象封装的数据不是不能改变吗?这里怎么能够修改 s 的值?值得注意的是串变量的定义与创建字符串对象是两回事。串变量只代表对字符串的一个引用,更改串变量的值实际上只将其指向另外一个字符串对象。事实上,以上的操作将创建另一个串对象,而变量 s 指向这个新的串对象。

Java 还提供了另一个方法 concat(String str)专用于字符串的连接。思考以下程序赋值变化过程:

```
String s = "4 + 3 = ";
s = s.concat("7");        //新串为 4 + 3 = 7
```

(3) 前缀和后缀的处理

- boolean startsWith(String prefix):判断参数串是否为当前串的前缀。
- boolean endsWith(String prefix):判断参数串是否为当前串的后缀。
- String trim():将当前字符串去除前导空格和尾部空格后的结果作为返回字符串。

(4) 字符串中单个字符 ch 的查找

① int indexOf(int ch):在当前字符串中查找字符 ch,从开始向后找,返回第一个找到的字符位置,如果未找到,则返回 -1。这里,方法的参数是一个整数,它对应字符的编码值。通常调用方法前将字符强制转换为整数,但字符参数也能正确实现调用,在执行方法调用时将自动进行参数的匹配转换。

【注意】 字符串中第一个字符的位置是 0。

② int lastIndexOf(int ch):在当前字符串中查找字符 ch,从结尾向前找,返回第一个找到的字符位置,如果未找到,则返回 -1。

③ int indexOf(int ch, int fromIndex):从当前字符串的 fromIndex 位置开始往后查找字符 ch,其他同①。

④ int lastIndexOf(int ch, int fromIndex):从当前字符串 fromIndex 处往前查找字符 ch,其他同①。

考察以下程序的运行结果:

```
String s = "Java 是面向对象的语言,Javascript 是脚本语言";
int k = -1;
do {
    k = s.indexOf((int)'是',k + 1);
    System.out.print(k + "\t");
} while (k! = -1);
```

运行结果为:

```
5    24    -1
```

(5) 字符串中子串 str 的查找

① int indexOf(String str):在当前字符串查找子串 str,从字符串的第一个位置开始向后找。返回第一个找到的子串位置,如果未找到,则返回 -1。

② int lastIndexOf(String str):在当前字符串查找子串 str,从结尾向前找,其他同①。

③ int indexOf(String str, int fromIndex):从当前字符串的 fromIndex 位置开始往后查找子串 str,其他同①。

④ int lastIndexOf(String str, int fromIndex):从当前字符串的 fromIndex 位置开始往前查找子串 str,其他同①。

考虑以下程序段,写出运行结果:

```
String s = "Java 是面向对象的语言,Javascript 是脚本语言";
String sub = "语言";
for (int i = s.length();i! = -1;) {
    i = s.lastIndexOf(sub,i-1);
    System.out.print(i + "\t");
}
```

运行结果为:

```
26    10    -1
```

(6) 字符串的替换与提取

- String replace(char oldchar, char newchar):将字符串中所有 oldchar 字符换为 newchar。
- String replaceAll(String regex, String replacement):将字符串中所有与正则式 regex 匹配的子串用新的串 replacement 替换。
- char charAt(int index):返回指定位置的字符。
- String substring(int beginIndex, int endIndex):返回从 beginIndex 位置开始到 endIndex-1 结束的子字符串。因此,子串的长度是 endIndex-beginIndex。
- String substring(int beginIndex):返回从 beginIndex 位置开始到串末尾的子字符串。

例 5-2 从一个代表带有路径的文件名中分离出文件名和路径。

程序代码如下:

```
public class GetFilename {
    private String fullpath; //带路径的文件名
    private final char pathSeparator = '\\';
    public GetFilename(String fname) { //构造方法
        fullpath = fname;
    }

    /* 获取文件名,文件名是最后一个分隔符后面的子串 */
    public String getname() {
        int pos = fullpath.lastIndexOf(pathSeparator);
        if (pos == -1)
            return fullpath;
        return fullpath.substring(pos + 1);
    }

    /*获取文件路径,从第 1 个字符一直到最后的路径分隔符之前 */
    public String getPath() {
```

```
        int pos = fullpath.lastIndexOf(pathSeparator);
        if (pos == -1)
            return null;
        return fullpath.substring(0,pos);
    }

    public static void main(String ags[]) {
        GetFilename fn = new GetFilename("d:\\java\\example\\test.java");
        System.out.println("filename = " + fn.getname());
        System.out.println("filepath = " + fn.getPath());
    }
}
```

【运行结果】

filename = test.java

filepath = d:\java\example

【说明】 字符串的查找和子串的提取在实际应用中经常遇到,读者要仔细体会查找与提取的配合,查找时经常出现要查找的目标在字符串中出现多次,事实上,本例中字符"\"就出现了 3 次,但我们只对最后一个的位置感兴趣,所以选用 lastIndexOf 方法进行查找。如果问题变为统计一个字符串中某个子串出现的次数,相信这个问题读者能够解决,可以用一个 while 循环来组织程序,留给读者练习。

思考

一个较为复杂的问题是找出一个字符串中所有英文单词的个数。也许读者会认为把空格作为单词分隔符,统计空格数即可,显然,这种办法是不准确的,首先,别的符号也可作为单词分隔符,另外,两个单词之间也可能不只一个空格。从单词的定义出发查找是可行的办法,单词是以字母开头后跟若干字母的串,遇到一个非字母字符即为一个单词的结束。

在 Java 中提供了一个类 StringTokenizer 专门分析一个字符串中的单词。以下程序演示了该类的用法:

```
import java.util.*;
public class WordAnalyse {
    public static void main( String [] args) {
        StringTokenizer st = new StringTokenizer("hello everybody");
        while (st.hasMoreTokens()) {      //判断是否有后续单词
            System.out.println(st.nextToken());    //取下一个单词
        }
    }
}
```

【运行结果】

hello

everybody

需要提醒读者注意的是,创建 StringTokenizer 对象时,如果未使用带分隔符的构造方法,则默认以空格作为分隔符,如果在 hello 和 everybody 之间的符号是逗号,则看成一个单词。

在 String 类中也提供了一个方法 split 用来根据指定分隔符分离字符串。这个方法非常有用。

格式:public String[] split(String regex)

例如:对于字符串 str="boo:and:foo",split(":")的结果为:{ "boo","and","foo" },而 split("o")的结果为:{ "b","",":and:f"}。

5.2.2 StringBuffer 类

前面介绍的 String 类不能改变串对象中的内容,只能通过建立一个新串来实现串的变化,而创建对象过多则浪费内存,而且效率也低。如果字符串需要动态改变,就要用 StringBuffer 类。StringBuffer 主要实现串内容的添加、修改、删除。

1. 创建 StringBuffer 对象

StringBuffer 类的构造方法如下。

- public StringBuffer():创建一个空的 StringBuffer 对象。
- public StringBuffer(int length):创建一个长度为 length 的 StringBuffer 对象。
- public StringBuffer(String str):用字符串 String 初始化新建的 StringBuffer 对象。

2. StringBuffer 的主要方法

- public StringBuffer append(Object obj):将某个对象的串描述添加到 StringBuffer 尾部,因为任何对象均有 toString()方法,所以可以将任何对象添加到 StringBuffer 中。
- public StringBuffer insert(int position,Object obj):将某个对象的串描述插入到 StringBuffer 中的某个位置。
- public StringBuffer setCharAt(int position, char ch):用新字符替换指定位置字符。
- public StringBuffer deleteCharAt(int position):删除指定位置的字符。
- StringBuffer replace(int start, int end, String str):将参数指定范围的一个子串用新串替换。
- String substring(int start, int end):获取所指定范围的子串。

例如,思考以下代码段对应的运行结果:

```
StringBuffer str1 = new StringBuffer();
str1.append("Hello,mary!");
str1.insert(6,30);
System.out.println(str1.toString());
```

结果为:Hello,30mary!

【说明】 insert(6,30)将 30 添加到 StringBuffer 中并不是匹配 insert(int position,

Object obj)方法,因为基本数据类型不是对象,而是执行了如下方法:

StringBuffer insert(int offset, int i)

StringBuffer 类为各种基本类型均提供了相应的方法将其数据添加到 StringBuffer 对象中,只是限于篇幅在前面未将这些方法列出。

例 5-3 将一个字符串反转。

程序代码如下:

```java
public class StringsDemo {
    public static void main(String[] args) {
        String s = "Dot saw I was Tod";
        int len = s.length();
        StringBuffer dest = new StringBuffer(len);
        for (int i = (len-1); i >= 0; i--) { //从后往前
            dest.append(s.charAt(i)); //取串的字符添加到 StringBuffer 中
        }
        System.out.println(dest.toString());
    }
}
```

【运行结果】

doT saw I was toD

【说明】 该程序只是演示对 StringBuffer 类和 String 类的几个重要方法的使用,实际上,在 StringBuffer 中已经提供了一个 reverse()方法,实现 StringBuffer 中字符的反转。另外 StringBuffer 也提供了 length()方法求其长度(字符数)。

仅利用 String 类也可以实现对字符串的反转功能,代码如下:

```java
String s = "Dot saw I was Tod";
String res;
for (int k = s.length();k >= 0;k--)
    res = res + s.charAt(k);
System.out.println(res);
```

【注意】 循环中将 res 所指串对象的值与获取的字符拼接产生新的字符串,将新的字符串对象赋给 res。每个创建的字符串对象均要占用内存空间,为 Java 的垃圾回收也带来负担。因此,从效率上比用 StringBuffer 类的拼接方法要差。

5.3　Vector 类

向量(Vector)是 java.util 包提供的一个工具类,Vector 类实现了可扩展的对象数组。使用向量一定要先创建后使用,向量的大小是向量中元素的个数,向量的容量是被分配用来存储元素的内存量,它总大于向量的大小。向量与数组的重要区别之一是向量的容量是可变的,以下构造方法规定了向量的初始容量及容量不够时的扩展增量。

public Vector(int initCapacity, int capacityIncrement);

无参构造方法规定的初始容量为 10、增量为 10。以下讨论对向量的各种访问。

1. 给向量序列中添加元素

(1) 在向量序列尾部添加新元素

可以使用 addElement 或 add 方法给向量添加新元素。例如:

```
Vector v = new Vector();
v.add("hello");              //添加一个字符串对象
v.add(new Integer(3));       //添加一个整数对象
v.addElement("good");        //添加一个字符串对象
```

加入向量中的数据元素必须是对象形式,不允许直接加入基本类型的数据,如,v.add(3)将不能通过编译。

用 size()方法可获取向量的大小,而 capacity()方法则用来获取向量的容量。

例 5-4 测试向量的大小及容量变化。

程序代码如下:

```
import java.util.*;
public class TestCapacity {
    public static void main( String [] args) {
        Vector v = new Vector();
        System.out.println("size = " + v.size());
        System.out.println("capacity = " + v.capacity());
        for (int i = 0;i<14 ;i++ ){
            v.add("hello");
        }
        System.out.println("After added 14 ElementS");
        System.out.println("size = " + v.size());
        System.out.println("capacity = " + v.capacity());
    }
}
```

【运行结果】

```
size = 0
capacity = 10
After added 14 Elements
size = 14
capacity = 20
```

(2) 在序列的指定位置插入新元素

使用 insertElementAt 或 add 方法在向量的中间位置插入一个对象。例如:

```
v.insertElementAt("bye",2);        //在序号为 2 的位置插入一个字符串
v.add(4, new Student());           //在序号为 4 的位置插入 Student 对象
```

【注意】 两个方法的参数位置不同,前者序号在前,而后者序号在后。

2. 获取向量序列中元素

可通过 elementAt 或 get 方法获取指定索引位置的元素对象。例如：

System. out. println("v(1) = " + v. elementAt (1));

String x = (String)v. get(0);

【注意】 向量的索引值是从 0 开始,所以第 1 个元素是字符串对象,第 2 个元素是整数对象。由于同一向量中存储的数据可以是各种类型的对象。所以,从向量获取的数据给字符串变量 x 赋值要进行强制转换,否则不能通过编译。

3. 查找向量序列中元素

类似于字符串中子串的查找,Vector 类中提供了一系列方法用来检索向量中的元素及其位置。

- boolean contains(Object obj):检查向量中是否包含元素 obj。
- int indexOf(Object obj, int start_index):从指定位置起向后搜索对象 obj,返回首次匹配位置,如果未找到,返回 -1。
- int lastIndexOf(Object obj, int start_index):从指定位置起向前搜索对象 obj,返回首次匹配位置,如果未找到,返回 -1。

4. 修改向量序列中元素

- void setElementAt(Object obj, int index) :设置 index 处元素为 obj。

5. 删除向量序列中元素

- boolean removeElement(Object obj):删除首个与 obj 相同的元素。
- void removeElementAt(int index) :删除 index 指定位置的元素。
- void removeAllElements():清除向量序列中所有元素。
- void clear():清除向量序列中所有元素。

6. 向量的遍历访问

方法 1:首先获取向量大小,然后通过 get 方法循环访问向量的所有元素。例如:

for (int i = 0;i<v. size();i++)

    System. out. println(v. get(i));

方法 2:使用 iterator(),它返回一个可以遍历的元素列表。然后用 Iterator 提供的 hasNext()和 Next()方法实现遍历,例如:

Iterator x = v. iterator();

while (x. hasNext())   //检查是否还有元素

    System. out. println(x. next());   //访问下一个元素

例 5-5 模拟逆波兰式的计算处理。

通常的表达式是中缀表达式,其特点是运算符在运算量之间,例如,(1+2) * 3+5。而逆波兰式是后缀表示,前面两个是运算量,运算符在最后。表达式的逆波兰表示中无括号,它已经在产生逆波兰式时考虑了运算次序,在逆波兰表示中排在前面的运算符首先计算。例如,以上表达式的逆波兰式为:12+3 * 5+。

表达式的逆波兰式的计算比较简单,可以采用如下算法。

① 整个表达式转换为对象形式放到一个向量中。

② 从左向右扫描向量中的表达式元素,如果是运算量,则压栈;如果是运算符,则从栈中弹出两个运算量,转化为整数 n1,n2 进行运算,运算结果压栈。

③ 重复步骤②,直到表达式所有元素扫描处理完毕。

④ 弹出栈顶元素即为运算结果。

从以上算法可以看出,对表达式进行了两遍处理,第 1 遍将字符串形式的表达式转化为由运算量和运算符构成的对象形式存储到一个向量中,在程序中,用整数对象封装运算量(假设表达式的所有运算量为整数),而运算符则为字符对象。第 2 遍则是通过获取向量中的元素来扫描表达式的元素完成计算,注意,这次处理的是对象而不是字符。

为简单起见,本程序只考虑"加"和"乘"两个运算符,并且不考虑非法表达式的处理问题。程序中用到堆栈类,堆栈是一种特殊的数据结构,其特点是后进先出,也就是新进栈的元素总在栈顶,而出栈时总是先取栈顶元素。堆栈只有进栈和出栈两种操作,使用堆栈对象的 push(Object)方法可将一个对象压进栈中,而用 pop()方法将弹出栈顶元素作为返回值。堆栈类(Stack)安排在 util 包中,实际上它是 Vector 的子类。程序代码如下:

```
import java.util. * ;
public class VectorTest {
public static void main(String args[]) {
    int res = 0;
    Vector v = new Vector();
    addtoVector(args[0],v); //将表达式转化为对象系列存入向量
    res = calculate(v); //计算表达式的值
    System.out.println(args[0] + "=" + res);
}


/* 将逆波兰式的字符串系列转化为对象系列存储到向量中 */
static void addtoVector(String exp,Vector v) {
    int i = 0;
    char c;
    String numString;
    while (i<exp.length()) {        //分析表达式的运算符和运算量送入向量
      c = exp.charAt(i);      //取指定位置字符
      if (Character.isDigit(c)) {
        numString = "";
        do {
          numString += c;      //将数字串拼接在一起
          c = exp.charAt( ++i);      //取下一个字符
        } while (Character.isDigit(c));
        v.add(new Integer(numString));      //整数对象加入向量
        i - - ;      //回退一个字符,因前面循环处理要多往前观察一个字符
```

```
        } else {
          if ((c == ´ + ´)||(c == ´ * ´))
            v. add(new Character(c));        //运算符对象加入向量
        }
        i++;      //前进一个字符位置
      }
    }


    /* 扫描向量中的表达式元素,利用堆栈配合实现表达式求解 */
    static int calculate(Vector v) {
      int n1 = 0,n2 = 0;
      int res = 0;
      Stack calStack = new Stack();      //创建一个堆栈
      do {
        System. out. print("v = " + v + " == >");      //打印向量的中间变化
        Object ob = v. get(0);      //从向量取第一个元素
        v. removeElementAt(0);      //每次读取完元素后,从向量中删除该元素
        if (ob instanceof Integer) {
          calStack. push(ob);      //运算量进栈
        }else {      //否则认为元素为运算符
          char c = ((Character)ob). charValue();
          n1 = ((Integer)calStack. pop()). intValue();      //第 1 个运算量
          n2 = ((Integer)calStack. pop()). intValue();      //第 2 个运算量
          switch (c) {      //根据运算符决定运算
            case ´ * ´:res = n1 * n2;break;
            case ´ + ´:res = n1 + n2;break;
          }
          calStack. push(new Integer(res));//运算结果压栈
        }
        System. out. println(" stack = " + calStack);  //输出堆栈的中间变化
      } while (v. size()>0);
      return ((Integer)calStack. pop()). intValue();//结果出栈
    }
}
```

运行程序,通过命令行参数传递一个逆波兰式。

java VectorTest "12 3 * 3 5 ++"

【运行结果】

v = [12, 3, *, 3, 5, +, +] == > stack = [12]

```
v = [3, *, 3, 5, +, +] == > stack = [12, 3]

v = [*, 3, 5, +, +] == > stack = [36]

v = [3, 5, +, +] == > stack = [36, 3]

v = [5, +, +] == > stack = [36, 3, 5]

v = [+, +] == > stack = [36, 8]

v = [+] == > stack = [44]

12 3 * 3 5 + + = 44
```

【说明】 由于逆波兰式中的运算量可以是多位数字构成的整数,为区分两个运算量,在其中间插入一个空格符作为分隔符,因此,运行时输入逆波兰式要注意加引号括起来,否则表达式中的空格符将作为命令行参数的分隔符。本例中融入了很多编程技巧,读者要认真体会,例如,该程序中如何通过循环识别出表达式中的整数就值得思考,不妨将相应代码段提取出来进行分析。

```
if (Character.isDigit(c)) {
    numString = "";
    do {
        numString += c;                    //将数字串拼接在一起
        c = exp.charAt( ++ i);             //取下一个字符
    } while (Character.isDigit(c));
    v.add(new Integer(numString));         //整数对象加入向量
    i--; //回退一个字符
}
```

首先,要根据分析对象的首字符判断下一个要处理的对象是否为整数,如果是数字开头,那么接下来的是一个代表整数的数字串,可通过一个循环将数字串中的所有数字字符读取出来,通过 numString 变量拼接为一个整数字符串,直到遇到一个非数字字符为止,然后将数字串转化为整数对象存入向量中。但要注意,由于循环处理要多往前观察一个字符,而这个字符可能是表达式的运算符,因此,需要将分析位置后退一个字符,因为在外循环处还要对变量递增 1。

5.4 Collection API 简介

在 Java API 中为了支持各种对象的存储访问提供了 Collection(收集) 系列 API,Vector是这种类型中的一种,Java API 提供了统一的处理机制以实现对象集合的各种访问处理。在提高处理性能的同时还可以减轻编程负担。统一的框架体系可降低 API 的学习难度,有利于软件的重用性。

5.4.1 Collection 接口及实现层次

接口 Collection 处于 Collection API 的最高层,其中定义了所有低层接口或类的公共方法。图 5-3 给出了 Collection 接口的实现层次。

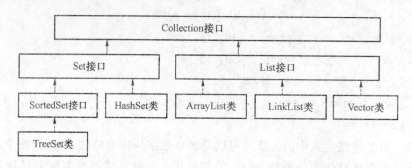

图 5-3　Collection API 层次结构

（1）Collection 接口

该接口定义了各种对象容器类公共的方法，以下列出其中部分方法。

- boolean add(Object o)：将一个对象加入收集中。
- boolean contains(Object o)：判断收集中是否包含指定对象。
- boolean isEmpty()：判断收集是否为空。
- Iterator iterator()：取得遍历访问收集的迭代子对象
- boolean remove(Object o)：从收集中删除某对象。
- int size()：获取收集的大小。
- Object[] toArray()：将收集元素转化为对象数组。
- void clear()：删除收集中的所有元素。

目前，JDK 中并没有提供一个类直接实现 Collection 接口，而是实现它的两个子接口，一个是 Set，另一个是 List。当然，子接口继承了父接口的方法。

（2）Set 接口

该接口是数学上集合模型的抽象，特点有两个：一是不含重复元素，二是无序。该接口在 Collection 接口的基础上明确了一些方法的语义。例如，add(Object)方法不能插入已经在集合容器中的元素；addAll(Collection c)将当前集合与收集 c 的集合作并运算。Sorted-Set 接口用于描述按"自然顺序"组织元素的收集，除继承 Set 接口的方法外，其中定义的新方法体现存放的对象有序特点。例如，方法 first()返回 SortedSet 中的第一个元素；方法 last()返回 SortedSet 中的最后一个元素。

例 5-6　Set 接口用法。

程序代码如下：

```
import java.util.*;
public class TestSet {
    public static void main(String args[]){
        HashSet h = new HashSet();
        h.add("Str1");
        h.add(new Integer(12));
```

```
    h. add(new Double(4.2));
    h. add("Str1");
    h. add(new String("Str1"));
    System. out. println(h);
    }
}
```

【运行结果】

[4.2, Str1, 12]

【说明】 集合中虽然存放的是对象的引用,但是判断集合中重复元素的标准是按对象值比较,即集合中不包括任何两个元素 e1 和 e2 之间满足条件 e1. equals(e2)。

(3) List 接口

该接口类似于数学上的数列模型,也称序列。其特点是可含重复元素,而且是有序的。用户可以控制向序列中某位置插入元素。并可按元素的顺序访问它们。类 ArrayList 是最常用的列表容器类,类 ArrayList 内部使用数组存放元素,访问元素效率高,但插入元素效率低。类 LinkList 是另一个常用的列表容器类,其内部使用双向链表存储元素,插入元素效率高,但访问元素效率低。LinkList 的特点是特别区分列表的头位置和尾位置的概念,提供了在头尾增、删和访问元素的方法。例如,方法 addFirst(Object)在头位置插入元素。对于需要快速插入、删除元素的情况,应该使用 LinkedList,如果需要快速随机访问元素,应该使用 ArrayList。

例 5-7 List 接口用法。

程序代码如下:

```
import java.util. *;
public class TestList {
    public static void main(String args[]) {
        ArrayList a = new ArrayList();
        a.add("Str1");
        a.add(new Integer(12));
        a.add(new Double(4.2));
        a.add("Str1");
        a.add(new String("Str1"));
        Iterator p = a. iterator();
        while (p. hasNext()) {
            System. out. print(p. next() +" , ");
        }
    }
}
```

【运行结果】

Str1 , 12 , 4.2 , Str1 , Str1 ,

【说明】 列表中元素顺序是按加入顺序排列的,为了访问数组列表中的元素,Java 提供了迭代子(iterator)实现对所有元素的遍历访问。在 Collection 接口中定义了一个方法

iterator()用来得到迭代子,通过 Iterator 接口定义的 hasNext() 和 next()方法实现从前往后遍历数据,其子接口 ListIterator 进一步增加了 hasPrevious() 和 previous()方法,实现从后向前遍历访问列表元素。

Iterator 接口定义的方法介绍如下。

- boolean hasNext():判断容器中是否存在下一个可访问元素。
- Object next():返回要访问的下一个元素,如果没有下一个元素,则引发 NoSuchElementException 异常。
- void remove():是一个可选操作,用于删除迭代子返回的最后一个元素。该方法只能在每次执行 next()后执行一次。

例 5-8 ArrayList 和 LinkedList 的使用测试。

程序代码如下:

```java
import java.util. * ;
public class ListDemo2 {
    static final int N = 50000;
    static long timeList(List st) {
        long start = System.currentTimeMillis();      //开始时间
        for (int i = 0; i < N; i++) {
            Object obj = new Integer(i);
            st.add(0,obj);
        }
        return System.currentTimeMillis() - start; //计算花费时间
    }
    public static void main(String args[]) {
        System.out.println("time for ArrayList = " + timeList(new ArrayList()));
        System.out.println("time for LinkedList = " + timeList(new LinkedList()));
    }
}
```

【运行结果】

```
time for ArrayList = 2766
time for LinkedList = 31
```

【说明】 程序中使用 List 对象的 add(int,Object)方法加入对象到 List 内指定位置,测试可知,ArrayList 所花费时间远高于 LinkedList,原因是每次加入一个元素到 ArrayList 的开头,先前所有已存在的元素要后移,而加入一个元素到 LinkedList 的开头,只要创建一个新结点,并将调整一对链接关系即可。如果将程序中 add(0,obj)修改为 add(obj)则可发现 ArrayList 执行更快些。

5.4.2 Map 接口及实现层次

除了 Collection 表示的这种单一对象数据集合,对于"关键字-值"表示的数据集合在

Collection API 中提供了 Map 接口。Map 接口及其子接口的实现层次如图 5-4 所示。

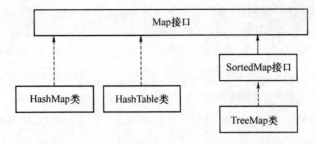

图 5-4 Map 接口及实现层次

Map 中实际上包括了关键字、值以及它们的映射关系的集合,可分别使用如下方法。

- public Set keySet():关键字的集合。
- public Collection values():值的集合。
- public Set entrySet():关键字和值的映射关系的集合。

Map 中还定义了对 Map 数据集合的操作方法。

- public void clear():清空整个数据集合。
- public Object get(Object key):根据关键字得到对应值。
- public Object put(Object key,Object value):加入新的"关键字-值"。
- public Object remove(Object key):删除 Map 中关键字所对应的映射关系。
- public boolean equals(Object obj):判断 Map 对象与参数对象是否等价,两个 Map 相等,当且仅当其 entrySet()得到的集合是一致的。
- public boolean containsKey(Object key):判断在 Map 中是否存在与关键字匹配的映射关系。
- public boolean containsValues(Object value):判断在 Map 中是否存在与键值匹配的映射关系。

实现 Map 接口的类有很多,其中最常用的有 HashMap 和 HashTable,两者使用上的最大差别是 HashTable 是线程访问安全的。HashTable 还有个子类 Properties,关键字和值只能是 String,经常被用来读取配置信息。

例 5-9 Map 接口的使用。

程序代码如下:

```java
import java.util.*;
public class MapDemo {
    public static void main(String args[]) {
        Map m = new HashMap();
        m.put("张三","2003011");
        m.put("李四","2003012");
        m.put("王五","2003013");
        Set allEntry = m.entrySet();
        for (Iterator i = allEntry.iterator();i.hasNext(); )
```

```
        System.out.println(i.next());
      System.out.println(m.get("李四"));
   }
}
```

【运行结果】

王 五 = 2003013

李 四 = 2003012

张 三 = 2003011

2003012

【说明】 本例通过方法 entrySet()列举得到所有映射集合,然后用 for 循环输出集合所有元素,读者可测试输出 keySet()得到的关键字集合以及用 values()得到的 Collection 集合。

5.5 日期和时间

在 java.util 包中提供了两个类 Date 和 Calendar 用来封装日期和时间有关的信息。

5.5.1 Date 类

在 Java 中日期是用代表毫微秒的一个长整数进行存储表示,也就是日期时间相对格林威治(GMT)时间 1970 年 1 月 1 日零点转换过去的毫微秒数。日期的构造方法如下。

- Date():创建一个代表当前时间的日期对象。
- Date(long date):根据毫微秒值创建日期对象。

执行日期对象的 toString()方法将按星期、月、日、小时、分、秒、年的默认顺序输出相关信息,例如,Sun Oct 31 16：28：04 CST 2004。

将当前日期与某个日期比较可使用如下方法。

- int compareTo(Date anotherDate):结果为 0 代表相等;为负数代表日期对象比参数代表的日期要早;为正数则代表日期对象比参数代表的日期要晚。

另外,用 getTime()可得到日期对象对应的毫微秒值。

5.5.2 Calendar 类

该类主要用于日期与年、月、日等整数值的转换,Calendar 是一个抽象类,不能直接创建对象,但可以使用静态方法 getInstance()获得代表当前日期的日历对象。

Calendar rightNow = Calendar.getInstance();

通过该对象可以调用如下方法将日历翻到指定的一个时间:

- void set(int year, int month, int date)
- void set(int year, int month, int date, int hour, int minute)
- void set(int year, int month, int date, int hour, int minute, int second)

要从日历中获取有关年份、月份、星期、小时等的信息,可以通过如下方法。

- int get(int field):其中,参数 field 的值由 Calendar 类的静态常量决定,例如,YEAR 代表年;MONTH 代表月;DAY_OF_WEEK 代表星期几;HOUR 代表小时;MINUTE 代

分；SECOND 代表秒等。例如：

rightNow.get(Calendar.MONTH)

如果返回值为 0 代表当前日历是一月，如果返回 1 代表二月，依次类推。

通过以下日历对象可以得到其他时间表示形式。

- long getTimeInMillis()：返回当前日历对应的毫微秒值。
- Date getTime()：返回当前日历对应的日期对象。

5.6　本章小结

本章主要围绕编程中常用的语言基础类进行介绍，Object 类是所有类的祖先，各种数据类型类则封装了对相应基本类型数据的一些处理方法，其中，最重要的是数据类型的转换处理。Math 类封装了常用的数学函数，该类的所有方法均是静态方法。String 类和 StringBuffer 类提供了对字符串的访问处理方法，对 String 对象的任何操作不会改变字符串本身，操作的结果是返回一个新的字符串对象。而 StringBuffer 则允许对串的内容不断更新。Vector 类提供了一种非常方便的手段实现对象的存储和检索，向量与数组有一定的相似性，但也有很大的差异性。首先向量中存放的可以是不同类型的对象，而数组中所有元素是同一类型的，当然，站在 Object 的角度，所有对象均可以通过 Object 来引用。向量主要用于元素个数不断变化的应用。本章最后对 Collection API 的内容体系进行了简单介绍。

习　题

5-1　比较向量与数组在使用上的差异。

5-2　String 和 StringBuffer 在使用上有哪些不同？

5-3　关于以下程序段，正确的说法是（　　）。

1. String s1＝"abc"＋"def"；

2. String s2＝new String(s1)；

3. if(s1＝＝s2)

4. System. out. println("＝＝succeeded")；

5. if (s1.equals(s2))

6. System. out. println(".equals() succeeded")；

A. 行 4 与行 6 都将执行　　　　B. 行 4 执行，行 6 不执行

C. 行 6 执行，行 4 不执行　　　　D. 行 4、行 6 都不执行

5-4　有如下程序段：

```
public class ish{
  public static void main(String[] args)
    { String s = "call me ishmae";
     System. out. println(s.charAt(s.length() - 1));
    }
```

}

则输出结果为(　　)。

A. a　　　B. e　　　C. c　　　D. "

5-5　思考以下程序的运行结果。

```java
public class wantChange{
    static void pass(String x) {
        x = x + " hello";
        System.out.println(x);
    }
    public static void main(String args[]) {
        String my = "good morning";
        pass(my);
        System.out.println(my);
    }
}
```

5-6　编写 Java Application,从命令行参数中得到一个字符串,统计该字符串中字母 a 的出现次数。

5-7　编写一个两位数的乘法测试程序,由计算机随机出 10 道题,让学生输入解答,最后给出学生的得分,并计算测试所花时间。

5-8　编写一个程序能完成简单加法表达式的运算,以下为输入样例:

32 + 24 + 5

5-9　从键盘输入若干行文字,最后输入的一行为"end"代表结束标记。

(1) 统计该段文字中英文字母的个数;

(2) 将其中的所有单词 the 全部改为 a,输出结果;

(3) 将该文字段所有的数字串找出来输出。

5-10　有 4 位同学中的一位做了好事,调查开始:A 说"不是我";B 说"是 C";C 说"是 D";D 说"C 胡说"。

已知 4 人中有 3 个说的是真话,根据这些信息,找出做好事的人。

第6章 Java Applet

Java 语言的重要应用之一是 Java 小应用程序可以在浏览器页面中运行,1995 年底 Java 语言出现的时候,Java Applet 给 Web 页面带来的动态交互性,在当时引起了很大的轰动。今天,在浏览器页面中,可以通过 Flash、ActiveX 以及 DHTML 等技术完成类似的工作,但 Java Applet 仍是一种不错的选择。

6.1 什么是 Applet

前面介绍的 Java 程序称为 Java 应用程序,其特点是在程序的主类中有一个 main 方法作为应用入口,应用程序由 Java 解释器(java. exe)执行。Java Applet 也称为小应用程序,它是网页内容的一个组成部分,Applet 必须在支持 Java 的浏览器页面中运行,也可以使用 J2SDK 提供的 Appletviewer 程序来浏览查看结果。在 HTML 文件中通过以下 HTML 标记来标识一个 Applet:

```
<applet code = ″myapplet.class″ height = 200 width = 300 >
</applet>
```

其中,code、height、width 是 3 个必需的属性,code 指定 Applet 的字节码文件名;height 和 width 决定 Applet 在页面中的大小,分别规定高度和宽度。

除了以上 3 个基本属性外,Applet 中还提供如下一些可选属性。

- alt 为小应用程序的说明信息,当浏览器不支持 Java 时将在 Applet 所处位置显示该信息。
- Align 属性用来控制 Applet 在页面中的相对对齐方式。Align 值为 left 表示左对齐,right 表示右对齐,middle 表示居中对齐。
- HSPACE 和 VSPACE 属性分别用来设定 Applet 与周围文本之间的水平和垂直间距(单位为像素)。
- CODEBASE 属性用于指示 Applet 类文件的 URL 路径。默认情况下,Applet 类文件与 HTML 文件放在同一文件夹下。如果 Applet 是存放在另一文件夹下,则要指示与 HTML 文件的相对路径或者某个绝对 URL 路径。下例表示类文件在 HTML 文件所处路径的 java 子文件夹下。

```
<applet code = ″myapplet.class″ codebase = ″java″ height = 200 width = 300 >
</applet>
```

在浏览器对 HTML 文件内容进行解释过程中,遇到 Applet 标记时将从相应的 URL 路径处下载 Applet 类文件,然后由浏览器的 Java 虚拟机解释执行 Applet 代码。

由于 Applet 是下载到客户端的机器上执行,因此,Applet 可以做的事情受到限制,

Applet安全管理器将检查代码中是否有违反安全的操作,比如,Applet 禁止访问本地文件;除了自己所在 Web 服务器外,Applet 不能与网络上其他计算机建立 Socket 连接。

6.2 Applet 方法介绍

Java Applet 程序是嵌入在 HTML 页面中的一个图形部件,可以实现复杂的动态交互,编写 Applet 需要继承 java. applet. Applet 类,Applet 类中提供了小应用程序及其运行环境的标准接口,其中的主要方法如下。

(1) init( )方法

用来完成对 Applet 实例的初始化工作,当浏览含有 Applet 的 Web 页时,浏览器将创建 Applet 实例,用 init( )对 Applet 对象进行初始化。

通常,将变量的初始化、图形界面的布局、载入图形以及获取 Applet 参数值等工作安排在 init( )方法中。

(2) start( )方法

用来启动 Applet 主线程运行,在 init( )方法运行结束,会接着执行该方法,以后每次 Applet 被激活均会调用该方法。默认的 start( )方法内容为空。

(3) paint( )方法

用来在 Applet 的界面中绘制文字、图形等。除了首次装载 Applet 会调用该方法外,调整浏览窗口大小、缩放浏览窗口、移动窗口或刷新等操作都会导致执行 paint( )方法,从而实现对 Applet 的图形重绘。

与前几个方法不同的是,paint( )中带有一个 Graphics 类型的参数。在 Applet 对象创建时,会自动创建一个 Graphics 类型的属性对象(不妨称为画笔),浏览器执行 paint( )方法时自动会将 Applet 的"画笔"传递给方法,通过"画笔"实现各类图形的绘制。因此,编程者应在程序中引入 AWT 包中的 Graphics 类。

(4) stop( )方法

用来暂停执行 Applet 主线程,该方法与 start( )方法是对应的,stop( )方法在 Applet 离开时将执行,因此,可在该方法内放置 Applet 离开时希望做的操作。例如,用 Applet 播放声音时,可考虑在 start( )方法中安排启动声音播放的代码,在 stop( )方法中安排停止播放的代码。

(5) destroy( )方法

Applet 对象销毁时,浏览器虚拟机将自动调用该方法,用来完成所有占用资源的释放。但除非使用了特殊的资源(如创建的线程),否则不需重写 destroy( )方法,因为 Java 运行系统本身会自动进行"垃圾"处理和内存管理。

(6) update( )方法

该方法和 paint( )方法均是从 Applet 的祖先类 Container(容器)中继承的方法,该方法在每次对画面进行刷新重画时均会执行,浏览器窗体的移动和缩放均会导致画面的刷新,默认的 update( )方法是清除 Applet 画面,然后调用 paint( )方法。如果希望重绘时不清除画面,可以重写该方法,让其直接执行 paint( )方法。

（7）repaint( )方法

该方法是从 Applet 的祖先类 Component（部件）继承而来，无参调用形式是对整个 Applet 区域重画，该方法执行时自动调用 update( )方法。该方法还允许如下带参数的形式：

repaint(int x, int y, int width, int height)

其中，x，y 用来指定需要重绘区域的左上角坐标，而后两个参数分别规定区域的宽度和高度。

例 6-1 一个验证 Applet 方法执行次数的测试程序。

程序代码如下：

```java
import java.awt. * ;
import java.applet. * ;
public class Count extends Applet {
    static int initCount = 0;
    static int startCount = 0;
    static int paintCount = 0;
    static int stopCount = 0;
    static int destroyCount = 0;
    public void init() {
        initCount ++ ;
    }
    public void start() {
        startCount ++ ;
    }
    public void stop() {
        stopCount ++ ;
    }
    public void destroy() {
        destroyCount ++ ;
    }
    public void paint(Graphics g) {
        paintCount ++ ;
        g. drawString("init() =" + initCount, 50,30);
        g. drawString("start() =" + startCount, 100,30);
        g. drawString("paint() =" + paintCount, 150,30);
        g. drawString("stop() =" + stopCount, 200,30);
    }
}
```

【说明】 使用 Graphics 对象 drawString 方法可以在 Applet 面板上绘制字符串，绘制字符串需要 3 个参数，第一个参数是要绘制的字符串，后两个参数指示坐标位置。

【说明】 调试程序，读者可发现 Applet 各方法的调用执行特点。不妨试试使用浏览器的"后退/前进"、"刷新"以及缩放窗口等操作,观察这些操作对各方法执行次数的影响。

思考

本程序中将所有计数变量定义为类变量,其目的是为了观察对象的创建与活动过程。读者不妨将其改为实例变量重新观察效果,比较两者的差异。

6.3 Applet 的 AWT 绘制

6.3.1 Java 图形坐标

Java Applet 作为一种图形部件,在图形部件的类层次中,它是面板(Panel)的子类,在 Applet 上可以绘制图形。Java 的屏幕坐标是以像素为单位的,左上角为坐标原点,向右和向下延伸坐标值递增,横方向为 x 坐标,纵方向为 y 坐标。图 6-1 中矩形左上角和右下角坐标分别为(20,20)和(50,40)。

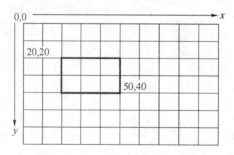

图 6-1 Java 的图形坐标系

6.3.2 各类图形的绘制方法

前面已知道,在 Applet 中绘图可通过重写 paint( )方法实现,其中的参数为 Graphics 类型,Graphics 是描述图形绘制的抽象类,在创建一个图形对象时,均会有一个相应的 Graphics 属性对象,不妨将其想象为"画笔"。该对象中封装了图形绘制的状态信息(如字体、颜色等)、相关属性的获取和设置方法以及各类图形的绘制方法。以下为常用图形元素的绘制方法。

(1) drawLine(int x1, int y1, int x2, int y2):绘制直线,4 个参数分别是起点和终点的 x、y 坐标。

(2) drawRect(int x, int y, int width, int height):绘制矩形,x、y 为矩形的左上角坐标,后两个参数分别给出矩形的宽度和高度。

(3) drawOval(int x, int y, int width, int height):绘制椭圆,绘制的椭圆刚好装在一个矩形区域内,前两个参数给出区域的左上角坐标,后两个参数为其高度和宽度。圆是椭圆的一种特殊情况,Java 没有提供专门画圆的方法。

（4）drawArc(int x，int y，int width，int height，int startAngle，int arcAngle)：绘制圆弧。弧为椭圆的一部分，后面两个参数分别指定起始点的角度和弧度。

（5）drawPolygon(int[] xPoints，int[] yPoints，int nPoints)：绘制多边形，前面两个参数数组分别给出多边形按顺序排列的各角位置的 x、y 坐标，最后一个参数给出坐标点数量。

（6）drawRoundRect（int x，int y，int width，int height，int arcWidth，int arcHeight)：绘制圆角矩形，后两个参数反映圆角的宽度和高度。

（7）fillOval(int x，int y，int width，int height)：绘制填充椭圆。

（8）fillRect(int x，int y，int width，int height)：绘制填充矩形。

（9）fillRoundRect(int x，int y，int width，int height，int arcWidth，int arcHeight)：绘制填充圆角矩形。

（10）fillArc(int x，int y，int width，int height，int startAngle，int arcAngle)：绘制填充扇形。

例 6-2 绘制一个微笑的人脸。

程序代码如下：

```
import java.awt. * ;
import java.applet. * ;
public class smilepeople extends Applet {
    public void paint(Graphics g) {
        g.drawString("永远微笑 !!", 50,30);
        g.drawOval(60,60,200,200);
        g.fillOval(90,120,50,20);
        g.fillOval(190,120,50,20);
        g.drawLine(165,125,165,175);
        g.drawLine(165,175,150,160);
        g.drawArc(110,130,95,95,0,-180);
    }
}
```

该程序的运行结果如图 6-2 所示。

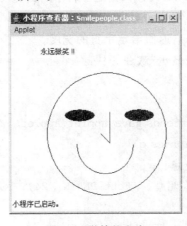

图 6-2 微笑的人头

6.3.3 显示文字

在例 6-2 的图中是使用默认的字体绘制字符串,要使用其他字体,可借助 Java 提供的 Font 类,它可以定义字体的大小和样式。字体使用有如下要点。

（1）创建 Font 类的对象

Font myFont = new Font("宋体", Font.BOLD, 12);

定义字体为宋体,大小为 12 号,粗体。其中,第一个参数为字体名,最后一个参数为字体的大小。第二个参数为代表风格的常量,Font 类中定义了 3 个常量:Font. PLAIN、Font. ITALIC、Font. BOLD 分别表示普通、斜体和粗体,如果要同时兼有几种风格可以通过"＋"号连接。例如:

new Font("TimesRoman", Font.BOLD + Font.ITALIC, 28);

（2）给图形对象或 GUI 部件设置字体

① 利用 Graphics 类的 setFont()方法确定使用定义的字体:

g. setFont(myFont);

后续语句中执行 g. drawString 方法将按新的字体绘制文字。

【练习 6-1】 例 6-2 程序中"永远微笑"几个字太小,读者可以尝试修改程序,用一个较大的字体绘制。

② 给某个 GUI 部件设定字体可以使用该部件的 setFont()方法。例如:

Button btn = new Button("确定");

btn. setFont(myFont);   //设置按钮的字体

（3）使用 getFont()方法返回当前的 Graphics 对象或 GUI 部件使用的字体

（4）用 FontMetrics 类获得关于字体的更多信息

为使图形界面美观,常常需要确定文本在图形界面中占用的空间信息,如文本的宽度、高度等,使用 FontMetrics 类可获得所用字体的这方面信息。

以下为 FontMetrics 的几个常用方法,使用时,首先要用 getFontMetrics(Font)方法得到一个 FontMetrics 对象引用。

- int stringWidth(String str):返回给定字符串所占宽度;
- int getHeight() :获得字体的高度;
- int charWidth(char ch):返回给定字符的宽度。

例 6-3 在 Applet 的中央显示"欢迎您!"。

程序代码如下:

```
import java.awt. * ;
public class FontDemo extends java.applet.Applet{
   public void paint(Graphics g){
        String str ="欢迎您!";
        Font f = new Font("黑体", Font.PLAIN , 24);
        g. setFont(f);
        FontMetrics fm = getFontMetrics(f);
```

```
        int x = (getWidth() - fm.stringWidth(str))/2;
        int y = getHeight()/2;
        g.drawString(str,x,y);
    }
}
```

程序运行结果如图 6-3 所示。

图 6-3 在 Applet 的正中央显示文字

【说明】 要让文字显示在 Applet 的正中央,首先要知道 Applet 的宽度和高度,在所有图形部件的父类 Component 中有如下方法。

- getHeight():返回部件的高度;
- getWidth():返回部件的宽度。

另外,Component 类中还有一个方法 getSize()返回一个 Dimension 类型的对象,利用该对象的 height 和 width 属性也可以得到 Applet 的高度和宽度。

Applet 作为一种图形部件,当然能够使用上面的方法。但要注意 getHeight()和 get-Width()是在 JDK1.2 以后才支持的方法,如果要保证程序的兼容性,建议用后一种办法。

6.3.4 颜色控制

1. Color 类的构造方法

Applet 绘制字符串和图形时,画笔的颜色可以通过 Color 类的对象来实现,用户可以直接使用 Color 类定义好的颜色常量,也可以通过调配红、绿、蓝三色的比例创建自己的 Color 对象。Color 类提供了如下的 3 种构造函数。

(1) public Color(int Red, int Green, int Blue):每个参数的取值范围在 0~255 之间;

(2) public Color(float Red, float Green, float Blue):每个参数的取值范围在 0.0~1.0之间;

(3) public Color(int RGB):类似 HTML 网页中用数值设置颜色,数值中包含 3 种颜色的成分大小信息,如果将数值转化为二进制表示,前 8 位代表红色,中间 8 位代表绿色,最后 8 位代表蓝色,每种颜色最大取值是 0xFF(即十进制的 255),通常用十六进制提供数据比较直观。

2. 颜色常量

Java 在 Color 类中还定义了如下一些颜色常量(括号中为相应的 RGB 值)。

black(0,0,0)   blue(0,0,255)   cyan(0,255,255)   darkGray(64,64,64)

gray(128,128,128) green(0,255,0)   lightGray(192,192,192)

magenta(255,0,255) orange(255,200,0)   pink(255,175,175)

red(255,0,0)　　　　white(255,255,255) yellow(255,255,0)

要设置绘图画笔颜色,使用 setColor(Color c) 方法。

setColor(Color.blue);　　//将画笔定为蓝色

要知道当前的绘图颜色,可调用 getColor( )方法。

在所有 GUI 部件的父类 Component 类中定义了 setBackground( )方法和 setForeground( )方法分别用来设置组件的背景色和前景色,同时定义了 getBackground( )方法和 getForeground( )方法来分别获取 GUI 对象的背景及前景色。

例 6-4　用随机定义的颜色填充小方块。

程序代码如下:

```
import java.awt.Graphics;
import java.awt.Color;
public class Colors extends java.applet.Applet{
                public void paint(Graphics g){
                int red,green,blue;
                for (int i = 10;i<200;i += 40){
                    red = (int)Math.floor(Math.random() * 256);
                    green = (int)Math.floor(Math.random() * 256);
                    blue = (int)Math.floor(Math.random() * 256);
                    g.setColor(new Color(red,green,blue));
                    g.fillRect(i,20,30,30);
                    }
                }
    }
```

程序运行结果如图 6-4 所示。

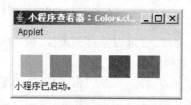

图 6-4　例 6-4 程序运行结果

【注意】　这里利用随机函数得到颜色值,由于每种颜色成分的取值范围是 255,所以乘的系数是 256。Math 类的 floor 方法得到的是一个不大于参数的最大整数,返回的是双精度值,要转化为整数值需要强制转换。

6.3.5　Java 2D 图形绘制

在图形绘制上,Java 还提供了 Graphics2D 类,它是 Graphics 的子类,Graphics2D 在其父类功能的基础上做了新的扩展,为二维图形的几何形状控制、坐标变换、颜色管理以及文本布置等提供了丰富的功能。Java 2D 提供了大量的属性,用于指定颜色、线宽、填充图案、透明度和其他特性。

1．Graphics2D 的图形对象

所有 Graphics2D 图形在 java. awt. geom 包中定义。

（1）线段

线段是用 Line2D. Float 创建，它接收 4 个参数，为两个端点的坐标。例如：

`Line2D.Float line = new Line2D.Float(60F,12F,80F,40F)`

这里，Line2D. Float 是 Line2D 中的一个静态内嵌类。

（2）矩形

矩形是用 Rectangle2D. Float 或 Rectangle2D. Double 创建，4 个参数分别代表左上角的 x、y 坐标及宽度、高度。

（3）椭圆

椭圆是用 Ellipse2D. Float 创建，例如，以下创建一个椭圆，外切矩形左上角坐标为（113,20），宽度为 30，高度为 40。

`Ellipse2D.Float ty = new Ellipse2D.Float(113,20,30,40);`

（4）弧

弧是用 Arc2D. Float 创建，它接收 7 个参数，前面 4 个参数对应圆弧所属椭圆的信息，后面 3 个参数分别是弧的起始角度、弧环绕的角度、闭合方式。弧的闭合方式取值在 3 个常量中选择：Arc2D. OPEN（不闭合）、Arc2D. CHORD（使用线段连接弧的两端点）、Arc2D. PIE（将弧的端点与椭圆中心连接起来，就像扇形）。

（5）多边形

多边形是通过从一个顶点移动到另一个顶点来创建的，多边形可以由直线、二次曲线和贝塞尔曲线构成。

创建多边形的运动被定义为 GeneralPath 对象，如下所示：

`GeneralPath polly = new GeneralPath();`

GeneralPath 提供了很多方法定义多边形的轨迹，以下为常用的几个简单方法。

- void moveTo(float x，float y)：将一个点加入到路径。
- void lineTo(float x，float y)：将指定点加入路径，当前点到指定点用直线连接。
- void closePath()：将多边形的终点与起始点闭合。

2．指定填充图案

用 setPaint(Paint)方法指定填充方式，可以使用单色、渐变填充、纹理或用户自己设计的图案来填充对象区域，以下几个类均实现了 Paint 接口。

- Color ：单色填充。
- GradientPaint ：渐变填充。
- TexturePaint ：纹理填充。

下面介绍渐变填充，以下为常用构造方法。

（1）GradientPaint(x1，y1，color1，x2，y2，color2)

功能：从坐标点 x1,y1 到 x2,y2 作渐变填充，开始点的颜色为 color1，终点颜色为 color2。

（2）GradientPaint(x1，y1，color1，x2，y2，color2,boolean cyclic)

功能:最后一个参数如果为 true,则支持周期渐变。周期渐变的前后两个点通常设置比较近,在填充范围可重复应用渐变,可以形成花纹效果。

3. 设置画笔

在 Java 2D 中,可以通过 setStroke()方法并用 BasicStroke 对象作为参数,可设置绘制图形线条的宽度和连接形状。BasicStroke 的几种典型构造方法如下:

- BasicStroke(float width);
- BasicStroke(float width, int cap, int join);
- BasicStroke(float width, int cap, int join, float miterlimit, float[] dash, float dash_phase)。

以上参数中,width 表示线宽,cap 决定线条端点的修饰样式,取值在 3 个常量中选择:CAP_BUTT(无端点)、CAP_ROUND(圆形端点)、CAP_SQUARE(方形端点),join 代表线条的连接点的样式,取值在 3 个常量中选择:JOIN_MITER(尖角)、JOIN_ROUND(圆角)、JOIN_BEVEL(扁平角)。最后一个构造方法可规定虚线方式。

4. 绘制图形

无论绘制什么图形对象,都使用相同的 Graphics2D 方法。

- void fill(Shape s) :绘制一个填充的图形;
- void draw(Shape s) :绘制图形的边框。

例 6-5 利用 Graphics2D 绘制矩形。

程序代码如下:

```
import java.awt. * ;
import java.applet. * ;
import java.awt.geom. * ;
public class GradientTest extends Applet {
  public void paint(Graphics g) {
    Graphics2D g2d = (Graphics2D)g;
    Rectangle2D r = new Rectangle2D.Double(25,20,150,50);   //创建矩形
    GradientPaint p = new GradientPaint(25,20,Color.yellow,300,90,Color.
green);
    g2d.setPaint(p);   //设置渐变填充
    g2d.fill(r);   //填充图形
    g2d.setPaint(Color.blue);   //设置蓝色填充
    g2d.setStroke(new BasicStroke(5,BasicStroke.CAP_BUTT,
        BasicStroke.JOIN_ROUND));   //设置边宽、线条连接方式
    g2d.draw(r);   //绘制图形边框
  }
}
```

程序运行结果如图 6-5(a)所示。

【说明】 矩形的填充使用了渐变填充方式,边框的绘制采用了线宽为 5 的蓝色线条,拐角处用圆角连接。如果创建渐变填充对象时使用如下周期渐变的构造方法:

GradientPaint(25,20,Color.yellow,30,25,Color.green,true);

则程序的运行结果为图 6-5(b)所示。

(a) 非周期渐变填充   (b) 周期渐变填充

图 6-5　矩形的填充和形状

例 6-6 绘制数学函数 $y=\sin(x)$ 的曲线(其中,x 的取值为 0~360)。

程序代码如下:

```
import java.awt. * ;
import java.awt.geom. * ;
import java.applet. * ;
public class sinCurve extends Applet{
  public void paint(Graphics g) {
    Graphics2D g2d = (Graphics2D)g;
    int offx = 40;        //坐标轴原点的 X
    int offy = 80;        //坐标轴原点的 Y

    /* 以下绘制 X,Y 坐标轴 */
    g2d.setPaint(Color.blue);
    g2d.setStroke(new BasicStroke(2));        //设置 2 个像素的线条宽度
    g2d.draw(new Line2D.Float(offx + 0,offy - 60,offx + 0,offy + 60));
    g2d.draw(new Line2D.Float(offx - 5,offy - 57,offx + 0,offy - 60));
    g2d.draw(new Line2D.Float(offx + 5,offy - 57,offx + 0,offy - 60));
    g2d.draw(new Line2D.Float(offx + 0,offy + 0,offx + 380,offy + 0));
    g2d.draw(new Line2D.Float(offx + 376,offy - 5,offx + 380,offy + 0));
    g2d.draw(new Line2D.Float(offx + 376,offy + 5,offx + 380,offy + 0));
    g2d.drawString("x",offx + 385,offy);
    g2d.drawString("y",offx,offy - 66);

    /* 利用多边形描绘曲线 */
    GeneralPath polly = new GeneralPath();
    polly.moveTo(offx,offy);
    for (int jd = 0;jd< = 360;jd + + ) {
      float x = jd;
      float y = (float)(50 * Math.sin(jd * Math.PI/180.));
```

```
        polly.lineTo(offx + x, offy - y);
    }
    g2d.setPaint(Color.red);
    g2d.draw(polly);   //绘制 sin 曲线
  }
}
```

【说明】 由于绘图坐标与数学上的坐标走向上不一致,数学上的坐标允许负值,且 y 轴是向上增值,所以,程序中在计算坐标值上做了一些处理,首先,用 offx、offy 作为坐标原点位置,计算 y 坐标值时是利用原点的 offy 减去函数的 y 值;其次,$\sin(x)$ 的函数值最大为 1,所以要在图形坐标上表示函数曲线必须将函数值放大,这里乘了 50 作为放大倍数。将函数曲线的路径表示为多边形所经历的点,通过绘制多边形来绘制曲线。

程序运行结果如图 6-6 所示。

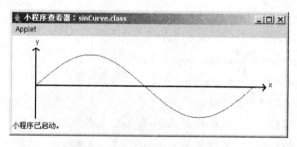

图 6-6　利用 Java 2D 绘制函数曲线

5. 图形绘制的变换

利用 AffineTransform 类可实现图形绘制的各类变换,包括:平移、缩放、旋转等。具体步骤如下。

(1) 创建 AffineTransform 对象

`AffineTransform trans = new AffineTransform();`

(2) 设置变换形式

AffineTransform 提供了如下方法实现 3 种最常用的图形变换操作。

- translate(double a, double b):将图形坐标偏移到 a,b 处;绘制图形时,按新原点确定坐标位置。
- scale(double a, double b):将图形在 x 轴方向缩放 a 倍,y 轴方向缩放 b 倍。
- rotate(double angle, double x, double y):将图形按 (x,y) 为轴中心旋转 angle 个弧度。

(3) 将 Graphics2D 对象设置为采用该变换的"画笔"

例如:

`g2d.setTransform(trans);`　　　// g2d 为 Graphics2D 对象

(4) 绘制变换图形

例如:

`g2d.draw(rect);`　　　//假设 rect 为一个矩形对象

例 6-7 利用旋转绘制图形。

程序代码如下：

```java
import java.awt. * ;
import java.awt.geom. * ;
import java.applet. * ;
public class Rotate extends Applet {
  public void paint(Graphics g) {
    Graphics2D g2d = (Graphics2D)g;
    Ellipse2D ellipse = new Ellipse2D.Double(20,50,100,60);
    AffineTransform trans = new AffineTransform();
    for (int k = 1;k< = 36;k + + ) {
      trans.rotate(10.0 * Math.PI/180,80,75);
      //在原变换的基础上再旋转 10 度
      g2d.setTransform(trans);
      g2d.draw(ellipse);
    }
  }
}
```

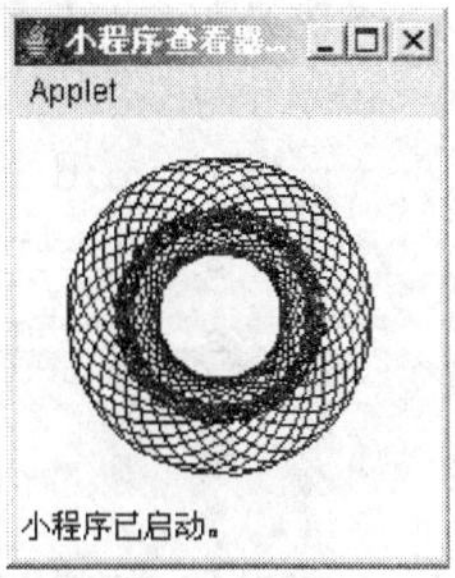

图 6-7 利用旋转变换绘制图形

程序运行结果如图 6-7 所示。

6.4 Applet 参数传递

6.4.1 在 HTML 文件中给 Applet 提供参数

实际应用中，经常需要编写一些通用性较强的程序。在 Java 应用程序中，可以通过命令行参数给应用程序传递数据，为程序的通用性设计提供了很好的支持。同样在 Applet 编程中也可以通过 HTML 标记中的<PARAM>标记给它所嵌入的 Applet 程序传递参数。见下例：

```html
<html>
<body>
<applet code = ″My_param.class″ height = 200 width = 300>
  <param name = ″vs″ value = ″可变大小的字符串″>
  <param name = ″size″ value = 24>
</applet>
</body>
</html>
```

在该段代码中，给 Applet 提供了 2 个参数。每个参数有参数名和参数值。

6.4.2　在 Applet 代码中读取 Applet 参数值

在 Applet 代码中利用 getParamter("参数名")方法获取 HTML 传递的参数值。

例 6-8　Applet 参数的使用。

程序代码如下：

```java
import java.applet.Applet;
import java.awt.Graphics;
public class My_param extends Applet {
    private String s = "";
    private int size;

    public void init() {
        s = getParameter("vs");        //获取 HTML 中传递的参数
        size = Integer.parseInt(getParameter("size"));
    }

    public void paint(Graphics g) {
        g.setFont(new Font("宋体",Font.PLAIN,size));
        g.drawString(s,30, 40);
    }
}
```

【说明】　要改变显示文字和字体的大小，只要改变 HTML 文件中的相应 Applet 参数即可。

【注意】　不论 HTML 文件中参数值怎么标记，在 Applet 中通过 getParameter 得到的参数值均是字符串，如果要转化其他类型需要使用相关的转换方法。

例 6-9　利用 Applet 参数传递绘制图形信息。

图形的存储表示是一个复杂的论题。通常图形是用像素点表示，但存储量非常大，因此出现图形的各种压缩存储表示算法。图形的另一种表示形式是矢量表示，其特点是用图形的一些参量信息来表示图形，该表示形式节省存储，也容易实现对图形的各种变换处理（如，图形的放大与缩小）。本例采用了矢量表示的特点，将各种图形命令存储在字符串中，每条命令之间用符号"/"分隔，一条命令以一个识别符开头，后跟若干参数，命令和参数之间用逗号分隔。例如，以下为程序中的两条命令：

```
rect ,x,y,w,h        //表示绘制矩形,其中,rect 为命令识别符
oval ,x,y,w,h        //表示绘制椭圆,其中,oval 为命令识别符
```

读者可以对命令进一步扩充，比如，加上绘制字符串、直线、改变颜色、字体等命令。

```java
import java.applet.Applet;
import java.awt.Graphics;
public class ParaDraw extends Applet {
    String graph;
```

```
    public void init() {
        graph = getParameter("graph");
    }

    public void paint(Graphics g){
        String para[];
        int x,y,w,h;
        String commands[] = graph.split("/");        //分离出每条命令
        for (int k = 0;k<commands.length ;k ++ ) {
          para = commands[k].split(",");   //分离出命令参数
          if (para[0].equals("oval")) {        //绘制椭圆
            x = Integer.parseInt(para[1]);
            y = Integer.parseInt(para[2]);
            w = Integer.parseInt(para[3]);
            h = Integer.parseInt(para[4]);
            g.drawOval(x,y,w,h);
          }
          else if (para[0].equals("rect")) {       //绘制矩形
            x = Integer.parseInt(para[1]);
            y = Integer.parseInt(para[2]);
            w = Integer.parseInt(para[3]);
            h = Integer.parseInt(para[4]);
            g.drawRect(x,y,w,h);
          }
        }
    }
}
```

【说明】 这里,采用了 String 类的 split 方法分离字符串中的命令和参数。先分离出命令,处理一条命令时再分离出命令的各个参数。

以下为 HTML 文件:

```
<html>
<body>
<applet code = "ParaDraw.class" width = 200 height = 200>
<param name = "graph" value = "rect,10,20,100,110/oval,40,60,50,50/rect,20,
30,110,120">
</applet>
</body>
</html>
```

程序运行结果如图 6-8 所示。

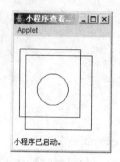

图 6-8　用 Applet 参数传递图形信息

6.5　Applet 的多媒体支持

6.5.1　绘制图像

在 Java Applet 中也可以显示图像,但由于要显示的图像在网络的某个 Web 服务器上,而且图像文件通常比较大,下载要花费一定的时间,因此,Java 对图像的处理也较复杂,大致包括图像获取和图像绘制两个环节。

1. 图像的获取

- public Image getImage(URL, String):从指定的 URL 位置获取某个名称的图像文件。如果 URL 中直接包含图像文件名也可以用 getImage(URL)方法。

【注意】　这里指的 URL 地址是绝对地址,为了增加程序的通用性,通常不直接给出实际 URL 的地址,而是利用如下两个方法得到绝对地址。

(1) getCodeBase():返回 Applet 字节码文件的 URL 地址。

(2) getDocumentBase():返回 HTML 文件的 URL 地址。

由于图像文件总是与 HTML 或 Applet 字节码文件的存放位置在同一路径或在某相对路径下,因此,要尽量使用这种方式标记路径。

2. 图像绘制

Java 中可以利用 Graphics 类的 drawImage()方法绘制图像。

- public void drawImage(Image, x, y, imageObserver):在指定的坐标位置绘制图像,坐标值规定图像的左上角位置,最后一个参数 imageObserver 表示观察者,通常是 Applet 自己,所以通常写 this。为什么图像绘制要有观察者,原因在于图像下载有一个过程,观察者将接收图像构造过程中通知给它的有关图像信息(如图像的尺寸缩放、转换信息等)。
- public void drawImage(Image, x, y, width, height, imageObserver):参数 width 和 height 为图像绘制的宽度和高度,可以实现图像显示的放大或缩小。

例 6-10　绘制一个图像。

程序代码如下:

```
import java.awt. * ;
```

```
import java.applet.Applet;
public class DrawMyImage extends Applet {
    Image myImage;
    public void init() {
        myImage = getImage(getDocumentBase(),"model2.GIF");      //获取图像
    }

    public void paint(Graphics g) {
        g.drawImage(myImage, 0, 0, this);       //绘制图像
    }
}
```

【注意】 getImage 方法实际上只是定义图像文件的位置,执行时不会导致从网上直接下载图像,执行 drawImage 方法时才真正开始下载图像和绘制图像。

3. 利用双缓冲区绘图

由于 drawImage 方法绘制图像时是边下载边绘制,所以画面有爬行现象,为了提高显示效果,可以开辟一个内存缓冲区,将图像先绘制在该区域,然后,再将缓冲区的图形绘制到 Applet 画面。绘制其他图形也可以采用这种办法。

建立图形缓冲区命令为:createImage(width, height)。

使用 getGraphics()方法可以得到该图像缓冲区的 Graphics 对象。然后可以在该图形区域绘图,最后利用 Applet 图形对象的 drawImage 方法将图像缓冲区内容绘制到 Applet 面板上。

例 6-11 绘制移动的笑脸。

程序代码如下:

```
import java.awt. * ;
import java.applet. * ;
public class mthread extends Applet {
    Image img;
    int pos = 0;
    public void init() {
        img = createImage(300,300);
        Graphics gimg = img.getGraphics();
        gimg.drawOval(60,60,100,100);
        gimg.fillOval (75,90,25,10);
        gimg.fillOval(120,90,25,10);
        gimg.drawLine(110,95,110,130);
        gimg.drawArc(85,110,50,40,0, - 180);
        gimg.drawLine(110,130,100,120);
    }
```

```
public void paint(Graphics g) {
    g.drawImage(img, pos , 100, this);
    pos = ++pos % 200;
    for(int j = 0 ; j<9900000; j++);//起延时作用

    repaint();
}
}
```

【说明】 在 init()方法中首先用 createImage(300,300)方法在内存创建一个长宽均为 300 像素的图形区域,通过返回 Image 对象的 getGraphics()方法可以取得图形区域对应的 Graphics 对象,利用该对象可以在图形区域绘制各种图形。在 paint()方法中,利用 Applet 的 Graphics 对象的 drawImage 方法将内存区域的图像绘制在 Applet 面板上。在 paint() 方法中最后执行的 repaint()方法将导致 paint()方法的反复调用,通过图像绘制坐标的变 化实现"笑脸人"的自左向右移动。

【注意】 双缓冲技术在图形绘制中非常有用,在很多 Applet 图形绘制中可以利用该技 术改进图形显示效果,通常按 Applet 的大小来创建图形区域。

6.5.2 实现动画

用 Java 实现动画的原理与放映动画片类似,取若干相关的图像,按顺序在屏幕上绘制 就可以获得动画效果。学校主页上也可以利用该方法显示校园风光图片。

例 6-12 通过图片的更换显示形成动画。

程序代码如下:

```
import java.applet. * ;
import java.awt. * ;
public class ShowAnimator extends Applet {
    Image[] m_Images;                //保存图片序列的 Image 数组
    int totalImages = 18;            //图片序列中的图片总数 18
    int currentImage = 0;            //当前时刻应该显示图片序号

    public void init(){
        m_Images = new Image[totalImages];
        //从当前目录下的 images 子目录中将 Image001.gif 的文件加载
        for(int i = 0; i<totalImages; i++)
            m_Images[i] = getImage(getDocumentBase(),"images\\img00" + (i + 1) +
".gif");     //循环获取所有.gif 图像文件
    }

    public void start() {
        currentImage = 0;         //从第一幅开始显示图片
```

```
    }

    public void paint(Graphics g) {
        g.drawImage(m_Images[currentImage],50,50,this);  //显示当前序号图片
        currentImage = ++currentImage % totalImages;  //计算下一个图片序号
        try{
            Thread.sleep(50);      //程序休眠50毫秒
        } catch(InterruptedException e) { }
        repaint();      //图片停留50毫秒后被擦除,显示下一图片
    }
}
```

【说明】 为了控制图像的循环显示,本程序中利用数组存放图像对象,从 init 方法可以看出图像文件的名称按 image001.gif,image002.gif,… 的规律存放在服务器的 HTML 文件所在路径的 images 子目录下。在 paint()方法中绘制当前序号的图片,同时算出下一个要显示的图片序号,程序中利用了求余处理,也就是最后一张图片的下一张图片是第 1 张。为了让图片显示有一个停留时间,采用了 Thread 类的 sleep 方法实现延时,比前面用循环执行空语句的效果好,因为这里是真正让程序挂起休息,不占用 CPU,而前面是不停地让CPU 工作。Thread 类的详细介绍见第 10 章。

6.5.3 播放声音文件

目前的 JDK 支持以 wav、mid、au、aif、rfm 等为扩展名的声音文件的播放。对于音频文件,同样使用 URL 进行定位,但音频文件数据量少,因此,在 Java 中提供的方法也不像图片文件那样分两步,先下载后播放,而是直接播放来自网络的文件。在 Applet 中播放声音文件有如下两种不同的方式。

1. 利用 Applet 类的 play()方法直接播放
- play(URL,String)   //方法 1
- play(URL)   //方法 2

根据 URL 地址播放声音,如果无法找到声音文件,则该方法将不做任何事情。

方法 1 是将 URL 路径与声音文件名分开,方法 2 将文件名包含在 URL 中。例如:

play(getDocumentBase(),"passport.mid");

2. 使用 AudioClip 接口

AudioClip 接口定义了声音文件的常用处理方法。
- public void play():开始播放一个声音文件,每次调用,都从头开始重新播放;
- public void loop():循环播放当前声音文件;
- public void stop():停止播放当前声音文件。

可以使用 Applet 类的 getAudioClip(URL,String)方法获取 AudioClip 类型的对象。

例 6-13 在 Applet 中播放声音。

程序代码如下:

import java.applet. * ;

```
public class sounda extends Applet {
    AudioClip ac;
    public void init() {
      ac = getAudioClip(getCodeBase(),"sloop.au");
    }
    public void start() {
      ac.loop();
    }
    public void stop(){
      ac.stop();
    }
}
```

6.6　Java 存档文件

在 Applet 程序运行过程中,可能要访问 Web 服务器上的各类文件(如,图片文件、音频文件等),每个文件的访问均需要与服务器建立一条连接,由于建立连接需要的时间较长,因此程序要花费较长时间等待各类资源文件的下载。

一种解决办法是将 Applet 字节码文件和其他需要用到的文件压缩打包在一个创建存档(JAR)文件中,浏览器可通过一次连接下载该 JAR 文件,从而减少下载文件数量,提高整个程序的运行效率。

6.6.1　创建存档文件

JDK 中包含一个名为 jar 的工具,能够将文件打包为 JAR 文件,也能够将其解包。在 DOS 命令符方式下输入 jar,可得到有关该命令使用的解释信息,命令格式和说明如下。

用法:jar ⟨ctxu⟩[vfm0Mi] [jar-文件] [manifest-文件] [-C 目录] 文件名 ...

选项:

  -c　创建新的存档;

  -t　列出存档内容的列表;

  -x　展开存档中的命名的(或所有的)文件;

  -u　更新已存在的存档;

  -v　生成详细输出到标准输出上;

  -f　指定存档文件名;

  -m　包含来自清单文件的标明信息;

  -0　只存储方式,未用 ZIP 压缩格式;

  -M　不产生所有项的清单(manifest)文件;

  -i　为指定的 jar 文件产生索引信息;

  -C　改变到指定的目录,并且包含后面所列文件。

1. 普通 JAR 文件的打包

例如,将两个 class 文件存档到一个名为"classes.jar"的存档文件中:

jar cvf classes.jar Foo.class Bar.class

例如,将一个文件的所有类和 gif 文件打包为一个 resource.jar 文件:

jar cf resource.jar *.class *.gif

2. 制作可执行的 JAR 文件

使用 JAR 命令的 jar 选项可制作可执行的 JAR 文件。制作可运行 JAR 文件,首先要定义一个.mf 类型的清单文件。文件中包括 Main-Class 选项,执行 JAR 文件要执行的主类,如下所示:

Main-Class: ConsoleInput

清单文件为一个文本文件,可以用记事本编辑。

【注意】 清单文件中的主类如果在别的路径下需要指定包路径,而且该行结束一定要加换行,否则,打包后的 JAR 文件的 META-INF 文件夹下产生的 MF 文件将无 Main-Class行,这样 JAR 文件执行时将找不到主类。

有了 MF 文件,要创建可执行的 JAR 文件可使用如下命令:

jar cvfm test.jar manifest.mf *.class

上述命令将当前目录下的所有类文件均打包在 JAR 文件中。

直接执行可执行 JAR 文件的一种办法是在 DOS 命令方式下按如下方式运行:

java - jar test.jar

如果在 Windows 操作系统上安装了 JRE,并且实现了 JAR 文件与 JVM 的关联,则可以直接双击 JAR 文件运行。

6.6.2 在 HTML 文件中指定 Applet 的存档文件

在 HTML 中可以通过两种方式来指定 Applet,一种是使用<APPLET>标记,另一种是使用<OBJECT>标记。它们在指定 JAR 文件方式上不同。

1. 在<APPLET>标记中指定 JAR 文件

在<APPLET>标记中通过属性 ARCHIVE 指定存档文件。例如:

<APPLET code = "myclass.class" archive = "resource.jar" width = 300 height = 300>

</APPLET>

上述标记指出,小应用程序使用的文件均包含在 resource.jar 文件中,Applet 程序运行时,浏览器将在该 JAR 文件中查找所需文件。

【注意】 虽然 JAR 文件中可以包含字节码文件,但还是不能省略 CODE 属性,浏览器必须通过该标记知道要运行的小应用程序名。

2. 在<OBJECT>标记中指定 JAR 文件

在<OBJECT>标记中,通过<param>标记将 applet 程序的存档文件通过一个名称为"archive"的参数传递给对象。例如:

<OBJECT code = "myclass.class" width = 300 height = 300>

    <param name = "archive" value = "resource.jar">

</OBJECT>

6.7　本章小结

Applet 称为 Java 小应用程序,是一种嵌入在浏览器的 HTML 页面中运行的 Java 程序,编写 Applet 代码要继承 Applet 类。由于 Applet 代码是由 Web 服务器下载到客户机的浏览器页面中执行,因此,其功能受到安全限制,很多功能不允许,例如,不允许文件访问,网络通信也只能和 Web 服务器连接。浏览器在执行 Applet 时,首先要创建一个 Applet 对象,然后自动执行 Applet 的 init()、start()、paint()方法,其中,paint()方法将需要传递 Applet的 Graphics 属性作为参数,通过该方法在 Applet 中绘制图形。Graphics 提供了丰富的方法实现各种图形的绘制,并可设置画笔颜色、字体属性等。Graphics2D 在其父类功能的基础上做了新的扩展,为二维图形的几何形状控制、坐标变换、填充方式等提供了丰富的功能。

借助 Applet 参数可以增进代码的通用性。Applet 还提供了图形文件的绘制和声音播放等多媒体功能。使用双缓冲技术可以提高图像的显示效果。

习　题

6-1　Applet 类有哪些方法,它们分别在什么情况下执行?

6-2　Applet 的 paint()方法需要的 Graphics 参数有什么用途,具体执行 paint 方法时的实参来自哪里?

6-3　将 Applet 的背景设置为白色,画一个和 Applet 一样大的蓝色矩形。

6-4　利用随机函数产生 10 个 1 位数给数组赋值,根据数组中元素值绘制一个条形图。

6-5　将例 6-5 的图形绘制程序进行改写,曲线所经历的点用长宽均为 1 的矩形表示。

6-6　国际象棋的棋盘是黑白相间,利用 Applet 绘制一个国际象棋棋盘。

6-7　编写一个 Applet 程序,以较大字号显示字符串"Change Color",每个字符的颜色随机产生。

6-8　利用双缓存技术绘制一个动物在 Applet 面板上自左向右移动,然后进一步改进,利用随机函数让其自由地在各个方向移动。

6-9　从 Applet 参数传递一个字符串,统计该串中每个出现过的英文字母出现的次数,并在 Applet 画面中绘制出结果(假设不区分大小写)。

6-10　在 Applet 画面中绘制杨辉三角形,要绘制的行数由 Applet 参数决定。例如,以下为 3 行情形的杨辉三角形。

$$
\begin{array}{ccccc}
 & & 1 & & \\
 & 1 & & 1 & \\
1 & & 3 & & 3 & & 1 \\
\end{array}
$$

第7章 图形用户界面编程

7.1 图形用户界面核心概念

用户界面设计质量的好坏直接影响软件的使用。目前大部分应用均设计为图形用户界面(GUI,Graphics User Interface)的形式,Java API 提供了大量支持图形用户界面的类,这些类定义在 java. awt 和 javax. swing 以及它们的子包中。本章主要介绍抽象窗口工具集(AWT,Abstract Windows Toolkit)包的使用,swing 包是 Java 2 以后版本新增的,在浏览器中使用 swing 需要安装插件。为什么说 AWT 这个工具集是抽象的,原因在于 Java 是设计为跨平台的,Java 代码可以通过网络下载到不同平台运行,而不同平台的图形界面外观设计有其差异性。也就是说,Java 的图形部件的具体面貌实现取决于具体平台的 Java 运行系统,所以称 AWT 是一个抽象的工具集。

设计和实现图形用户界面的工作主要有两个:一是应用的外观设计,即创建组成图形界面的各部件,指定它们的属性和位置关系,根据需要排列它们,从而构成完整的图形用户界面的物理外观;二是与用户的交互处理,包括定义图形用户界面的事件(Event)以及各部件对不同事件的响应处理。

7.1.1 一个简单的 GUI 示例

例 7-1 将二进制数据转换为十进制。

该应用在外观上是一个窗体,在窗体中包括 3 个 GUI 部件,一个是文本框,用来输入二进制数据;一个转换按钮;还有一个标签显示转换结果。

程序的设计目标是当用户单击"转换"按钮时将文本框中输入的二进制数据转换为十进制数据显示在结果标签处。图 7-1 为程序运行结果,以下为具体程序。

```
import java.awt. * ;
import java.awt. event. * ;
public class convertToDec extends Frame implements ActionListener{
    Label dec;                //显示结果的标签
    TextField input;          //输入文本框
    public convertToDec(){
        super("binary to decimal");  //调用父类的构造方法定义窗体的标题
        dec = new Label("…结果…");
        input = new TextField(15);
        Button convert = new Button("转换");
```

```
setLayout(new FlowLayout()); //指定按流式布局排列部件
add(input);
add(convert);
add(dec);
convert.addActionListener(this);
}
public void actionPerformed(ActionEvent e) {
    String s = input.getText(); //获取文本框的输入串
    int x = Integer.parseInt(s,2); //按二进制分析数字串,转化为十进制整数
    dec.setText("result = " + x); //将分析后的十进制结果显示在标签处
}
public static void main(String args[]) {
    Frame x = new convertToDec();
    x.setSize(400,100); //设置窗体的大小
    x.setVisible(true); //让窗体可见
}
}
```

图 7-1   二进制数据转换为十进制数据

【说明】 从此例可以看出图形用户界面编程的大致构成,首先是外观设计,本例的外观由 1 个窗体容器和 3 个 GUI 部件构成,这里的核心内容包括:如何创建窗体,如何通过容器的 add 方法将部件加入到容器中,以及如何通过布局管理来确定部件在容器内的排列方式。其次,为了实现与用户的交互,必须进行事件处理设计,本例中对按钮点击事件感兴趣,所以通过 addActionListener 方法为按钮注册一个事件监听处理者,事件监听者的职责是在事件发生时进行相关的处理,具体就是执行 actionPerformed 方法。换句话说,发生事件时需要做的事情安排在该方法中。本例用文本框的 getText 方法获取输入数据,然后,通过 Integer.parseInt(s,2) 分析识别二进制数据,转为十进制。最后通过标签对象的 setText 方法将结果显示在该标签位置。

7.1.2   创建窗体

在图形用户界面中经常用到窗体(Frame),在 Java Application 程序中窗体是图形界面设计所必需的容器;在 Java Applet 程序中也可以创建窗体,但它将弹出成为一个独立的容器。窗体不能包含在其他容器中。

Frame 的创建大致有两种方式,一种是通过继承 Frame 来创建窗体类,另一种是直接由 Frame 类创建。直接创建时可通过构造方法 Frame(String title)为其指定窗体标题。而

继承方式要指定标题则在新类的构造方法的首行用 super(String title)来指定标题。新创建的 Frame 是不可见的,可以用 setVisible(true)方法或 show()方法让窗体可见。另外,要为窗体设置大小,例如,setSize(300,200)将窗体的大小设置为宽 300 像素,高 200 像素。也可以用 pack()方法让布局管理器根据组件的大小来调整确定窗体的尺寸。

例 7-1 中采用继承 Frame 类的方式定义一个特殊的窗体类(convertToDec),然后通过创建该类的对象创建窗体。以下代码是通过直接创建 Frame 类的对象来创建窗体,效果一样,但要注意创建的类改为继承面板,GUI 部件安排在面板上,在 main 方法中创建了该面板对象并加入到 Frame 容器中。与例 7-1 比较,程序的改动很小,在构造方法中不能再有 super 调用,因为面板不存在标题,其余改动具体如下:

```java
import java.awt. * ;
import java.awt.event. * ;
public class convertToDec extends Panel implements ActionListener{
    …
    public static void main(String args[]) {
        Frame x = new Frame("binary to decimal");
        x.add(new convertToDec());
        x.setSize(400,100);
        x.setVisible(true);
    }
}
```

【注意】 面板(Panel)是一种常用的 GUI 容器,在面板上可以布置各种 GUI 部件,包括将一块面板放在另一块面板中,以实现某些复杂的嵌套布局。Applet 类是继承 Panel 类,所以在 Applet 中也可以安排部署 GUI 部件。

7.1.3 创建 GUI 部件

例 7-1 中,用到了面板、文本框、标签、按钮等 GUI 部件,这些部件可以通过 new 运算符调用相应的构造方法创建,然后,通过 add 方法加入到容器中。

请注意程序中变量的定义与创建对象给变量赋值的实际含义,TextFiled input 语句是定义一个代表文本域类型的变量 input,该变量在未赋值前不能代表一个具体的文本域,具体对象的创建是通过 input=new TextField(20)来实现的,表示可用 input 来引用新创建的文本域对象。如果缺少后者,则在执行 add(input)时将产生空指针异常,初学者务必记住。

add 方法是将 GUI 部件对象加入到容器中,也只有通过 add 方法加入到容器中,它才能在容器中有其存在的位置,这是用户能看见 GUI 部件的前提。而 GUI 部件在容器中是如何排列则要看以后将讨论的布局问题。

7.1.4 事件处理

例 7-1 中,当用户点击 convert 按钮时,程序将根据文本框输入的二进制数字符串求出相应的十进制数字符串,并在显示结果的标签中显示出来。显然,用户点击按钮的动作将触发事件,这个事件叫 ActionEvent 事件。而事件的处理就是要完成以上二进制到十进制的转换任务。从总体上看,事件处理包括如下 3 个对象。

① 事件源：发生事件的 GUI 部件；

② 事件：用户对事件源进行操作触发事件；

③ 事件监听者：负责对事件的处理。

1. 事件处理流程

图 7-2 所示给出了动作事件处理的各方关系，下面结合例 7-1 代码介绍。

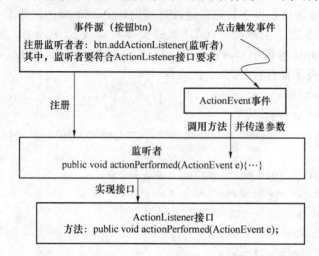

图 7-2　Java 的事件处理机制

```
public class convertToDec extends Panel implements ActionListener{
    ...
    public convertToDec(){
        ...
        convert.addActionListener(this);
    }
    public void actionPerformed(ActionEvent e)  {
        ...
    }
}
```

（1）给事件源对象注册监听者

事件监听者是在事件发生时要对事件进行处理的对象。AWT 定义了各种类型的事件，每一种事件有相应的事件监听者接口，在接口中描述了处理相应事件应实现的基本行为。若事件类名为 XxxEvent，则事件监听接口的命名为 XxxListener，给部件注册监听者的方法为 addXxxListener(XxxListener a)。例如，按钮动作事件 ActionEvent 的监听者接口为 ActionListener，给按钮注册监听者的方法为 addActionListener(ActionListener a)。

【注意】　给按钮注册监听者的方法 addActionListener 中的参数代表具体的监听者，它必须是实现 ActionListener 接口的对象。

格式：button.addActionListener(obj);

上述程序中，将 this 作为监听者是否可以呢？很显然，this 是代表 convertToDec 类的当前对象，由于该类在方法头中已定义实现了 ActionListener 接口，使用 this 作为监听者当然可以。原则上，只要一个对象实现了 ActionListener 接口，就可以作为按钮的动作事件的监听者。但要注意选择监听者时要考虑其事件处理方法中能方便地访问与事件处理相关的对象。由于以上文本框和标签均定义为 convertToDec 类的成员变量，如果事件处理方法为类的成员，方法就可方便地访问这些成员变量。由于内嵌类可方便访问外部类的成员变量，因此也常用内嵌类或匿名内嵌类的对象作为监听者。

以下代码将例 7-1 中的事件监听者改用内嵌类对象实现。

```
public class convertToDec extends Frame {
    … //实例变量定义
    public convertToDec(){
        … //控件创建与布局处理
        convert.addActionListener(new Process()); //用内嵌类 Process 的对象作
                                                //为监听者
    }
    class Process implements ActionListener { //实现 ActionListener 接口的内嵌类
        public void actionPerformed(ActionEvent e) {
            … //方法体同例 7-1
        }
    }
    …//main 方法
}
```

思考

将程序改用匿名内嵌类的对象作为监听者，则程序应作哪些改动？

如果采用与 convertToDec 并列的一个类的对象作为监听者，则在那个类中要访问 convertToDec 的成员就不容易，设想如何传递 convertToDec 的对象引用给那个类的成员，然后如何通过该引用变量来访问 convertToDec 的对象。

（2）给监听者编写事件处理代码

事件监听者的职责是实现事件的处理，这个处理代码在哪个方法中编写？实际上，上面对监听者的约束也导致以下对事件处理代码的约束，监听者实现 ActionListener 接口必须实现接口中定义的所有方法，在 ActionListener 接口中只定义了一个方法，那就是用来完成事件处理的 actionPerformed()方法。方法头有一个 ActionEvent 类型的参数，在方法体中通过该参数可以得到事件源对象。在方法体中编写具体的事件处理代码。

（3）发生事件时调用监听者的方法进行相关处理

Java 的事件处理机制称为委托事件处理，事件源发生事件时由监听者处理。监听者中定义事件处理方法，事件源不需要实现任何接口，但其内部有个列表记录该事件源注册了哪些监听者，从而保证发生事件时能去调用监听者的方法。

以按钮事件源为例，在发生事件时，事件源将给其注册的所有监听者发送消息，实际上就是调用监听者对象的 actionPerformed()方法,从而完成事件的处理。

不难看出,接口在 Java 的事件处理中起了关键的约束作用,它决定了事件的监听者在事件发生的时候必定有相应的处理方法可供调用。一个没有实现监听接口的对象无资格作为监听者,而一但某个类在类头宣称实现某监听接口,在类体中必须实现接口定义的方法。

Java 中引入的这种委托事件处理机制在很大程度上提高了事件处理的效率。图形用户接口的每个可能产生事件的组件称为事件源,不同事件源上发生的事件种类不同,程序中只需关注感兴趣的事件,希望某事件源上发生的事件被程序处理,就要把事件源注册给能够处理该类型事件的监听者,在监听者的相应方法中编写事件处理代码。

2. 事件监听者接口及其方法

Java 的所有事件类都定义在 java.awt.event 包中,该包中还定义了 11 个监听者接口,每个接口内部包含了若干处理相关事件的抽象方法,见表 7-1 所示。

表 7-1　AWT 事件接口及处理方法

描述信息	接口名称	方法(事件)
点击按钮或点击菜单项、文本框按回车等动作	ActionListener	actionPerformed(ActionEvent)
选择了可选项的项目	ItemListener	itemStateChanged(ItemEvent)
文本部件内容改变	TextListener	textValueChanged(TextEvent)
移动了滚动条等组件	AdjustmentListener	adjustmentVlaueChanged(AdjustmentEvent)
鼠标移动	MouseMotionListener	mouseDragged(MouseEvent) mouseMoved(MouseEvent)
鼠标点击等	MouseListener	mousePressed(MouseEvent) mouseReleased(MouseEvent) mouseEntered(MouseEvent) mouseExited(MouseEvent) mouseClicked(MouseEvent)
键盘输入	KeyListener	keyPressed(KeyEvent) keyReleased(KeyEvent) keyTyped(KeyEvent)
组件收到或失去焦点	FocusListener	focusGained(FocusEvent) focusLost(FocusEvent)
组件移动、缩放、显示/隐藏等	ComponentListener	componentMoved(ComponentEvent) componentHidden(ComponentEvent) componentResized(ComponentEvent) componentShown(ComponentEvent)
窗口事件	WindowListener	windowClosing(WindowEvent) windowOpened(WindowEvent) windowIconified(WindowEvent) windowDeiconified (WindowEvent) windowClosed(WindowEvent) windowActivated(WindowEvent) windowDeactivated(WindowEvent)
容器增加/删除组件	ContainerListener	componentAdded(ContainerEvent) componentRemoved(ContainerEvent)

7.1.5 在事件处理代码中区分事件源

一个事件源对象可以注册多个监听者,一个监听者也可以监视多个事件源。那么,在事件处理程序中如何区分事件源呢? 不同类型的事件提供了不同的方法来区分事件源对象。例如,ActionEvent 类中提供了如下两个方法。

- getSource()方法:用来获取事件对象名。
- getActionCommand()方法:用来获取事件对象的命令名,例如,按钮对象的命令名默认为按钮的标签名称,可以通过 set ActionCommand(String)方法设置命令名。

例 7-2 以下程序有两个按钮,点击按钮 b1 画圆,点击按钮 b2 画矩形。

为了演示多面板的应用,本例中采用了两块面板,一个是控制面板,上面安排两个按钮;另一个是用来绘制图形的面板,这两块面板采用了边界布局进行安排,绘图面板安排在中央,控制面板安排在下方。由于在控制面板中要访问图形面板进行绘图,所以在创建控制面板时,将图形面板作为参数传递给控制面板,这是 Java 对象间实现关联访问的常用办法。

```
import java.awt. * ;
import java.awt.event. * ;
public class TwoButton extends Panel implements ActionListener {
    Button b1,b2;
    Panel draw;
    public TwoButton(Panel draw) { //在控制面板要引用绘图面板
        this.draw = draw;
        b1 = new Button("circle");
        b2 = new Button("rectangle");
        add(b1); add(b2);
        b1.addActionListener(this);
        b2.addActionListener(this);
    }

    /* 根据用户点击按钮绘制图形 */
    public void actionPerformed(ActionEvent e) {
        Graphics g = draw.getGraphics(); //得到绘图面板的画笔对象
        g.setColor(draw.getBackground());
        g.fillRect(0, 0, draw.getSize().width, draw.getSize().height);
        g.setColor(Color.blue);
        String label = e.getActionCommand(); //取得事件按钮的标签
        if (label.equals("circle"))
            g.drawOval(20,20,50,50);
        else
            g.drawRect(20,20,40,60);
    }
```

```
public static void main(String args[]) {
    Frame f = new Frame("two Button event Test");

Panel draw = new Panel(); //创建绘图面板
    TwoButton two = new TwoButton(draw); //创建控制面板
    f.setLayout(new BorderLayout()); //采用边界布局
    f.add("North", two); //控制面板放在下方
    f.add("Center", draw); //绘图面板安排在中央
    f.setSize(300, 300);
    f.setVisible(true);
    }
}
```

程序运行演示如图 7-3、图 7-4 所示。

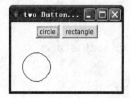

图 7-3　点击 circle 按钮绘制圆

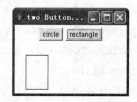

图 7-4　点击 rectangle 按钮绘制矩形

【说明】　本例中使用了 getActionCommand()方法获取事件源对象的命令名,通过字符串比较来识别事件源,如果是采用 getSource()方法获取事件源对象,则进行比较的是对象,具体代码为:if (e.getSource()==b1) {…}。

【注意】　本例的绘制方式有些特殊,以往介绍的内容一般是用 paint()方法实现绘图,也许读者有时会觉得不够方便,本例介绍的方法可在任何方法中直接绘图,首先用 get-Graphics()得到绘图面板的 Graphics 对象,再用该对象调用 Graphics 类的方法可实现各类图形元素的绘制。这样绘图有一个要注意的问题是在程序中绘制图形时要设法"清空"整个面板,本例的办法是将整个面板采用背景色填充矩形。

 思考

假如将程序改用 paint()方法实现图形绘制,程序应作哪些改动?

7.1.6　关于事件适配器类

从表 7-1 可以看出,不少事件的监听者接口中定义了多个方法,而程序员往往只关心其中的一两个方法,为了符合接口的实现要求,却必须将其他方法写出来并为其提供空的方法体。为此,Java 中为那些具有多个方法的监听者接口提供了事件适配器类,这个类通常命名为 XxxAdapter,在该类中以空方法体实现了相应接口的所有方法,程序员设计可通过继

承适配器类来编写监听者类,在类中只需给出关心的方法,从而减轻工作量。例如,窗体的监听者接口中有 7 个方法,每个方法对应有 WindowEvent 类中的一个具体事件,它们是WINDOW_ACTIVATED、WINDOW_DEACTIVATED、WINDOW_OPENED、WINDOW_CLOSED、WINDOW_CLOSING、WINDOW_ICONIFIED、WINDOW_DEICONIFIED。类似于动作事件中的 getSource()方法,在 WindowEvent 类中也有如下方法用于获取引发WindowEvent 事件的具体窗口对象:

```
public Window getWindow();
```

以下结合窗体关闭为例介绍窗体事件适配器类的使用。

例 7-3 处理窗体的关闭。

关闭窗体通常可考虑如下几种操作方式:

(1) 在窗体中安排一个"关闭"按钮,点击按钮关闭窗体;

(2) 响应 WINDOWS_CLOSING 事件,点击窗体的"关闭"图标将引发该事件;

(3) 使用菜单命令实现关闭,响应菜单的动作事件。

无论哪种方法均要调用窗体对象的 dispose()方法来实现窗体的关闭。

```java
import java.awt. * ;
import java.awt.event. * ;
import java.applet. * ;
public class TestFrame extends Applet {
    public void init(){
        new MyFrame();
    }
}

class MyFrame extends Frame implements ActionListener {
    Button btn;
    MyFrame() {
    super("MY WINDOWS");
    btn = new Button("关闭");
    setLayout(new FlowLayout());
    add(btn);
    btn.addActionListener(this);
    addWindowListener(new closeWin());
    setSize(300,200);
    setVisible(true);
    }
    public void actionPerformed(ActionEvent e){
        if (e.getActionCommand() == "关闭") {
            dispose();
        }
```

```
    }
  }
class closeWin extends WindowAdapter {
  public void windowClosing(WindowEvent e) {
      Window w = e.getWindow();
      w.dispose();
    }
  }
```

【说明】 该程序在浏览器 Applet 的执行过程中弹出一个窗体,程序中演示了几种关闭窗体的办法,一种是在窗体中加入一个"关闭"按钮,点击该按钮触发 ActionEvent 事件实现窗体的关闭。另一种是对窗体事件进行监听,在监听者的 windowClosing 方法中实现窗体的关闭处理。显然,无论采用哪种方法,均是通过执行窗体对象的 dispose 方法实现的。本程序对监听者的编程用到了两种方式,处理"关闭"按钮事件的监听者是通过实现接口的方式,而在处理窗体的"关闭"事件的监听者则采用继承 WindowAdapter 的方式。这两种方式本质上是一致的,请读者思考为什么? 另外读者也可尝试采用匿名内嵌类改写程序。在 closeWin 类的 windowClosing 方法中通过 WindowEvent 对象的 getWindow()得到要处理的窗体对象,也可以采用 getSource()方法得到事件源对象,但必须用如下形式的强制转换将其转换为 Frame 或 Window 对象:

```
Frame frm = (Frame)(e.getSource());
```

7.2 容器与布局管理

由于 Java 图形界面要考虑平台的适应性,因此,容器内元素的排列通常不采用直接通过坐标点确定部件位置的方式,而是采用特定的布局方式来安排部件。布局设计是通过为容器设置布局管理器来实现的,java.awt 包中共定义了 5 种布局管理器,与之对应有 5 种布局策略:流式布局(FlowLayout)、边缘或方位布局(BorderLayout)、网格布局(GridLayout)、卡片式布局(CardLayout)、网格块布局(GridBagLayout)。通过 setLayout()方法可设置容器的布局方式。具体格式如下:

```
public void setLayout(LayoutManager mgr)
```

如不进行设定,则各种容器采用默认的布局管理器,窗体容器默认采用 BorderLayout,而面板容器默认采用 FlowLayout。

7.2.1 FlowLayout

该布局方式将组件按照加入的先后顺序从左到右排放,放不下再换至下一行,同时按照参数要求安排部件间的纵横间隔和对齐方式。其构造方法如下。

- public FlowLayout():居中对齐方式,组件纵横间隔 5 个像素。
- public FlowLayout(int align, int hgap, int vgap):3 个参数分别指定对齐方式及纵、横间距。
- public FlowLayout(int align):参数规定每行组件的对齐方式,组件纵、横间距默认

5 个像素。其中，FlowLayout 提供了如下代表对齐方式的常量，FlowLayout. LEFT（居左）、FlowLayout. CENTER(居中)、FlowLayout. RIGHT(居右)。

在创建了布局方式后可通过方法 add(组件名)将组件加入到容器中。

例 7-4　大小不断递增的 9 个按钮放入容器中。

程序代码如下：

```
import java.applet. * ;
import java.awt. * ;
public class FlowLayoutExample extends Applet {
    public void init() {
        this.setLayout(new FlowLayout(FlowLayout.LEFT, 10, 10));
        String spaces = ""; // 用来使按钮的大小变化
        for(int i = 1; i < = 9; i++) {
            this.add(new Button("B #" + i + spaces));
            spaces += " ";
        }
    }
}
```

该程序是一个 Applet 程序，为了在应用程序中测试其布局结果，不妨将其改为既可保持 Applet 的使用方式，又能以应用程序方式运行。增加一个 main 方法，创建一个窗体，将整个 Applet 面板加入到窗体中，后续例子也可如法炮制，具体代码如下：

```
public static void main(String args[]) {
        Frame x = new Frame("FlowLayout");
        FlowLayoutExample y = new FlowLayoutExample();
        x.add(y);
        y.init();
        x.setSize(200,100);
        x.setVisible(true);
}
```

运行该程序可得到如图 7-5 所示结果。

初始运行由于窗体空间太小，所以，窗体中还有些部件没显示出来。用鼠标将窗体拉大一些，可以发现控件的大小不会改变，但窗体内部件的位置关系会发生变动，如图 7-6 所示。

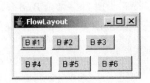

图 7-5　演示 FlowLayout 布局

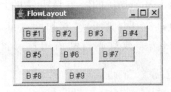

图 7-6　改变窗体大小组件重新排列

【注意】　使用 FlowLayout 布局的一个重要特点是布局管理器不会改变控件的大小。

7.2.2 BorderLayout

该布局方式将容器内部空间分为东（East）、南（South）、西（West）、北（North）、中（Center）5个区域，如图7-7所示。5个区域的尺寸充满容器的整个空间，运行时，每个区域的实际尺寸由区域的内容确定。构造方法如下。

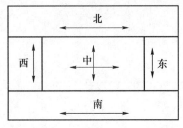

图7-7 边缘布局管理策略

- public BorderLayout()：各组件之间的纵横间距为0；
- public BorderLayout(int hgap, int vgap)：2个参数分别指定纵、横间距。

加入组件用命令：add(方位名字符串，组件)，其中，方位名字符串指明组件安排在哪个区域，如果某个区域没有分配组件，则其他组件将按图中区域扩展的方向占据该区域。可以看出，北、南方向部件只能水平扩展，东、西方向部件只能垂直扩展，而中央部件则可向水平、垂直两方向扩展。当容器在水平方向上变宽或变窄时，东和西两处的部件不会变化。当容器在垂直方向伸展变化时，南和北两处的部件不会变化。

当容器中仅有一个部件时，如果部件加入在北方，则它仅占用北区，其他地方为空白，但如果是加入到中央，则该部件将占满整个容器。

例7-5 将标识为North、East、South、West、Center的按钮加入到同名的方位。

程序代码如下：

```java
import java.applet. * ;
import java.awt. * ;
public class BorderLayoutExample extends Applet {
    String[] borders = {"North", "East", "South", "West", "Center"};
    public void init() {
        this.setLayout(new BorderLayout(10, 10));
        for(int i = 0; i < 5; i++) {
            this.add(borders[i], new Button(borders[i]));
        }
    }
}
```

图7-8所示为程序运行结果。

BorderLayout的特点是组件的尺寸被布局管理器强行控制，即与其所在区域的尺寸相同。如果某个区域无部件，则其他区域将按缩放规则自动占用其位置。

图7-8 演示 BorderLayout 布局

7.2.3 GridLayout

该布局方式将把容器的空间分为若干行乘若干列的网格区域，组件按从左到右、从上到下的次序被加到各单元格中，组件的大小将调整为与单元格大小相同。其构造方法如下。

- public GridLayout()：所有组件在一行中；
- public GridLayout(int rows, int cols)：通过参数指定布局的行和列数；

- public GridLayout(int rows,int cols,int hgaps,int vgaps)：通过参数指定划分的行列数以及组件间的水平和垂直间距。

设定布局后,可通过方法 add(组件名)将组件加入到容器中。

例7-6 测试网格布局。

程序代码如下：

```
import java.applet. * ;
import java.awt. * ;
public class GridLayoutExample extends Applet {
  public void init() {
    this.setLayout(new GridLayout(3, 3, 10, 10));
    for(int i = 1; i <= 9; i++)
      this.add(new Button("Button #" + i));
  }
}
```

程序运行结果如图 7-9 所示。

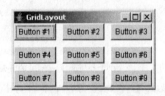

图 7-9　3行3列的划分,行列间距均为10

【说明】　该布局的特点是组件整齐排列,行列位置关系固定。如果调整容器的大小,组件的大小也将发生变化。

7.2.4　CardLayout

该布局方式将组件叠成卡片的形式,每个组件占用一块卡片,最初是第一个加入的组件可见,以后通过卡片的翻动选择要显示的组件。构造方法如下。

- public CardLayout()：显示组件将占满整个容器,不留边界;
- public CardLayout(int hgap,int vgap)：容器边界分别留出水平和垂直间隔,组件占中央。

加入容器用 add(字符串,组件名),其中,字符串用来标识卡片名称,要显示指定名称的卡片可通过调用卡片布局对象的 show(容器,字符串)来选择。也可以根据组件加入容器的顺序,按如下方法来翻动卡片。

- first(容器)：显示第一块卡片;
- last(容器)：显示最后一块卡片;
- next(容器)：显示下一块卡片。

例7-7 简单的卡片布局例子。

程序代码如下：

```
import java.awt. * ;
import java.awt.event. * ;
```

```
import java.applet. * ;
public class CardLayoutExample extends Applet {
  public void init() {
    final CardLayout cardlayout = new CardLayout(10,10);
    this.setLayout(cardlayout);
    ActionListener listener = new ActionListener() { //创建监听者对象
        public void actionPerformed(ActionEvent e) {
              cardlayout.next(CardLayoutExample.this);
          }
    };
    for(int i = 1; i <= 9; i++) {
        Button b = new Button("Button #" + i);
        b.addActionListener(listener); //给按钮注册监听者
        this.add("Button" + i, b);
    }
  }
}
```

【说明】 为了演示卡片翻动,在该程序中除了界面外,还考虑了事件处理。而且这里的事件处理是先定义监听者对象及其事件处理方法,然后,用循环定义了 9 个按钮,每个按钮均将上面定义的监听对象作为事件处理的监听者。这样,点击每个按钮均会调用监听者的事件处理方法实现卡片翻动。监听者的具体实现采用了匿名内嵌类,在事件处理代码中借助卡片布局对象的 next 方法显示下一块卡片,请读者结合此例回忆一下在内嵌类中如何得到外部类的 this 对象。

例 7-8 利用随机函数产生 20~50 根火柴,由人与计算机轮流拿,每次拿的数量不超过 3 根,拿到最后一根为胜。

这个程序可以设想由多个画面组成:第一个画面中包括显示剩余火柴数量,一个输入框供输入想拿火柴数量,一个提示标签显示计算机拿的数量或人拿的数量非法;第二个画面显示谁是胜者,并安排一个"重新开始"按钮。

为了实现多个画面的切换,可以选用卡片布局,在每个画面中需要部署多个部件,可通过面板容器来装载,面板作为一种常用的容器,在嵌套布局中大量采用。可以将两块卡片分别用面板来表示。第一个画面包含 3 行显示内容,可以采用 GridLayout,但是输入框的高度最好随容器变化,所以宜采用 FlowLayout,布局设想如图 7-10 所示;第 2 块卡片则在本轮游戏结束显示谁是胜者,并提供了"重新开始"按钮,如图 7-11 所示。

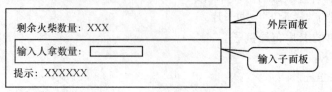

图 7-10　第 1 块卡片的布局设计

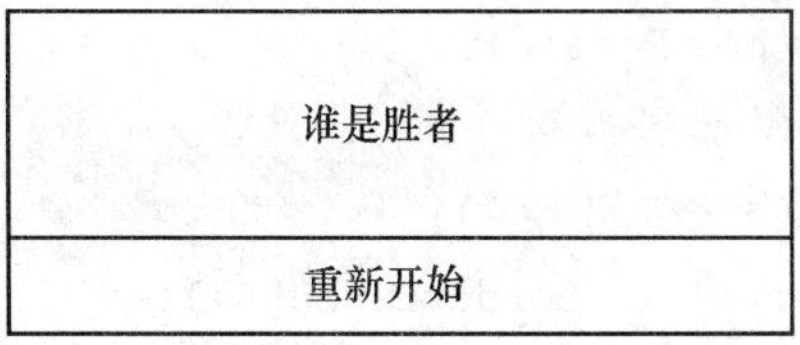

```
┌─────────────────────────────────────┐
│                                     │
│              谁是胜者                │
│                                     │
├─────────────────────────────────────┤
│              重新开始                │
└─────────────────────────────────────┘
```

图 7-11　第 2 块卡片采用 BorderLayout 布局

接下来的一个问题是算法,人拿火柴由人决定,只是要检查是否在 1～3 根之内。而计算机拿火柴则要考虑先选择能赢的拿法,如果处于不利情形,则采取随机拿法。也许读者会注意到当剩余火柴为 4 的倍数时,谁拿就谁不利。因此,计算机的拿法就是先考虑拿完后使剩余火柴为 4 的倍数。那么拿的数量只要将火柴数除 4 取余即可,结果为 0 则随机拿。

在以下程序中将人拿和计算机拿的验证处理分别用方法来实现,最后结束处理也安排在一个方法中,这样代码更清晰,也有利于代码复用。

```java
import java.applet. * ;
import java.awt. * ;
import java.awt.event. * ;
public class match extends Applet implements ActionListener {
    Label remainMatch, whoWin,hint;
    Button again; //游戏结束,重新开始
    TextField yourTake;
    int whoTurn = 1; //轮谁拿,1—人,2—计算机
    int amount; //存放剩余火柴数量
    public void init(){
        remainMatch = new Label();
        amount = 20 + (int)(Math.random() * 30);
        remainMatch.setText("总火柴数量:" + amount);
        setLayout(new CardLayout()); // 总体采用卡片布局
        Panel firstcard = new Panel();
        firstcard.setLayout(new GridLayout(3,1)); //第一块卡采用 GridLayout
        firstcard.add(remainMatch); //第 1 行放标签显示剩余火柴数量
        Panel input = new Panel(); //火柴输入面板
        input.setLayout(new FlowLayout());
        input.add(new Label("人拿火柴数量:"));
        yourTake = new TextField(20);
        input.add(yourTake);
        firstcard.add(input); //第一块卡的第 2 行放火柴输入面板
        hint = new Label("");
        firstcard.add(hint); //第一块卡的第 3 行显示提示信息
        add("c1",firstcard);
```

```
        Panel secondcard = new Panel();
        whoWin = new Label("谁是胜者");
        again = new Button("重新开始");
        secondcard.setLayout(new BorderLayout());
        secondcard.add("Center",whoWin);
        secondcard.add("South",again);
        add("c2", secondcard);
        yourTake.addActionListener(this);
        again.addActionListener(this);
    }


    /* 事件源有两个,一是用户输入火柴数量,在文本框按回车;
                     另一个是按了重新开始按钮 */
    public void actionPerformed(ActionEvent e){
        if (e.getSource() == again) { //重新开始
            amount = 20 + (int)(Math.random() * 30);
            remainMatch.setText("总火柴数量:" + amount);
            hint.setText("");
            yourTake.setText("");
            CardLayout lay = (CardLayout)this.getLayout();
            lay.show(this,"c1"); //切换到第1块卡片
        } else if (e.getSource() == yourTake) {
            manTake(); //人拿火柴的处理
        }
    }


    /* 处理人拿火柴的情形 */
    private void manTake() {
        int y = Integer.parseInt(yourTake.getText());
        if (y>3||y<1) {
            hint.setText("注意:你限拿1到3根");
            yourTake.setText("");
        } else {
            amount = amount - y;
            remainMatch.setText("剩余火柴数量:" + amount);
            if (amount == 0)
                displayresult();
            else
```

```
    {  whoTurn = 2; //轮到计算机
        computerTake();
    }
  }
}


/* 轮到计算机拿时调用 */
private void computerTake() {
  int x;
  if (amount % 4 == 0) {
      x = (int)(1 + Math.random() * 3); //随机拿 1～3 根
  } else {
      x = amount % 4; //拿 4 的余数
  }
  hint.setText("计算机拿" + x);
  amount = amount - x;
  if (amount == 0) {
      displayresult();
  } else {
      whoTurn = 1; //接下来轮到人拿
      remainMatch.setText("剩余火柴数量：" + amount);
      yourTake.setText("");
  }
}

/* 在本轮游戏结束时调用 */
private void displayresult() {
    CardLayout lay = (CardLayout)this.getLayout();
    lay.show(this,"c2"); //显示第 2 个画面
    if (whoTurn == 1)
      whoWin.setText("you win !");
    else
      whoWin.setText("Computer win !");
  }
}
```

【说明】 为了使应用清晰化,本例将人拿火柴的处理、计算机拿火柴的处理以及显示胜利者的处理均编写成方法调用形式。注意:人拿火柴与计算机拿火柴的处理差异,人输入火柴是通过事件触发来处理,而计算机拿火柴是后台计算。每次人拿后,马上轮到计算机拿,所以,每次人拿完后的剩余火柴不用显示,而直接显示计算机拿后的剩余火柴数。

7.2.5　GridBagLayout

该布局方式是使用最为复杂、功能最强大的一种,它是在 GridLayout 的基础上发展而来,该布局也是将整个容器分成若干行、列组成的单元,但各行可以有不同的高度,每栏也可以有不同的宽度,一个部件可以占用一个,也可以占用多个单元格。

可以看出,GridBagLayout 在布置部件时需要许多信息来描述一个部件要放的位置、大小、伸缩性等,为此,在该布局中的部件加入时,要指定一个 GridBagConstraints 对象,其中封装了与位置、大小等有关的约束数据。具体命令格式为:add(组件,约束对象)。

约束对象(GridBagConstraints)常用的几个属性如下。

- 规定位置属性:一般通过 gridx、gridy 规定部件占用单元格的位置,最左上角为(0,0)。也可以用方向位置参数控制部件的位置,类似于 BorderLayout,这里的方向位置参数包括,CENTER、EAST、NORTH、NORTHEAST、SOUTH、SOUTHWEST、WEST。
- gridheight,gridwidth:部件占用单元格的个数;在规定部件的位置和高、宽时,也可以用两个常量,如果 gridwidth 值为 RELATIVE,表示该部件相对前一个部件占下一个位置,如果 gridwidth 值为 REMAINDER,则表示部件本栏占用所有剩余的单元格,这里的剩余是指该行所有部件部署完后多余的单元格数量。还要注意,如果是在一行的最后一个单元格的 gridwidth 使用了 REMAINDER,则下一行要将 gridwidth 值改为 1,否则,下一行的第一个部件将占满整行。
- rowHeights,columnWidth:指定行高、栏宽;默认情况下行和宽的大小分别由最高和最宽的部件决定。
- weightx,weighty:控制单元格的行和宽的伸展,在一行和一列中最多只能有一个部件指定伸展参数,伸展可保证窗体大小变化时部件的大小也作相应的调整。

图 7-12　GridBagLayout 布局

- 填充(fill)属性规定部件填充网格的方式:常量有,BOTH、HORIZONTAL、VERTICAL、NONE,其中 BOTH 代表水平和垂直两个方向伸展,也就是占满整个单元格;而 NONE 代表部件不伸展,保持原来大小。

例 7-9　简单电子邮件发送界面(见图 7-12)的实现。

根据图 7-12 的界面,可以构思部件的布局设计:标签的大小保持不变(占 1 栏单元格);文本框(初始占 2 栏单元格)在横的方向根据窗体的大小伸展变化;输入邮件内容的文本域(占 3 栏单元格)在横、竖两个方向伸展变化,填满整个容器。程序代码如下:

```
import java.awt. * ;
public class test extends Frame {
    public static void main(String a[])  {
        new test();
    }
```

```
public test() {
    Label receiveLabel = new Label("收件人：");
    Label ccLabel = new Label("抄送：");
    Label subjectLabel = new Label("主题：");
    Label accessoryLabel = new Label("附件：");
    TextField receiveField = new TextField();        //收件人
    TextField ccField = new TextField();             //抄送
    TextField subjectField = new TextField();        //主题
    TextArea accessoryArea = new TextArea(1,40);     //附件名显示文本域
    TextArea mailArea = new TextArea(8,40); //输入邮件文字区域
    setLayout(new GridBagLayout());
    GridBagConstraints gridBag = new GridBagConstraints();
    gridBag.fill = GridBagConstraints.HORIZONTAL; //以水平填充方式布局
    gridBag.weightx = 0; //行长不变
    gridBag.weighty = 0; //列高不变
    receiveLabel.setFont(new Font("Alias", Font.BOLD, 16));
    addToBag(receiveLabel, gridBag, 0, 0, 1, 1); //收信人标签位置及大小
    ccLabel.setFont(new Font("Alias", Font.BOLD, 16));
    addToBag(ccLabel, gridBag, 0, 1, 1, 1); //抄送人标签位置及大小
    subjectLabel.setFont(new Font("Alias", Font.BOLD, 16));
    addToBag(subjectLabel, gridBag, 0, 2, 1, 1); //主题标签位置及大小
    accessoryLabel.setFont(new Font("Alias", Font.BOLD, 16));
    addToBag(accessoryLabel, gridBag, 0, 3, 1, 1); //附件标签位置及大小
    gridBag.weightx = 100; //行自适应缩放
    gridBag.weighty = 0; //列高不变
    addToBag(receiveField, gridBag, 1, 0, 2, 1);
    addToBag(ccField, gridBag, 1, 1, 2, 1);
    addToBag(subjectField, gridBag, 1, 2, 2, 1);
    accessoryArea.setEditable(false);
    addToBag(accessoryArea, gridBag, 0, 3, 2, 1);
    gridBag.fill = GridBagConstraints.BOTH; //采用全填充方式布局
    gridBag.weightx = 100; //行自适应缩放
    gridBag.weighty = 100; //列自适应缩放
    addToBag(mailArea, gridBag, 0, 4, 3, 1); //占3栏1行
    setSize(300,300);
    setVisible(true);
}
```

```
/* 将一个部件按指定大小加入到 GridBagLayout 布局的指定位置 */
void addToBag(Component c, GridBagConstraints gbc, int x, int y, int w,int h) {
    gbc.gridx = x;
    gbc.gridy = y;
    gbc.gridheight = h;
    gbc.gridwidth = w;
    add(c, gbc); //按指定约束加入部件
}
}
```

7.3 常用 GUI 标准组件

7.3.1 GUI 标准组件概述

AWT 组件层次关系如图 7-13 所示，所有的 GUI 标准组件都是 AWT 包中的根类 Component(组件)类的子类，它的直接子类包括一个容器组件 Container(有 3 组子类)和 8 个基本部件。

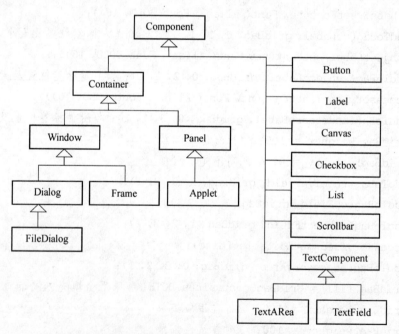

图 7-13 AWT 包中各种部件的类层次

基本控制部件被安放在容器中的某个位置，用来完成一种具体的与用户交叉的功能。使用基本控制部件的步骤为：

（1）创建某种基本控制部件类的对象，指定该对象的属性，如外观、大小等；

（2）将该对象加入到某个容器的合适位置；

（3）为该对象注册事件监听者。

从图7-13可看出，Component类处于GUI部件类层次的顶层，该类为一个抽象类，其中定义了所有GUI部件普遍适用的方法，以下为若干常用方法。

- public void add(PopupMenu popup)：给部件加入弹出菜单；
- public Color getBackground()：获取部件的背景色；
- public Font getFont()：获取部件的显示字体；
- public Graphics getGraphics()：获取部件的画笔（Graphics对象）；
- public void repaint(int x, int y, int width, int height)：对部件的特定区域进行重新绘图；
- public void setBackground(Color c)：设置部件的背景；
- public void setEnabled(boolean b)：是否让部件功能有效，在无效情况下部件变灰；
- public void setFont(Font f)：设置部件的显示字体；
- public void setSize(int width, int height)：设置部件的大小；
- public void setVisible(boolean b)：设置部件是否可见；
- public void setForeground(Color c)：设置部件的前景色；
- public void requestFocus()：让部件得到焦点；
- public Toolkit getToolkit()：取得部件的工具集（Toolkit），利用Toolkit的beep()方法可让计算机发出鸣叫声。

7.3.2 文本框与文本域

1. 文本框（TextField）

文本框只能编辑一行数据，由TextField类实现，其构造方法有如下4种。

- TextField()：构造一个单行文本输入框；
- TextField(int)：构造一个指定长度的单行文本输入框；
- TextField(String)：构造一个指定初始内容的单行文本输入框；
- TextField(String, int)：构造一个指定长度、指定初始内容的单行文本输入框。

在某种情况下，用户可能希望自己的输入不被别人看到，这时可以用TextField类中的setEchoChar方法设置回显字符，使用户的输入全部以某个特殊字符显示在屏幕上。例如，以下设置密码输入框的回显字符为"＊"。

```
TextField pass = new TextField(8);
pass.setEchoChar('＊');
```

2. 文本域（TextArea）

文本域也称为多行文本输入框，其特点是可以编辑多行文字。文本域由TextArea类实现，其构造方法有如下4种。

- TextArea()：构造一个文本域；
- TextArea(int, int)：构造一个指定长度和宽度的文本域；
- TextArea(String)：构造一个显示指定文字的文本域；
- TextArea(String, int, int)：按指定长度、宽度和默认值构造多行文本域。

例如：

```
TextArea TextAera1 = new TextArea(10, 45);
```

3. 常用方法

（1）数据的写入与读取

文本框与文本域均是 TextComponent 类的子类，在这个父类中定义了对文本输入部件的公共方法。其中最常用的是数据的写入与读取。

- String getText()：获取输入框中的数据；
- void setText(String)：往输入框写入数据；
- boolean isEditable()：判断输入框是否可编辑，非编辑状态下，不能通过键盘操作输入数据。

（2）指定和获取文本区域中"选定状态"文本

文本输入部件中的文本可以进行选定操作，以下方法用于指定和获取文本区域中"选定状态"文本。

- void select(int start,int end)：选定由开始和结束位置指定的文本；
- void selectAll()：选定所有文本；
- void setSelectionStart(int)：设置选定开始位置；
- void setSelectionEnd(int)：设置选定结束位置；
- int getSelectionStart()：获取选定开始位置；
- int getSelectionEnd()：获取选定结束位置；
- String getSelectedText()：获取选定的文本数据。

（3）屏蔽回显

前面已知道，文本框的一个特点是可以屏蔽回显，以下为相关方法。

- void setEchoChar(char c)：设置回显字符；
- boolean echoCharIsSet()：确认当前输入框是否处于不回显状态；
- char getEchoChar()：获取回显屏蔽字符。

（4）添加数据

文本域的特点是可以在已有内容的基础上添加新数据，具体方法如下。

- void append(String s)：将字符串添加到文本域的末尾；
- void insert(String s,int pos)：将字符串插入到文本域的指定位置。

4. 事件响应

TextField 和 TextArea 的事件响应首先由父类 TextComponent 决定，当用户对文本输入部件进行任何数据更改操作（添加、修改、删除），将引发 TextEvent 事件，为了响应该事件，可以通过 addTextListener() 方法注册监听者，在 TextListener 接口中定义了如下方法来处理事件。

public void textValueChanged(TextEvent e);

另外，当用户在文本框按回车键时，TextField 对象还可以引发动作事件，事件的具体注册方法和处理与按钮对象一致，通过 actionPerformed() 方法编写事件处理代码。

例 7-10 从文本框输入一行文字，将其转换为若干行显示在文本域中，每行限 20 个字符。

解答此题有一个问题需要注意，字符串中可能有中英文两类字符，每个中文字符相当于两个英文字符的显示宽度,所以,程序中累计字符显示宽度时遇到一个中文字符则相应统计变量增加2,而遇英文字符增加1。程序代码如下:

```java
import java.applet. * ;
import java.awt. * ;
import java.awt.event. * ;
public class InsertNewline extends Applet implements ActionListener {
    TextField input;
    TextArea display;
    final static int lineSize = 20;
    public void init() {
        input = new TextField(45);
        display = new TextArea(10,45);
        add(input);
        add(display);
        input.addActionListener(this);
    }
    public void actionPerformed(ActionEvent e) {
        String s = input.getText();
        String r = convert(s);
        display.setText(r);
    }
    private String convert(String str) {
        String result = "";
        int count = 0;
        for (int i = 0;i<str.length();i++) {
            int c = str.charAt(i);
            if (c>= 32 && c<= 126) //如果是汉字编码在126以上
                count += 1; //是英文字符
            else
                count += 2; //中文字符
            result = result + (char)c;
            if (count>= lineSize) { //超出20字符,插入换行
                result += "\n";
                count = 0;
            }
        }
        return result;
    }
}
```

【注意】 该程序的 convert 方法在某些特殊显示中需要控制一行显示内容的长度时非常有用,只要将其中的常量 lineSize 改为行的大小即可。

7.3.3 选项按钮与列表的使用

1. 选择事件(ItemEvent)类

在各种类型的选择组件中只包含一个选中后的状态变化事件 ITEMSTATE_CHANGED,其主要方法如下。

- public ItemSelectable getItemSelectable():返回引发事件的事件源;
- public Object getItem():返回引发事件的具体选项;
- public int getStateChange():返回具体的选中状态变化类型,它的返回值在 ItemEvent 的几个静态常量列举之内,ItemEvent. SELECTED 代表选项被选中,ItemEvent. DESELECTED 代表选项被放弃不选。

2. 复选按钮(Checkbox)

复选按钮又称为检测盒,它提供简单的"on/off"开关,旁边显示文本标签。

(1) 创建举例

Checkbox backg = new Checkbox("背景色");

(2) 常用方法

- boolean getState():获取复选按钮的选中状态,返回 true 代表按钮被选中;
- void setState(boolean value):设置复选按钮的状态,value 为 true 表示选中。

(3) 事件响应

用户点击复选按钮使其状态变化会引发 ItemEvent 类型的选择事件,系统会自动调用相应的事件监听者(ItemListener)中的 itemStateChanged(ItemEvent e)方法来响应复选框的状态改变。在方法体内可通过 e. getItemSelectable()获得事件源对象,再调用事件源对象的 getState()获取复选按钮的状态。不过要注意的是 getItemSelectable()方法的返回值是实现了 ItemSelectable 接口的对象,需要把它强制转化成真正的事件源对象类型。

例 7-11 一个简单的多选题练习程序。

多选题的做题实用性比较广,单选题和是非题可以看成是多选的特殊情况,当然,最好还是分别对待。本例用数组来存储试题的信息,为节省篇幅,在程序中只安排了两道模拟题,并且试题选项固定为 A、B、C 共 3 个可选项。程序代码如下:

```
import java.awt . * ;
import java.applet . * ;
import java.awt.event. * ;
public class FuXuan extends Applet implements ActionListener {
    String question[] = {"Java test question1\n A. choice1\n B. choice2\n C. choice3"
        ,"Java test question2\n A. good\n B. bad\n C. luck"}; //两道试题的内容
    String ch[] = {"A","B","C"};  //试题选项
    String answer[] = {"AB","BC"};  //两道试题的答案
    Checkbox cb[] = new Checkbox[3];  //与试题选项对应的 3 个复选框
```

```
Label hint;     //对错提示标签
TextArea content;  //显示试题内容的文本域
Button ok;        //确认选择的按钮
int bh = 0;       //当前试题编号
Button next;     //下一道试题
Button previous; //上一道试题
public void init() {
    setLayout(new BorderLayout());
    content = new TextArea(10,50);
    add("Center",content);
    content.setText(question[bh]);
    Panel p = new Panel();
    p.setLayout(new GridLayout(2,1));
    Panel p1 = new Panel(); //部署解答选项的面板
    for (int i = 0;i<ch.length;i++) { //创建解答选项
        cb[i] = new Checkbox(ch[i]);
        p1.add(cb[i]);
    }
    p.add(p1);
    Panel p2 = new Panel(); //部署确认按钮、对错提示、翻动试题按钮
    ok = new Button(" 确定 ");
    p2.add(ok);
    hint = new Label(" 对错提示");
    p2.add(hint);
    next = new Button(" 下一题 ");
    p2.add(next);
    previous = new Button(" 上一题 ");
    p2.add(previous);
    p.add(p2);
    add("South",p);
    next.addActionListener(this);
    previous.addActionListener(this);
    ok.addActionListener(this);
}

/* 处理试题的翻动和点击"确定"的解答对错提示 */
public void actionPerformed(ActionEvent e) {
    if (e.getSource() == ok) { //点击确认按钮,检查试题解答对错
```

```
        String s = "";
        for (int i = 0;i<ch.length;i++ )
            if (cb[i].getState())
                s = s + cb[i].getLabel();
        if (s.equals(answer[bh]))
            hint.setText("对");
        else
            hint.setText("错");
    } else if (e.getSource() == next) { //查看下一道试题
        if (bh<question.length - 1)
            bh++ ;
        content.setText(question[bh]);
    }else { //查看上一道试题
        if (bh>0)
            bh-- ;
        content.setText(question[bh]);
    }
  }
}
```

运行结果如图 7-14 所示。

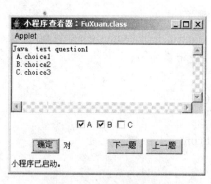

图 7-14　多选题做题界面

【说明】　本程序中的代码包括两部分,在 init 方法中主要实现界面部署,为了让按钮显示的大小保持不变,程序中采用了多块面板来放置部件,面板的默认布局是 FlowLayout,所有操作选项和按钮分放在 p1 和 p2 两块面板上,这两块面板则按 GridLayout 合放在面板 p 上,最后的界面采用 BorderLayout,中央是试题内容文本域,底部是操作面板 p。本程序中因为只涉及到读取各复选按钮的值,所以没有对复选框的 ItemEvent 进行处理。而主要关注几个按钮的操作,点击确认将判对错,点击上下试题按钮翻动试题。

3. 单选按钮(CheckBoxGroup)

使用复选框组,可以实现单选框的功能。例如以下代码创建一个单选按钮组:

```
CheckboxGroup style = new CheckboxGroup();
Checkbox p = new Checkbox("普通", true, style); //默认选中
Checkbox b = new Checkbox("黑体", false, style);
Checkbox i = new Checkbox("斜体", false, style);
```

通过 Checkbox 构造方法的第 3 个参数将 3 个 Checkbox 捆绑在一起,形成一个单选按钮组,通过第 2 个参数规定按钮组中默认选中的按钮。

【注意】 把 CheckboxGroup 加入容器时必须将每个 Checkbox 对象逐一加入容器,不能使用 CheckboxGroup 对象一次性加入。

单选按钮的事件编程处理与复选一致,按钮组中的每个按钮可以响应 ItemEvent 类的事件。每个单选按钮要单独注册监听者,在事件处理代码中通过 CheckboxGroup 的对象的 getSelectCheckbox()方法可获取当前被选中的选项按钮对象,要设置选项按钮 i 为选中状态可通过方法 setSelectedCheckbox(i)。另一方面,通过选项按钮的 getLabel()方法可获取选项按钮的标识,通过 getState()方法可判断选项按钮对象是否被选中。也可以通过 setState()方法设置某个单选按钮为选中状态。

例 7-12　用单选按钮控制画笔的颜色。

程序代码如下:

```
import java.awt . * ;
import java.applet . * ;
import java.awt.event. * ;
public class ChangeColor extends Applet implements ItemListener {
    String des[] = {"红色","蓝色","绿色","白色","灰色"};
    Color c[] = {Color.red,Color.blue,Color.green,Color.white,Color.gray};
    Color drawColor = Color.black; //初始颜色设置为黑色
    public void init() {
        CheckboxGroup style = new CheckboxGroup();
        for ( int i = 0;i<des.length;i ++ ){
            Checkbox one = new Checkbox(des[i],false,style);
            one.addItemListener(this);
            add(one);
        }
    }
    /* 根据 drawColor 的颜色绘制文字 */
    public void paint(Graphics g) {
        g.setColor(drawColor);
        g.setFont(new Font("变色字", Font.BOLD,24));
        g.drawString("变色字",80,80);
    }
    /* 根据选择的按钮设置 drawColor 的颜色值 */
```

```
public void itemStateChanged(ItemEvent e){
    Checkbox temp = (Checkbox)e.getItemSelectable();
    for (int i = 0;i<des.length ; i++) {
        if (temp.getLabel() == des[i]) {
            drawColor = c[i]; //更改绘制颜色变量
            repaint(); //重新绘制文字
            break;
        }
    }
}
```

程序运行状况如图 7-15 所示。

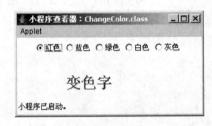

图 7-15　用单选按钮选择字的颜色

【说明】　为了缩短程序长度,程序中通过数组来存放相关数据,通过循环访问数组元素实现共性操作,因为对每个颜色的操作是一致的。请注意程序中如何获取当前的事件对象,以及如何进行对象判定处理。在使用 getItemSelectable() 获取的对象给 Checkbox 变量赋值时要使用强制转换,否则,编译通不过。

4. 下拉列表(Choice)

下拉列表也是一个"多选一"控件,下拉列表的特点是将所有选项折叠在一起,一次只显示一个选项,用户可以通过列表右边的三角按钮下拉出所有选项,进行选择。创建下拉列表对象包括创建和添加选项两个步骤。

例 7-13　用下拉列表控制 Applet 的背景变化。

程序代码如下:

```
import java.awt . * ;
import java.applet . * ;
import java.awt.event. * ;
public class ChangeColor2 extends Applet implements ItemListener {
    String des[] = {"红色","蓝色","绿色","白色","灰色"};
    Color c[] = {Color.red,Color.blue,Color.green,Color.white,Color.gray};
    public void init() {
```

```
Choice color = new Choice(); //创建下拉列表
for (int i = 0;i<des.length;i++ ){
    color.add(des[i]); //将各选项加入列表
}
color.addItemListener(this); //给列表注册监听者
add(color);
}
public void itemStateChanged(ItemEvent e){
    Choice temp = (Choice)e.getItemSelectable();
    int k = temp.getSelectedIndex(); //获取选项序号
    setBackground(c[k]);
}
}
```

程序运行结果如图 7-16 所示。

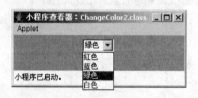

图 7-16　下拉列表的应用

【说明】　与单选按钮不同的是,下拉列表是作为一个整体加入到容器,各个列表元素不是独立的操作对象。下拉列表也是产生 ItemEvent 类的选择事件,对下拉列表的判定处理有两种方法可供选择:一种是根据选项在列表中的序号进行判定,即通过 getSelectedIndex()方法;另一种是通过 getSelectItem()方法获取列表项对应的字符串进行判定,读者可思考程序中应做哪些变动。在程序中也可以通过 select(int index)和 select(String item)方法强制将某列表项定为选中状态。另外,通过 add(String item) 和 insert(String item,int index)方法可添加新元素到列表中;通过 remove(int index)和 remove(String item)方法可删除某个列表元素,removeAll()可删除所有元素。

5. 列表(List)

列表与下拉列表的区别有两点:第一是列表可以在屏幕上看到一定数目的选择项,而下拉列表只能看到一项;第二是用户可能允许同时选择列表中的多项,而下拉列表只能选一项。上述两点的具体情况还取决于创建列表时的参数规定,例如:

```
MyList = new List(4, true);
```

第 1 个参数控制显示的行数,表示只能看到列表的 4 个选项,如果有更多的选择项则要通过滚动条查找和操作。第 2 个参数控制是否允许多选,为 true 表示允许多选,否则只能选一项。给列表添加选项用 add 方法,上面介绍的下拉列表的方法均可用于列表对象,另外,由于列表支持多选,因此,列表中还提供有 getSelectItems( )方法和 getSelectedIndexs( )方法,它们返回的均是数组,分别代表选中选项的字符串和序号。

列表可以产生两类事件:

- ItemEvent 类选择事件,当单击某选项时触发;
- ActionEvent 类动作事件,当双击某选项时触发。

值得注意的是,双击事件不能覆盖单击事件,当用户双击一个选项时,首先产生双击,然后产生单击。

例 7-14 假设有一个发文系统,需要将一份文件发给多个单位,可以借助列表列出单位,然后通过多选操作选择收文单位。

程序代码如下:

```java
import java.applet. * ;
import java.awt. * ;
import java.awt.event. * ;
public class TestList extends Applet
        implements ActionListener,ItemListener {
  List myList;
  Label result;
  String unit[] = {"总务处","教务处","工会","科研处","信息学院","机械学院"};
  public void init() {
    myList = new List(5,true);
    for (int i = 0;i<unit.length;i ++ )
      myList.add(unit[i]); //将部门加入列表中
    add(myList); //将列表加入 Applet 中
    myList.addActionListener(this); //注册动作事件监听者
    myList.addItemListener(this); //注册选择事件监听者
  }

/* 响应动作事件 */
public void actionPerformed(ActionEvent e) {
  if(e.getSource() == myList)
      showStatus("您双击了选项" + e.getActionCommand());
  }

/* 响应选择事件 */
public void itemStateChanged(ItemEvent e) {
  String sList[];
  String str = "";
  List temp = (List)(e.getItemSelectable());
```

```
sList = temp.getSelectedItems();
for(int i = 0;i<sList.length;i++)
    str = str + sList[i] + " ";//将选中的选项拼接为一个字符串
showStatus("您选择了选项:"+ str);//在浏览器的状态栏显示选中的选项
    }
}
```

程序运行状况如图 7-17 所示。

【说明】 本程序演示了对列表项的单击以及双击操作的获取选项的方法,为简单起见,程序中直接借助 Applet 对象的 showStatus 在浏览器的状态栏显示选中的选项,双击选项时将发现,在状态栏可见闪动,即先显示双击事件的执行结果,再显示单击事件的执行结果。

图 7-17 列表框的使用

7.3.4 滚动条的使用

滚动条提供了方便的手段让用户可以在一段范围内选择一个值,滚动条按方向分垂直和水平两种。例如,以下代码创建一个水平滚动条:

```
Scrollbar mySlider = new Scrollbar(Scrollbar.HORIZONTAL,0,1,0,255);
```

其有关说明如下:

(1) 第1个参数为常量,代表水平滚动条,如果是垂直滚动条,则为 Scrollbar. VERTICAL;

(2) 第2个参数代表初始值;

(3) 第3个参数代表滚动条的滑块长度;

(4) 第4、5个参数分别代表滚动条的最小值和最大值,由于滚动条滑块要占一定宽度,所以滚动条的实际最大值＝最大值-滑块长度。

与滚动条相关的 AdjustmentEvent 类中只包含一个事件,即调整值变化事件,它是在滚动条滑块移动时引发的。滚动条编程的要点是对滚动条所代表的值的获取与设置,如下方法分别用来获取和设置滚动条的当前值。

• public int getValue():获取滚动条滑块对应的当前数值;

• public void setValue(int newValue):根据值设置滑块位置。

在滚动条上可通过多种操作来改变其滑块位置,不同的操作将引发不同的调整事件,例如,用户可以拖动滚动条的滑块,点击块增量区或上、下三角按钮均会导致滑块的变化,而且移动的步长不同,按 Page Up 和 Page Down 键也相当于点击滚动条的块增量区。而点击水平滚动条的左边或垂直滚动条的上边将减少一个单位值,点击水平滚动条的右边或垂直滚动条的下边将增加一个单位值。为了能响应滚动条的事件,必须使用 addAdjustmentListener()方法给滚动条注册监听者,监听者要求实现 AdjustmentListener 接口,该接口中包含如下方法:

```
public void adjustmentValueChanged(AdjustmentEvent e);
```

在该方法内,可以调用如下的 AdjustmentEvent 类的方法来判断事件源和引起值变化的调整类型。

- Adjustable getAdjustable():返回引发状态变化的事件源对象。
- int getAdjustmentType():返回引发状态变化事件的调整类型,其值可通过以下常量进行判断。

——AdjustmentEvent.BLOCK_DECREMENT:代表块减少的事件;

——AdjustmentEvent.BLOCK_INCREMENT:代表块增加的事件;

——AdjustmentEvent.TRACK:拖动滑块的事件;

——AdjustmentEvent.UNIT_DECREMENT:减少一个单位的事件;

——AdjustmentEvent.UNIT_INCREMENT:增加一个单位的事件。

另外,也可通过如下方法设定和获取滚动条滑块的移动增量值。

- void setUnitIncrement(int):指定单位增量;
- void setBlockIncrement(int):指定块增量;
- int getUnitIncrement():获取单位增量;
- int getBlockIncrement():获取块增量。

例7-15 利用滚动条设计一个调色控制板用来调整任意部件的颜色。

程序代码如下:

```java
import java.applet. * ;
import java.awt. * ;
import java.awt.event. * ;
class colorBar extends Scrollbar {   //颜色调整条
    public colorBar() {
        super(Scrollbar.HORIZONTAL,0,40,0,295);
        this.setUnitIncrement(1);
        this.setBlockIncrement(50);
    }
}


class ColorPanel extends Panel implements AdjustmentListener {
    Scrollbar redSlider = new colorBar();   //创建滚动条
    Scrollbar greenSlider = new colorBar();
    Scrollbar blueSlider = new colorBar();
    Canvas mycanvas = new Canvas();    //用于反映颜色变化的画布
    Color color; //用于供调用者获取颜色
    public ColorPanel() {
        Panel x = new Panel();   //创建一个放置调整部件的面板
        x.setLayout(new GridLayout(3,2,1,1));   //面板用3行2列布局
        x.add(new Label("red")); x.add(redSlider);
        x.add(new Label("green")); x.add(greenSlider);
        x.add(new Label("blue")); x.add(blueSlider);
```

```
    setLayout(new GridLayout(2,1,5,5));    //将画布和调整面板按两行布置
    add(mycanvas);
    add(x);
    redSlider.addAdjustmentListener(this); //注册事件
    greenSlider.addAdjustmentListener(this);
    blueSlider.addAdjustmentListener(this);
}


/*  滚动条调整时,根据调整值改变画布的颜色  */
public void adjustmentValueChanged(AdjustmentEvent e) {
    int value1,value2,value3;
    value1 = redSlider.getValue();
    value2 = greenSlider.getValue();
    value3 = blueSlider.getValue();
    color = new Color(value1,value2,value3);
    mycanvas.setBackground(color);
}
}


public class TestSlider extends Applet
{
    public void init() {
    setLayout(new BorderLayout());
    add("Center",new ColorPanel());
    }
}
```

程序运行状况如图 7-18 所示。

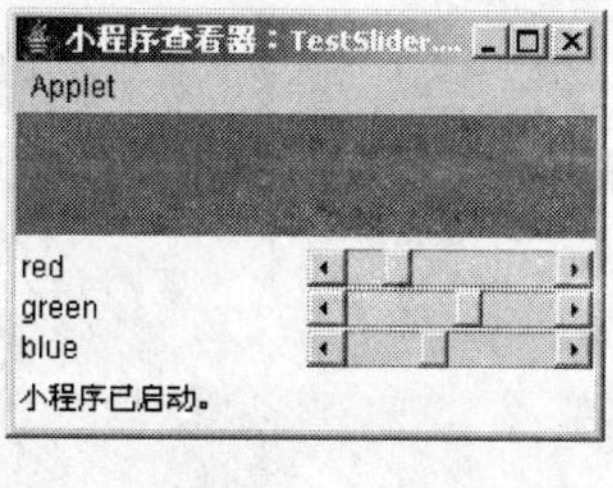

图 7-18 利用滚动条改变画布颜色

【说明】 本例中将颜色调整功能封装在一个面板(ColorPanel)上,可以在任何需要调整颜色的应用中加入该面板,其他 GUI 部件要动态获取颜色只要读取其 color 属性即可。

7.4 鼠标和键盘事件

7.4.1 鼠标事件

1. 鼠标事件 (MouseEvent)类

鼠标事件共有 7 种情形,用 MouseEvent 类的同名静态整型常量标志,分别是 MOUSE _DRAGGED、MOUSE _ENTERED、MOUSE _EXITED、MOUSE _MOVED、MOUSE _PRESSED、MOUSE_RELEASED、MOUSE_CLICKED。鼠标事件的处理通过 MouseListener 和 MouseMotionListener 两个接口来描述,MouseListener 负责接收和处理鼠标的 press(按下)、release(释放)、click(点击)、enter(移入)和 exit(移出)动作触发的事件;MouseMotionListener 负责接收和处理鼠标的 move(移动)和 drag(拖动)动作触发的事件。具体事件处理方法见前面的表 7-1。具体应用中对哪种情形关心,就在相应的事件处理方法中编写代码。在事件处理方法中可以通过 MouseEvent 事件对象得到一些有用信息,以下为 MouseEvent 类的主要方法。

(1) public int getX() :返回发生鼠标事件的 x 坐标;

(2) public int getY() :返回发生鼠标事件的 y 坐标;

(3) public Point getPoint() :返回 Point 对象,也即鼠标事件发生的坐标点;

(4) public int getClickCount() :返回鼠标点击事件的连击次数。

例 7-16 一个鼠标位置跟踪程序,在当前位置画红色小圆。

程序代码如下:

```
import java.applet.Applet;
import java.awt. * ;
import java.awt.event. * ;
public class TraceMouse extends Applet implements MouseMotionListener {
  private static final int RADIUS = 7;
  private int posx = 10, posy = 10;
  public void init() {
    addMouseMotionListener (this); //对鼠标移动事件注册监听者
  }
  public void paint(Graphics g) {
    //在鼠标位置画红色小圆
    g.setColor(Color.red);
    g.fillOval(posx - RADIUS, posy - RADIUS, RADIUS * 2, RADIUS * 2);
  }

  /* 对鼠标移动事件进行处理*/
```

```
public void mouseMoved(MouseEvent event) {
    posx = event.getX();
    posy = event.getY();
    repaint();
}
public void mouseDragged(MouseEvent event) { }
}
```

程序运行状况如图 7-19 所示。

【说明】 调试该程序会发现,鼠标移动时红色小圆点将紧跟鼠标位置,但拖动鼠标时小圆点不移动,因为只处理了鼠标移动事件。另一个问题是在移动鼠标的过程中 Applet 区域由于频繁的 repaint() 操作会出现闪烁现象,原因在于 repaint() 方法将调用 update(g) 方法,而 update 方法每次执行 paint(g) 方法前将先对 Applet 显示区域进行清除操作,这样在视觉上就产生闪烁感。消除闪烁的办法有很多,要避免清除 Applet

图 7-19 小圆跟踪鼠标移动

屏幕的操作,可改写 update 方法,让其直接调用 paint 方法,这时,如果要清除 Applet 屏幕必须用背景色绘制填充矩形的办法。另外,为了提高图形的显示效果,还可考虑在内存创建一个双缓冲区绘图,在 paint 方法中先将图形绘到双缓冲区,然后通过 drawImage 方法将图形绘到 Applet 上。改进后的部分代码如下:

```
protected Image offscreen;      //双缓冲用的 Image
protected Graphics offg;        //双缓冲用的 Graphics
public void init() {
    addMouseMotionListener(this);
    offscreen = createImage(getSize().width,getSize().height );
    //创建与 Applet 大小一样的图像缓冲区
    offg = offscreen.getGraphics();
}
public void paint(Graphics g) {
    // 将所有绘制内容写入内存的双缓冲区
    offg.setColor(Color.white);
    offg.fillRect(0, 0, getSize().width - 1, getSize().height - 1);
    offg.setColor(Color.black);
    offg.drawRect(0, 0, getSize().width - 1, getSize().height - 1);
    offg.setColor(Color.red);
    offg.fillOval(posx - RADIUS, posy - RADIUS, RADIUS * 2, RADIUS * 2);
    //*************把画面一次性画出*********
    g.drawImage(offscreen,0,0,this);
```

```
}
public void update(Graphics g) {
    paint(g);
}
```

2. 高级语义事件和低级语义事件

也许读者会想,先前学过,在按钮上点击鼠标将触发动作事件(ActionEvent);而按照现在所学,在按钮上点击鼠标也会触发鼠标事件(MouseEvent)。这两种事件有何差异?为了测试两种事件,不妨举一个例子来做个测试。

例 7-17 在按钮上注册两类事件。

程序代码如下:

```
import java.applet.Applet;
import java.awt. * ;
import java.awt.event. * ;
public class MouseLevel extends Applet {
    Button btn;
    int pos = 0;
    public void init() {
        btn = new Button("click me");
        add(btn);
        btn.addMouseListener (new MouseAdapter(){//按钮注册鼠标事件监听者
            public void mouseClicked(MouseEvent e) {
            Graphics g = getGraphics();
            pos += 20;
            g.drawString("lower level",pos,50);
            }
        });
        btn.addActionListener(new ActionListener(){ //按钮注册动作事件监听者
          public void actionPerformed(ActionEvent e) {
            Graphics g = getGraphics();
            pos += 20;
            g.drawString("high level",pos,80);
            }
        });
    }
}
```

【说明】 在按钮 btn 上同时注册了鼠标事件监听和动作事件监听,在两类事件的处理代码中,分别安排了输出,为了区分哪个事件先处理,程序在输出坐标上作了些处理,引入变量 pos 控制坐标位置,每次有一个输出时 pos 增值20,这样根据输出内容的坐标位置可以看出哪个事件是先处理的。

图 7-20 为程序的运行演示。点击按钮,可以发现两种事件均发生,且均进行了处理,但鼠标事件要先于动作事件执行。实际上,这里介绍的鼠标事件具有更广泛性,称为低级语义事件,在图形界面上进行各类鼠标操作均会导致鼠标事件,但问题是程序对这些事件是否关注,只有注册事件监听者,事件才可能得到处理。而按钮上的动作事件,则局限于在按钮上点击鼠标才会发生,称为高级语义事件。如果同一操作会同时引发低级和高级语义事件,则低级语义事件将优先处理。后面要介绍的键盘事件也存在同样问题。

图 7-20 高级语义事件和低级语义事件

7.4.2 键盘事件

键盘事件包含 3 个,分别对应 KeyEvent 类的几个同名的静态整型常量 KEY_PRESSED、KEY_RELEASED、KEY_TYPED。相应地,与 KeyEvent 事件相对应的监听者接口是 KeyListener,其中包括如下的 3 个键盘事件对应的抽象方法。

- public void keyPressed(KeyEvent e):某键被按下时执行;
- public void keyReleased(KeyEvent e):某键被释放时执行;
- public void keyTyped(KeyEvent e):KeyTyped 包含 keyPressed 和 KeyRelased 两个动作,按键被敲击。

例 7-18 可变色小方框的移动,通过键盘的方向键控制小方框的移动,通过字母键 B、G、R、K 更改小方框的颜色。

程序代码如下:

```
import java.awt. * ;
import java.awt.event. * ;
import java.applet.Applet;
public class KeyboardDemo extends Applet implements KeyListener{
    static final int SQUARE_SIZE = 20; // 小方框的边长
    Color squareColor; // 小方框颜色
    int squareTop, squareLeft; //小方框的左上角坐标
    public void init() {
        setBackground(Color.white);
        //初始小方框在 Applet 的中央,颜色为红色
        squareTop = getSize().height / 2 - SQUARE_SIZE / 2;
        squareLeft = getSize().width / 2 - SQUARE_SIZE / 2;
        squareColor = Color.red;
        addKeyListener(this); //注册键盘事件监听
    }
```

```java
public void paint(Graphics g) {
    g.setColor(Color.cyan);
    int width = getSize().width; // applet 的宽度
    int height = getSize().height; // applet 的高度
    g.drawRect(0,0,width-1,height-1);
    g.drawRect(1,1,width-3,height-3);
    g.drawRect(2,2,width-5,height-5);
    // 上面绘制 Applet 的边界框,以下绘制小方块
    g.setColor(squareColor);
    g.fillRect(squareLeft, squareTop, SQUARE_SIZE, SQUARE_SIZE);
}


/* 处理小方块颜色的改变 */
public void keyTyped(KeyEvent evt) {
    char ch = evt.getKeyChar(); //获取输入字符
    if (ch == 'B' || ch == 'b') {
        squareColor = Color.blue;
        repaint();
    }
    else if (ch == 'G' || ch == 'g') {
        squareColor = Color.green;
        repaint();
    }
    else if (ch == 'R' || ch == 'r') {
        squareColor = Color.red;
        repaint();
    }
    else if (ch == 'K' || ch == 'k') {
        squareColor = Color.black;
        repaint();
    }
}


/* 处理小方块的移动 */
public void keyPressed(KeyEvent evt) {
    int key = evt.getKeyCode(); //获取按键的编码
    if (key == KeyEvent.VK_LEFT) { //按键为左箭头
        squareLeft -= 8;
```

```
        if (squareLeft < 3)
            squareLeft = 3;
        repaint();
    }
    else if (key == KeyEvent.VK_RIGHT) { //按键为右箭头
        squareLeft += 8;
        if (squareLeft > getSize().width - 3 - SQUARE_SIZE)
            squareLeft = getSize().width - 3 - SQUARE_SIZE;
        repaint();
    }
    else if (key == KeyEvent.VK_UP) { //按键为向上箭头
        squareTop -= 8;
        if (squareTop < 3)
            squareTop = 3;
        repaint();
    }
    else if (key == KeyEvent.VK_DOWN) { //按键为向下箭头
        squareTop += 8;
        if (squareTop > getSize().height - 3 - SQUARE_SIZE)
            squareTop = getSize().height - 3 - SQUARE_SIZE;
        repaint();
    }
}
public void keyReleased(KeyEvent evt) {  }
}
```

程序运行状况如图 7-21 所示。

【说明】 为了处理键盘事件,首先需要注册 keyListener,在监听者中根据需要对 3 个事件处理方法进行编程。这里,将根据字符输入更改小方框颜色的处理放在 KeyTyped 方法中,通过 KeyEvent 事件对象的 getKeyChar() 获取输入字符;而将方向键的处理代码安排在 KeyPressed 方法中,以保证按下方向键即可移动小方框,通过 getKeyCode() 获取按键编码,KeyEvent 中定义了很多相关常量可用于特殊按键的判定。

图 7-21 用键盘控制小方框移动和变色

【注意】 可以将本程序的 KeyType 代码放到 KeyPressed 中,程序运行结果一样,但不能将 KeyPressed 代码放到 KeyTyped 中,这是因为各种控制键按下时,不产生 KeyTyped 事件。所以,对控制键的编程用 KeyPressed 或 KeyReleased 方法。而字符键按下则 3 个方法均会执行,可选择一个方法进行处理。

7.5 菜单的使用

7.5.1 下拉菜单

菜单在窗体编程中大量采用,每个菜单组件包括一个菜单条(MenuBar),每个菜单条又包含若干个菜单项(Menu),每个菜单项再包含若干个菜单子项(MenuItem),整个菜单就是一组经层次化组织、管理的命令集合。AWT菜单的继承层次如图7-22所示。

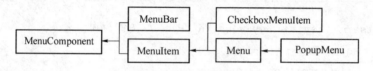

图 7-22 Java菜单组件的类层次

1. 菜单编程的基本步骤

(1) 创建菜单条(MenuBar)

`MenuBar m_MenuBar = new MenuBar(); //创建一个空的菜单条 MenuBar`

(2) 创建不同的菜单项(Menu)并加入到菜单条中

`Menu menuEdit = new Menu("编辑");`

`m_MenuBar.add(menuEdit);`

(3) 创建菜单子项(MenuItem)加入菜单项

`MenuItem mi_Edit_Copy = new MenuItem("复制");`

`menuEdit.add(mi_Edit-copy);`

- 使用 Menu 的 addSeparator()方法可以在各菜单项之间加入分隔线。
- 也可以给菜单子项定义快捷键。

具体有如下两种方法。

① 创建 MenuItem 对象时设定,例如:

`MenuItem mi_File_Open = new MenuItem("打开", new MenuShortcut('o'));`

② 通过 MenuItem 对象的 setShortCut 方法,例如:

`mi_File_Open.setShortcut(new MenuShortcut('o'));`

(4) 给窗体设定菜单条

执行窗体对象的 setMenuBar 方法可将菜单条绑定给窗体。

(5) 各菜单子项注册给动作事件接口

例如:

`mi_Edit_Copy.addActionListener(this);`

(6) 在监听者的 actionPerformed(ActionEvent e)方法中实现处理代码

通过 e.getSource()或 e.getActionCommand()判断事件源,为每个菜单项编写对应的功能代码。

例 7-19 一个简单的菜单。

程序代码如下：

```java
import java.applet. * ;
import java.awt. * ;
import java.awt.event. * ;
public class Menudemo extends Frame implements ActionListener{
    TextArea ta;
    public Menudemo() {
        ta = new TextArea(30,60);
        add(ta);
        MenuBar menubar = new MenuBar();
        setMenuBar(menubar);
        Menu file = new Menu("File");
        menubar.add(file);
        MenuItem open = new MenuItem("open", new MenuShortcut(KeyEvent.VK_O));
        MenuItem quit = new MenuItem("Quit", new MenuShortcut(KeyEvent.VK_Q));
        file.add(open);
        file.addSeparator();
        file.add(quit);
        this.addWindowListener(new WindowAdapter() {
            public void windowClosing(WindowEvent e) {
                Frame frm = (Frame)(e.getSource());
                frm.dispose();
            }
        });
        open.addActionListener(this);
        quit.addActionListener(this);
        setSize(300, 300);
        setVisible(true);
    }
    public void actionPerformed(ActionEvent e) {
        if (e.getActionCommand() == "Quit") {
            dispose();
        } else { //打开文件并读取数据操作略
            ta.setText("read a file content and write here");
        }
    }
```

```
public static void main(String a[]) {
    new Menudemo();
}
}
```

程序运行结果如图7-23所示。

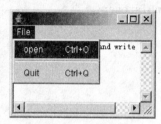

图7-23 下拉菜单的使用

【说明】 该程序在原来介绍的窗体关闭方法的基础上，又提供了通过菜单命令关闭窗体的办法。菜单项的事件驱动编程与按钮在形式上一样，程序中的 Open 菜单项的功能是要打开一个文件，将文件内容写入到文本域中，读者可以在学完第8章后再完善相关代码。

例7-19演示了基本菜单功能的使用，Java还提供了更丰富的菜单功能，例如，可以在菜单中套菜单，也就是多级菜单，子菜单作为父菜单的一个菜单项加入到父菜单。

同时 Java 的菜单项中也提供有检测盒菜单项（CheckboxMenuItem），创建检测盒菜单子项并把它加入菜单项的方法如下：

```
mi_Edit_Cut = new CheckboxMenuItem("剪切");
menuEdit.add(mi_Edit_Cut);
```

选择检测盒菜单项在用户选择时将引发选择事件 ItemEvent。在注册时要将其注册给 ItemListener，并在其监听者中实现 itemStateChanged(ItemEvent e) 的事件处理代码。

例 7-20 多级菜单演示。

程序代码如下：

```
import java.awt. *;
public class MultiLevelMenu {
    public static void main(String []args) {
        Frame f = new Frame("多级菜单演示");
        MenuBar mb = new MenuBar();
        Menu m1 = new Menu("File");
        Menu m2 = new Menu("View");
        MenuItem m21 = new MenuItem("Screen font");
        Menu m22 = new Menu("printer font");
        CheckboxMenuItem m221 = new CheckboxMenuItem("Mirror Screen font");
        MenuItem m222 = new MenuItem("set printer font");
        f.setMenuBar(mb);
        mb.add(m1);
        mb.add(m2);
        m2.add(m21);
        m2.add(m22);
```

```
        m22.add(m221);
        m22.add(m222);
        f.setSize(200,300);
        f.setVisible(true);
    }
}
```

程序运行结果如图 7-24 所示。

【说明】 本例使用了多级菜单和 CheckboxMenu-
Item,Java 对菜单的级联层数没有限制,从 AWT 的类
层次中可以看出菜单本身也是菜单项的子类,因此多级
菜单的实现也就容易理解,在实际应用中,可能使用
Component 类的 setEnable(false)方法禁用某些菜单项。例如,粘贴缓冲区没有内容时,
Edit 菜单中的 Paste 菜单项被禁用,变为灰色。

图 7-24 多级菜单的使用

7.5.2 弹出式菜单

弹出菜单是在 GUI 部件上点击鼠标右键时,在鼠标位置弹出一个菜单供用户选择操作。

1. 弹出式菜单的编程要点

(1) 创建弹出菜单对象,例如:

PopupMenu popup = new PopupMenu("Color");

(2) 创建若干菜单项并通过执行弹出菜单的 add 方法将它们加入弹出菜单;为了执行
菜单的功能,还需要给每个菜单项注册动作事件监听者,并编写相应的处理程序。

(3) 通过执行部件的 add 方法将弹出式菜单附着在某个组件或容器上,这样,在该部件
上点击鼠标右键将显示弹出菜单。

(4) 在该组件或容器注册鼠标事件监听者(MouseListener)。

(5) 重载 processMouseEvent(MouseEvent e)方法判断是否触发弹出菜单,如果是点击
鼠标右键,则调用弹出式菜单的 show(),把它自身显示在用户鼠标点击的位置。

例 7-21 设计一个画图程序,可以通过弹出菜单选择画笔颜色,通过鼠标拖动画线。

程序代码如下:

```
import java.applet. * ;
import java.awt. * ;
import java.awt.event. * ;
public class MenuScribble extends Applet implements ActionListener {
    protected int lastx, lasty; // 上次鼠标点击位置
    protected Color color = Color.black; // 画笔颜色
    protected PopupMenu popup;
    public void init() {
        popup = new PopupMenu("Color"); //创建弹出菜单
        String labels[] = {"Clear", "Red", "Green", "Blue", "Black"};
```

```
        for(int i = 0; i < labels.length; i++) {
            MenuItem mi = new MenuItem(labels[i]);
            mi.addActionListener(this); //给菜单项注册动作监听者
            popup.add(mi); //将菜单项加入弹出菜单中
        }
    this.add(popup); //将弹出菜单附在 applet 上
    this.addMouseListener(new MouseAdapter() {
        public void mousePressed(MouseEvent e) {
            //鼠标按下,记住坐标位置
            lastx = e.getX(); lasty = e.getY();
        }
    });
    this.addMouseMotionListener(new MouseMotionAdapter() {
     public void mouseDragged(MouseEvent e) {
        //鼠标拖动,在前后两点间画线
        Graphics g = getGraphics(); //获取当前部件的 Graphics 对象
        int x = e.getX(), y = e.getY();
        g.setColor(color);
        g.drawLine(lastx, lasty, x, y);
        lastx = x; lasty = y;
     }
    });
    }
    public void processMouseEvent(MouseEvent e) {
      if ((popup != null) && e.isPopupTrigger()) //检测是否触发弹出菜单
          popup.show(this, e.getX(), e.getY());//显示弹出菜单
       else super.processMouseEvent(e);
      }
    public void actionPerformed(ActionEvent e) { //具体菜单功能实现
       String name = ((MenuItem)e.getSource()).getLabel();
         if (name.equals("Clear")) { //清除画面
           Graphics g = this.getGraphics();
             g.setColor(this.getBackground());
             g.fillRect(0, 0, this.getSize().width,this.getSize().height);
         }
       else if (name.equals("Red")) color = Color.red;
       else if (name.equals("Green")) color = Color.green;
       else if (name.equals("Blue")) color = Color.blue;
```

```
        else if (name.equals("Black")) color = color.black;
    }
}
```

程序运行演示如图 7-25 所示。

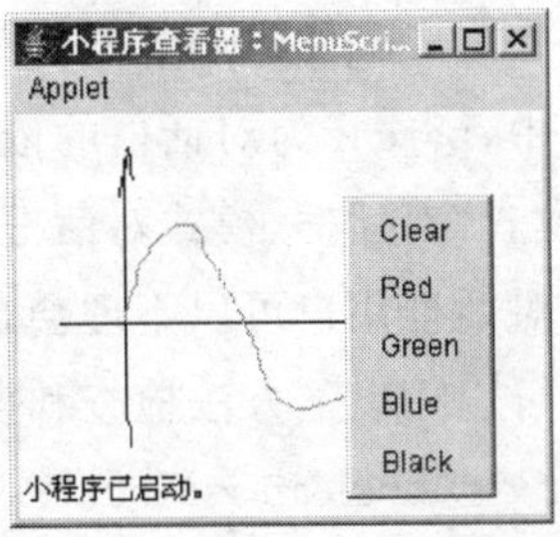

【说明】 本程序涉及众多的鼠标事件,一方面是通过鼠标
按下拖动可以在 Applet 上画图,按下鼠标时记下当前出发点,
拖动鼠标过程中将在前一个点与当前点之间绘制直线。另一
方面点击鼠标右键将显示弹出菜单,可以通过弹出菜单更改画
笔颜色或清除画面。

2. 深入理解事件处理模型

例 7-21 中用到了事件处理的更复杂思想,如图 7-26 所示。

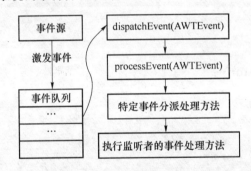

图 7-26 Java 的事件处理过程

由事件源激发产生的事件首先送到事件队列中,此时它在
系统的事件分派程序的监控之下,当"轮"到该事件时,将执行事件源组件的 dispatchEvent
方法,将事件作为参数传递给该方法,dispatchEvent 方法将调用 processEvent 方法处理事件,它首先将执行特定事件的分派处理方法,如:processKeyEvent(键盘事件)、processMouseEvent(鼠标事件)、processMotionEvent(鼠标动作事件)、processFocusEvent(焦点事件)等。这些方法将检查事件源组件针对该类型事件注册了哪些监听者,并将事件分派到这些监听者对象,执行监听者提供的事件处理方法。

图 7-25 弹出菜单的使用

在例 7-21 中,弹出菜单的显示处理用到了以上事件处理过程的思想。尤其是负责鼠标
事件分派的 processMouseEvent 方法,它在所有 GUI 部件的父类 Component 中定义,在该
程序中为了实现"个性化"处理,重写了 processMouseEvent 方法,主要目的是要"过滤"鼠标
右击事件,通过鼠标事件对象的 isPopupTrigger()方法检测是否发生鼠标右击事件。如果
发生了右击,显示弹出菜单,否则执行 super. processMouseEvent(e),对其他鼠标事件(如左
击等)做进一步处理。值得注意的是,调用父类对象的 processMouseEvent(e)方法处理其
他鼠标事件很有必要,否则不会再对诸如鼠标按下的事件做进一步分派处理(当然也就无法
正确绘图)。对 processMouseEvent 的调用不影响鼠标动作事件的处理,鼠标动作事件的处
理是由另一个方法 processMouseMotionEvent(MouseEvent e)分派。

7.6 对话框的使用

7.6.1 对话框的创建与使用

对话框在 Windows 应用中经常存在,与 Frame 一样,对话框也是有边框、有标题的一

种窗体容器,但与 Frame 不同的是,对话框不能有菜单,也不能作为最外层的容器,对话框必须依托一个 Frame 并由这个 Frame 负责弹出。常见的对话框包括,提示对话框、确认对话框、输入对话框等,以下给出对话框的构造方法有多种,典型的是:

Dialog(Frame parent,String title,boolean isModal)

其中,parent 为对话框的依托窗体,title 为对话框的标题,isModel 用来指示对话框是否为"模式"对话框,模式对话框在显示时将阻塞该应用的其他操作,要求用户必须回答;而非模式对话框用户可以不理会,继续其他操作。默认情况下为非模式对话框,已经创建的对话框也可以用以下方法检查和设置模式。

- boolean isModal():检查对话框是否为模式对话框。
- setModal(boolean isModal):设置对话框的模式属性。

例 7-22 将例 7-15 的颜色面板放入一个对话框,给窗体设置背景颜色。

程序代码如下:

```
import java.awt. * ;
import java.awt.event. * ;
public class TestDialog extends Frame {
    Button change = new Button("Change Color");
    ColorPanel m;
    Button b = new Button("确定");
    Dialog my;
    public TestDialog () {
        super("Parent");
        setLayout(new FlowLayout());
        m = new ColorPanel(); //创建颜色选择面板
        add(change);
        change.addActionListener(new ActionListener(){
            public void actionPerformed(ActionEvent e) {
                my = new Dialog(TestDialog.this,"Select color",true);
                //创建对话框
                my.addWindowListener(new WindowAdapter() { //对话框的窗体关闭处理
                    public void windowClosing(WindowEvent e) {
                        my.dispose(); //关闭对话框
                    }
                my.setLayout(new BorderLayout());
                my.add("Center",m); //将获取颜色面板加入对话框
                my.add("South",b); //将确定按钮加入对话框
                my.setSize(300,200);
```

```
        my.setVisible(true); //显示对话框
    }
});
setSize(300,300);
setVisible(true);
b.addActionListener(new ActionListener(){
    public void actionPerformed(ActionEvent e) {
        my.dispose(); //关闭对话框
        setBackground(m.mycanvas.getBackground());
        //用颜色面板上画布的背景色设置窗体的背景
    }
});
}
public static void main(String a[]) {
    new TestDialog();
}
}
```

程序运行演示如图 7-27、图 7-28 所示。

图 7-27　父窗体

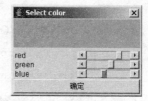

图 7-28　改变颜色对话框

【说明】 本例完全套用了例 7-15 中的颜色选择面板,因此,省略了相关的代码,为了给窗体选择背景色,在窗体上安排一个"Change Color"按钮,点击该按钮将弹出一个对话框,通过对话框来选择和确定需要的颜色,因此,将颜色选择面板加入对话框,并且安排一个确定按钮用于确认最后的颜色选择,通过颜色面板选好颜色后,点击确认按钮将关闭对话框,同时将窗体的背景色设置为调色面板所选颜色。

【注意】 这里,对话框最好选用模式对话框,弹出对话框时,不能再操作其依托窗体。如果是非模式对话框,则可以通过多次点击"Change Color"按钮弹出很多对话框。对于模式对话框,对话框的窗体关闭事件的注册必须在对话框显示前执行,否则,对话框显示后,将阻塞后续代码,则点击对话框的关闭图标将无任何响应。

7.6.2　文件对话框

对于文件操作的图形界面中经常需要打开和保存文件,这时可以通过 FileDialog 对话框来选择文件名和路径。FileDialog 是 Dialog 的子类。该类的构造方法有如下 3 个。

① FileDialog(Frame parent)：创建一个文件装载对话框，parent 为依托窗体。

② FileDialog(Frame parent，String title)：创建指定标题的文件装载对话框。

③ FileDialog(Frame parent，String title，int mode)：创建一个对话框，mode 取值为 FileDialog. LOAD 或 FileDialog. SAVE，决定对话框是打开还是保存文件。

常用的 FileDialog 方法如下。

• String getDirectory()：返回对话框选择的文件的目录。

• String getFile()：返回对话框选择的文件名，当对话框未选文件时返回 null。

【注意】 使用文件对话框并不能将文件内容读出或保存文件内容，它仅提供获取文件标识的界面，要进行文件的访问操作还需要使用文件输入输出流实现文件处理。

例 7-23 利用文件对话框获取文件名写入文本框中。

程序代码如下：

```java
public class TestFileDialog extends Frame {
    Button selectButton = new Button("选择文件");
    TextField file = new TextField(20);
    public TestFileDialog () {
        setLayout(new FlowLayout());
        add(selectButton);
        add(file);
        s. addActionListener(new ActionListener(){
            public void actionPerformed(ActionEvent e) {
                FileDialog my = new FileDialog(TestFileDialog. this);
                my. setVisible(true);
                file. setText(my. getDirectory() + my. getFile());
            }
        });
        setSize(200,50);
        setVisible(true);
    }
    public static void main(String a[]) {
        new TestFileDialog();
    }
}
```

程序运行结果如图 7-29 所示。

【说明】 在图 7-29(a)中点击"选择文件"按钮，将弹出图(b)所示的对话框，选取打开的文件后，点击对话框的打开按钮，将自动关闭对话框，并将选取文件的路径及文件名写入到文本框中,如图(c)所示。

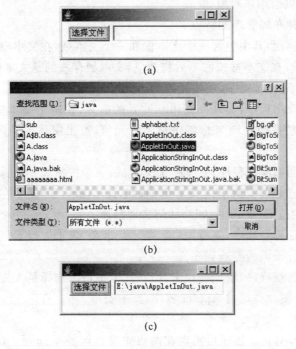

(a)

(b)

(c)

图 7-29　使用文件对话框

7.7　本章小结

图形用户界面首先是界面的设计,Java 界面由许多组件构成,应用设计者要在熟悉各种组件的功能基础上合理选择组件。组件安排在容器中,容器可以根据需要进行嵌套,整个应用外观取决于容器的布局设计。Java 提供了多种布局管理器,容器可以通过选择不同的布局管理器来决定布局。

图形界面的另一重要内容是事件处理,Java 采用委托事件机制实现事件的处理,每类事件都有对应的事件监听器,不同类型的监听器通过接口定义相应的事件处理方法。事件编程首先要在事件源注册监听者,在监听者中通过事件处理方法的编程来最终完成应用功能的实现。

窗体、面板、对话框是常用容器,只有窗体能够创建下拉菜单;经常利用面板嵌套实现复杂的界面设计,Applet 是面板的子类,所以面板的功能在 Applet 同样拥有;对话框要依托窗体存在。Canvas 是专用于绘图的部件,但它不是容器。

习　题

7-1　在例 7-7 中,如果不直接在面板绘图而是引入一个 Canvas 对象来绘图,将面板与 Canvas 画布布置在窗体中,如何改动程序?

【提示】　先创建 Canvas 对象,然后将创建的 Canvas 对象通过面板的构造方法传送给面板,这样面板中可以引用该对象。

7-2　请说明各种布局管理的特点。

7-3　创建图形界面,其中包含一个文本框和一个文本域,在文本框进行数据输入时,数据同时添加到文本域,在文本框按回车后将清空,文本域存放的是文本框的历次输入。

7-4　编写一个 Applet 程序,用按钮控制 Applet 背景随机改变。

7-5　编写窗体应用程序,实现人民币与欧元的换算,在两个文本框中分别输入人民币值和汇率,点击"转换"按钮在结果标签中显示欧元值,点击窗体的关闭图标可实现窗体的关闭。

7-6　编写一个图形应用程序,安排一个文本框、一个按钮和一个标签,从文本框录入一个数字(0~9),点击按钮将其对应的英文单词(如,zero,one 等)显示在标签中。并思考,如果进一步扩展数据的范围(如,0~100),如何实现翻译。

7-7　实现一个计算器程序,支持加、减、乘、除、求余、求平方根等运算。

7-8　编写一个五子棋的游戏程序。

7-9　改进火柴游戏程序,增加一块卡片,在此卡中可以选择是人先拿还是计算机先拿。

7-10　编写一个图片浏览的 Applet 程序,其中安排"下一张"、"上一张"两个按钮,用于实现图片的翻动。

7-11　编写一个 Applet 程序可实现在网页中交互解答单选题。试题标准答案和解答理由通过 Applet 参数传递,试题内容不在 Applet 中处理,直接由 HTML 标记显示。要求能根据学生解答弹出对话框提示对错,并在选对的情况下显示理由。

第8章 异常处理

防错程序设计一直是软件设计中的重要组成内容,一个好的软件应能够处理各种错误的情形,而不是在用户使用的过程中产生各种错误。Java 的异常处理机制为提高 Java 软件的健壮性提供了良好的支持。

8.1 异常的概念

8.1.1 什么是异常

异常指的是程序运行时出现的非正常情况。可能导致程序发生非正常的原因很多,如,数组下标越界、算术运算被 0 除、空指针访问、试图访问不存在的文件等。

例 8-1 测试异常。

程序代码如下:

```java
public class testException {
    public static void main(String args[]) {
        int x = Integer.parseInt(args[0]);
        int y = Integer.parseInt(args[1]);
        System.out.println(x + " + " + y + " = " + (x + y));
    }
}
```

该程序在编译时无错误,在运行时可能因使用不当产生各种问题。

① 正常运行示例。输入运行命令:

java testException 23 45

输出结果:

23+45=68

② 错误运行现象 1,忘记输入命令行参数,例如:

java testException

则在控制台将显示数组访问越界的错误信息:

```
Exception in thread "main" java.lang.ArrayIndexOutOfBoundsException: 0
        at testException.main(testException.java:3)
```

③ 错误运行现象 2,输入的命令行参数不是整数,例如:

java testException 3 3.4

则在控制台将显示数字格式错误的异常信息:

Exception in thread "main" java.lang.NumberFormatException: For input string:
"3.4" at java.lang.NumberFormatException.forInputString(NumberFormat
Exception.java:48) at java.lang.Integer.parseInt(Integer.java:435)

at java.lang.Integer.parseInt(Integer.java:476)

可以看出,如果程序运行时出现异常,Java系统通常将自动显示有关异常的信息,指明异常种类和出错的位置。显然,这样的错误信息交给软件的使用者是不合适的,用户无疑会抱怨软件怎么老出错。一个好的程序应能够将错误消化在程序的代码中,也就是在程序中处理各种错误,假如异常未在程序中消化,Java虚拟机将最终接收到这个异常,它将在控制台显示异常信息。为了能防止第一种错误现象,有两个办法。

(1) 处理方法 1。用传统的防错处理办法检测输入参数是否达到 2 个,未达到给出提示,以下为具体代码。

```java
public class testException {
    public static void main(String args[]) {
        if (args.length<2) {
            System.out.println("usage: java testException int int ");
        } else {
            int x = Integer.parseInt(args[0]);
            int y = Integer.parseInt(args[1]);
            System.out.println(x + " + " + y + " = " + (x + y));
        }
    }
}
```

这样,当用户输入参数少于 2 时,则输出提示:

usage: java testException int int

(2) 处理方法 2。利用异常机制,以下为具体代码。

```java
public class testException {
    public static void main(String args[]) {
        try {
            int x = Integer.parseInt(args[0]);
            int y = Integer.parseInt(args[1]);
            System.out.println(x + " + " + y + " = " + (x + y));
        } catch (ArrayIndexOutOfBoundsException e) {
            System.out.println("usage: java testException int int ");
        }
    }
}
```

异常处理的特点是对可能出现异常的程序段,用 try 进行尝试,如果出现异常,则相应的 catch 语句将捕获该异常,对该异常进行消化处理。

8.1.2 异常的类层次

Java 的异常类是处理运行时错误的特殊类,每一种异常类对应一种特定的运行错误。所有的 Java 异常类都是系统类库中的 Exception 类的子类,其继承结构如图 8-1 所示。

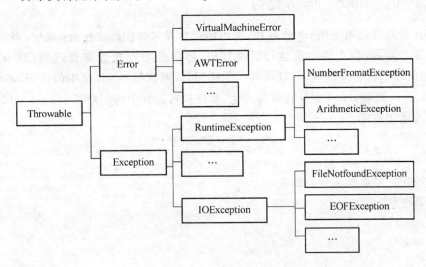

图 8-1 Java 异常类继承层次

Throwable 类是根,Error 类是 JVM 系统内部错误,与具体程序无关,Exception 类是指程序代码中要处理的异常,这类异常的发生可能与程序运行时的数据有关(如,算术例外、空指针访问),也可能与外界条件有关(如,文件找不到)。对于 IOException 异常,Java 编译器在编译代码时强制要求程序中必须有相应的异常处理代码。

8.1.3 系统定义的异常

Exception 类有若干子类 ,每一个子类代表一种特定的运行时的错误,这些子类有的是系统事先定义好并包含在 Java 类库中的,称为系统定义的运行异常,见表 8-1。

表 8-1 常见系统异常及说明

系统定义的异常	异常的解释
ClassNotFoundException	未找到要装载的类
ArrayIndexOutOfBoundsException	数组访问越界
FileNotFoundException	文件找不到
IOException	输入、输出错误
NullPointerException	空指针访问
ArithmeticException	算术运算错误,如除数为 0
NumberFormatException	数字格式错误
InterruptedException	中断异常,线程在进行暂停处理时(如,睡眠)被调度打断将引发该异常

8.2 异常的处理

8.2.1 try…catch…finally 结构

进行异常处理必须使用 try 程序块,将可能产生异常的代码放在 try 块中,当 JVM 执行过程中发现了异常,会立即停止执行后续代码,然后开始查找异常处理器,对 try 后面的 catch 块按次序进行匹配检查,一旦找到一个匹配者,则执行 catch 块中的代码,不再检查后面的 catch 块。如果 try 块中没有异常发生,程序执行过程中将忽略后面的 catch 块。

以下为语句格式:

```
try {
    语句块;
} catch (异常类名  参变量名) {
    语句块;
} finally {
    语句块;
}
```

【说明】

① try 语句块用来启动 Java 的异常处理机制。一个 try 可以引导多个 catch 块。

② 异常发生后,try 块中的剩余语句将不再执行。

③ 异常对象是依靠以 catch 语句为标志的异常处理语句块来捕捉和处理的。catch 块中的代码要执行的条件是,首先在 try 块中发生了异常,其次异常的类型与 catch 要捕捉的一致,在此情况下,运行系统会将异常对象传递给 catch 中的参变量,在 catch 块中可以通过该对象获取异常的具体信息。

④ 在该结构中,可以无 finally 部分,但如果存在,则无论异常发生否,finally 部分的语句均要执行。即便是 try 或 catch 块中含有退出方法的语句 return,也不能阻止 finally 代码块的执行,也就是先执行 finally 块,然后再返回。除非遇到 System.exit(0)时将停止程序运行。

例 8-2 算术异常测试举例。

程序代码如下:

```
public class testSystemException {
  public static void main(String a[]) {
    try {
        int x = 4/0;
        System.out.println("come here?"); //运行不可达
    } catch (ArithmeticException e) {
        System.out.println("算术运算异常!" + e.toString());
    }
```

```
        finally {
            System.out.println("you must go here");
        }
    }
}
```

程序执行结果如下：

算术运算异常！ java.lang.ArithmeticException：/ by zero

you must go here

 思考

读者可以尝试修改该程序，使之不产生异常，观察输出结果的变化。

如果同一个 try 对应有多个 catch，则要注意 catch 的排列次序，以下的排列将不能通过编译。原因在于 Exception 是 ArithmeticException 的父类，父类引用可以指向子类对象，如果发生算术异常，前一个 catch 块中已经可以捕获，所以，后一个 catch 将无意义。如果将两个 catch 颠倒，则编译就可以通过，以下为具体代码。

```
try {
    int x = 4/0;
    System.out.println("come here? "); //运行不可达
}
catch (Exception e) {
    System.out.println("异常!" + e.toString());
}
catch (ArithmeticException e) {
    System.out.println("算术运算异常!" + e.toString());
}
```

8.2.2 多异常的处理举例

多异常处理是通过在一个 try 块后面定义若干个 catch 块来实现的，每个 catch 块用来接受和处理一种特定的异常对象。每个 catch 块有一个异常类名作为参数。一个异常对象能否被一个 catch 语句块所接受，主要看该异常对象与 catch 块的异常参数的匹配情况。以下介绍一个较为复杂的例子。

例 8-3 根据输入的元素位置值查找数组元素的值。

程序代码如下：

```
import java.io. * ;
public class multiException {
    public static void main(String args[]) {
```

```
int arr[] = {100,200,300,400,500,600};
String index;
int index1;
BufferedReader br = new BufferedReader(new InputStreamReader(System.in));
System.out.println("输入序号(输入 end 结束):");
while(true) {
    try {
        index = br.readLine();
        if(index.equals("end")) //输入 end 结束
            break;
        index1 = Integer.parseInt(index); //将输入转化为整数
        System.out.println("元素值为:" + arr[index1]);
    }catch(ArrayIndexOutOfBoundsException a) {
        System.out.println("数组下标出界");
    }
    catch(NumberFormatException n) {
        System.out.println("请输入一个整数");
    }
    catch(IOException e) { }
}
}
```

程序运行时,首先提示用户"输入序号",这时根据用户的输入存在各种情况:

① 如果输入的数值是 0～5 之间,将输出显示相应数组元素的值;

② 输入"end"将退出循环,结束程序运行;

③ 如果输入的数据不是数字,则在执行 Integer.parseInt(index)时产生 Number-FormatException 异常,程序中捕获到该异常后,提示用户"请输入一个整数";

④ 如果用户输入序号超出数组范围,则在访问 arr[index1]时产生 ArrayIndexOutOf-BoundsException 异常,程序中捕获到该异常后,显示"数组下标出界";

⑤ 数据输入还可能产生 IOException 异常,编译程序要求必须对该异常进行处理。

从本例可看出,引入异常处理增进了程序的健壮性,将可能产生异常的代码安排在 try 语句块中,每个 try 可对应多个 catch,分别处理不同情形的异常。

8.3 自定义异常

在某些应用中,编程人员也可以根据程序的特殊逻辑在用户程序里自己创建用户自定义的异常类和异常对象,主要用来处理用户程序中特定的逻辑运行错误。

8.3.1 自定义异常类设计

创建用户自定义异常一般是通过继承 Exception 来实现,在自定义异常类中一般包括异常标识、构造方法和 toString()方法。

例 8-4 一个简单的自定义异常类。

程序代码如下:

```
class MyException extends Exception{
    String id;
    public MyException(String str){
        id = str;
    }
    public String toString() {
        return ("我是异常:" + id);
    }
}
```

【说明】 异常标识代表异常的身份,构造方法的作用是给异常标识赋值,toString()方法在需要输出异常的描述时使用。在已定义异常类的基础上也可以通过继承编写新异常类。

8.3.2 抛出异常

前面看到的异常例子均是系统定义的异常,所有的系统定义的运行异常都可以由系统在运行程序过程中自动抛出。而用户设计的异常,则要在程序中通过 throw 语句抛出。异常本质上是对象,因此 throw 关键词后面跟的是 new 运算符来创建一个异常对象,以下为具体代码。

```
public class TestException {
    public static void main(String a[]) {
        try {
            throw new MyException("一个测试异常");
        } catch (MyException e) {
            System.out.println(e);
        }
    }
}
```

【说明】 在 try 语句块中通过 throw 语句抛出创建的异常对象,在 catch 块中将捕获该异常,因为类型正好匹配,在处理代码中输出异常对象实际上就是将异常的 toString()结果输出。

8.3.3 方法的异常声明

如果某一方法中有异常抛出,有两种选择:一是在方法内对异常进行捕获处理;二是在方法中不处理异常,将异常处理交给外部调用程序,这时要在方法头使用 throws 子句列出该方法可能抛出的未被处理的异常。例如,以下程序中 main 将获取一个输入字符并显示。

```
public static void main(String a[]) {
    try {
        char c = (char)System.in.read();
        System.out.println("你输入的字符是:" + c);
    }catch(IOException e){};
}
```

如果在该方法中省去异常处理,则编译将检测到未处理 IO 异常而提示错误,但如果在 main 方法头加上 throws 子句则是允许的,如下所示。

```
public static void main(String a[]) throws IOException {
    char c = (char)System.in.read();
    System.out.println("你输入的字符是:" + c);
}
```

初学者要注意,throw 语句和 throws 子句的差异性,一个是抛出异常,另一个是声明方法将产生某个异常。在一个实际方法中它们的位置如下:

```
修饰符  返回类型  方法名(参数列表)  throws 异常类名列表 {
    …
    throw 异常类名;
    …
}
```

不妨假设定义了一个代表空队列的 EmptyQueueException 异常,那么访问队列数据的方法在队列为空时将抛出异常,方法可设计为如下形式:

```
int dequeue() throws EmptyQueueException {
    int data;
    if (isEmpty())
        throw new EmptyQueueException() ;
    else {
        …//获取队列数据给 data 赋值
        return data;
    }
}
```

【注意】 方法声明了异常并不代表该方法肯定产生异常,也就是异常是有条件发生的。在这里只有当队列为空时才产生异常。

在调用带异常的方法时,编译程序将检查调用者是否有异常处理代码,除非在调用者的方法头中也声明抛出相应的异常,否则编译会给出异常未处理的错误指示。

在编写类继承代码时要注意,子类在覆盖父类带 throws 子句的方法时,子类的方法声明中的 throws 子句抛出的异常不能超出父类方法的异常范围,因此,throws 子句可以限制子类的行为。换句话说,子类方法抛出的异常可以是父类方法中抛出异常的子类,子类方法也可以不抛出异常,但不能出现父类对应方法的 throws 子句中没有的异常类型。

8.4 本章小结

异常处理是 Java 对防错程序设计的很好支持,它可以提高程序的健壮性。Java 语言将异常按类的层次结构进行组织,系统提供了一些典型的异常类,如,数组访问越界异常、空指针异常、IO 异常等。异常处理的特点是将异常的检测与处理分离。一个 try 语句块可以对应有多个 catch 块。IO 异常是编译器要求必须进行检查和处理的异常。用户自定义异常必须继承 Exception 类,在方法中可通过 throw 抛出异常,对未处理异常可通过方法头的 throws 子句声明该方法将产生异常。在其他方法中调用会产生异常的方法必须对异常进行处理或在自己的方法头中声明抛出该异常。

习 题

8-1 语句 throw 和方法头的 throws 子句在概念上有何差异?

8-2 什么样的异常编译要求一定要捕获?

8-3 在异常处理代码中,一个 try 块可以跟若干 catch 块,每个 catch 块能处理几种异常,多异常的捕捉在次序上有讲究吗?

8-4 设计一个求 $n!$ 的方法,结果为一个长整数。编写一个程序从键盘输入一个数给整数 K 赋值,然后调用求 $n!$ 的方法求 $K!$,在程序中规划处理如下异常情况:

(1) 输入的数不是一个整数,而是实数,则不计算;

(2) 输入的数据是一个十六进制表示的形式的串,如 0x1A,则取串的后续部分"1A"转化为十进制数,再进行计算。

提示:通过 Integer.parseInt(String ,16)方法可将串按十六进制识别转化为十进制。

8-5 检查下面代码:

```java
class E1 extends Exception { }
class E2 extends E1 { }
class TestParent {
  public void fun(boolean f) throws E1 { }
}
public class Test extends TestParent {
    //—X—
}
```

下面哪些方法可以放在—X—位置,而且编译通过。

A. public void fun(boolean f) throws E1 { }

B. public void fun(boolean f) { }

C. public void fun(boolean f) throws E2 { }

D. public void fun(boolean f) throws E1,E2 { }

E. public void fun(boolean f) throws Exception { }

8-6 写出下面程序的运行结果。

```java
public class ex2{
    public static void main(String args[]){
        String str = null;
        try {
            if (str.length() == 0) {
                System.out.print("The");
            }
            System.out.print(" Cow");
        } catch (Exception e) {
            System.out.print(" and");
            System.exit(0);
        } finally {
            System.out.print(" Chicken");
        }
        System.out.println(" show");
    }
}
```

8-7 写出下面程序的运行结果。

```java
public class A {
    static int some() {
        try {
            System.out.println("try");
            return 1;
        }
        finally {
            System.out.println("finally");
        }
    }
    public static void main(String arg[]) {
        System.out.println(some());
    }
}
```

第9章　流式输入/输出与文件处理

9.1　输入/输出基本概念

9.1.1　输入/输出设备与文件

输入/输出是程序与用户之间沟通的桥梁,输入功能可以使程序从外界获取数据;输出功能则可以将程序运算结果等信息传递给外界。外部设备分为两类:存储设备与输入/输出设备。存储设备包括硬盘、软盘、光盘等,在这类设备中,数据以文件的形式进行组织。输入/输出设备分为输入设备和输出设备,输入设备有键盘、鼠标、扫描仪等,输出设备有显示器、打印机、绘图仪等。在操作系统中将输入/输出设备也看成一类特殊文件,从数据操作的角度,文件可以看成是字节的序列。根据数据的组织方式,文件可以分为文本文件和二进制文件,文本文件存放的是 ASCII 码(或其他编码)表示的字符,而二进制文件则是具有特定结构的数据。

9.1.2　流的概念

Java 的输入/输出是以流的方式来处理的,流是在计算机的输入/输出操作中流动的数据系列;流系列中的数据有未经加工的原始二进制数据,也有特定格式的数据。流式输入/输出的特点是数据的获取和发送均沿数据序列顺序进行,如图 9-1 所示。

图 9-1　流的顺序访问特性

从图 9-1 可看出,输出流是往存储介质或数据通道中写入数据,而输入流是从存储介质或数据通道中读取数据,流的特性有以下几点。

① 先进先出。最先写入输出流的数据最先被输入读取到。

② 顺序存取。可以一个接一个地往流写入一串字节,读出时也将按写入顺序读取一串字节,不能随机访问中间的数据。

③ 只读或只写。每个流只能是输入流或输出流的一种,不能同时具备两个功能,在一个数据传输通道中,如果既要写入数据,又要读数据,则要分别提供两个流。

在 Java 的输入/输出类库中,有各种不同的流类来满足不同性质的输入/输出需要。总的说来,Java API 提供了两套流来处理输入/输出,一套是面向字节的流,数据的处理是以字节为基本单位;另一套是面向字符的流,用于字符数据的处理,这里特别注意,为满足字符的国际化表示要求,Java 的字符编码是采用 16 位表示一个字符的 Unicode 码,而普通的文本文件中采用的是 8 位的 ASCII 码。

Java 提供了专门用于输入/输出功能的包 java.io,其中包括 5 个非常重要的类,Input-Stream、OutputStream、Reader、Writer 和 File。其他与输入/输出有关的类均是这 5 个类基础上的扩展。

针对一些频繁的设备交互,Java 系统预先定义了如下 3 个可以直接使用的流对象。

- 标准输入(System. in):InputStream 类型,通常代表键盘输入;
- 标准输出(System. out):PrintStream 类型,通常写往显示器;
- 标准错误输出(System. err):PrintStream 类型,通常写往显示器。

标准输入/输出在实际运行时的具体目标对象也可能变化,System 类中提供了如下 3 种方法重新设置标准流对象。

- static void setIn(InputStream in):重新定义标准输入流;
- static void setErr(PrintStream err):重新定义标准错误输出;
- static void setOut(PrintStream out):重新定义标准输出。

在 Java 中使用字节流和字符流的步骤基本相同,以输入流为例,首先创建一个与数据源相关的流对象,然后利用流对象的方法从流输入数据,最后执行 close()方法关闭流。

9.2 面向字节的输入/输出流

9.2.1 面向字节的输入流

1. 类 InputStream 介绍

面向字节的输入流类都是类 InputStream 的子类,如图 9-2 所示,类 InputStream 是一个抽象类,定义了如下方法。

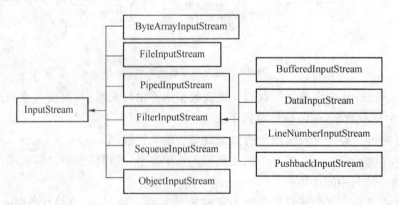

图 9-2 面向字节输入流类的继承层次

- public int read():读一个字节;
- public int read(byte b[]):读多个字节到字节数组;

- public int read(byte[] b, int off, int len)：从输入流读指定长度的数据到字节数组，数据从字节数组的 off 处开始存放；
- public long skip(long n)：指针跳过 n 个字节，定位输入位置指针的方法；
- public void mark()：在当前位置指针处做一标记；
- public void reset()：将位置指针返回标记处；
- public void close()：关闭流。

数据的读取通常是按照顺序逐个字节进行访问，在某些特殊情况下，要重复处理某个字节可通过 mark() 加标记，以后用 reset() 返回该标记处再处理。

2. 类 InputStream 的子类的使用

类 InputStream 的主要子类及功能见表 9-1，其中，过滤输入流类 FilterInputStream 是一个抽象类，没有提供实质的过滤功能，其子类中定义了具体的过滤功能，见表 9-2。

表 9-1　类 InputStream 的主要子类及说明

类　名	构造方法的主要参数	功能描述
ByteArrayInputStream	字节数组	以程序中的一个字节数组作为输入源，通常用于对字节数组中的数据进行转换
FileInputStream	类 File 的对象或字符串表示的文件名	以文件作为数据源，用于实现对磁盘文件中数据的读取
PipedInputStream	PipedOutputStream 的对象	与另一输出管道相连，读取写入到输出管道中的数据，用于程序中线程间的通信
FilterInputStream	InputStream 的对象	用于装饰另一输入流以提供对输入数据的附加处理功能，子类见表 9-2
SequeueInputStream	一系列 InputStream 的对象	将两个其他流首尾相接，合并为一个完整的输入流
ObjectInputStream	InputStream 的对象	用于从输入流读取串行化对象。可实现轻量级对象持久性

表 9-2　类 FilterInputStream 的常见子类及说明

类　名	功能描述
BufferedInputStream	为所装饰的输入流提供缓冲区的功能，以提高输入数据的效率
DataInputStream	为所装饰的输入流提供数据转换的功能，可从数据源读取各种基本类型的数据
LineNumberInputStream	为文本文件输入流附加行号
PushbackInputStream	提供回压数据的功能

以下通过若干例子介绍输入流的使用。

（1）文件输入流（FileInputStream）

对文件的操作访问是常见的 I/O 应用。可利用文件输入流的方法从文件读取数据。注意，读到文件结尾时 read 方法返回 −1，编程时可以利用该特点来组织循环，从文件的第一个字节一直读到最后一个字节。

例 9-1　在屏幕上显示文件内容。

程序代码如下：

```
import java.io.*;
```

```
public class DisplayFile {
    public static void main(String args[]) {
        try {
            FileInputStream infile = new FileInputStream(args[0]);
            int byteRead = infile.read();
            while (byteRead! = -1) {
                System.out.print((char)byteRead); //将字节转化为字符显示
                byteRead = infile.read();
            }
        }
        catch(ArrayIndexOutOfBoundsException e) {
                System.out.println("需要提供一个文件名作为命令行参数"); }
        catch(FileNotFoundException e) {
                System.out.println("file not find! ");}
        catch(IOException e) { }
    }
}
```

【说明】 从命令行参数获取要显示的文件的文件名,利用 FileInputStream 的构造方法建立对文件进行操作的输入流,利用循环从文件逐个字节读取数据,将读到的数据转化为字符在屏幕上显示。运行程序不难发现,本程序可查看文本文件的内容,但如果输入的文件是二进制文件(如 Java 程序的 class 文件等)时看到的是乱码,因为那些文件中的数据不是字符,强制转换为字符是没有意义的。

 思考

编程统计任意一个文件的字节数。

(2) 数据输入流(DataInputStream)

为了规范对各类基本类型数据的读取操作,Java 定义了 DataInput 接口,该接口规定了基本类型数据的输入方法。如,readByte()、readBoolean()、readShort()、readChar()、readInt()、readLong()、readFloat()、readDouble()以及读取字符串的 readUTF()。类 DataInputStream实现了 DataInput 接口,因此,具备上述功能。也许很多读者会想,这次可以利用该过滤流从键盘读取整数吗?

例 9-2 从键盘输入一个整数,求该数的各位数字之和。

程序代码如下:

```
import java.io. * ;
public class BitSum {
    public static void main(String args[]) throws IOException{
```

```
DataInputStream din = new DataInputStream(System.in);
System.out.print("input a integer：");
int x = din.readInt(); //读一个整数
int sum = 0;
int n = x;
while (n>0) {
    int lastbit = n % 10; //取最低位
    n = n/10; //去掉最低位
    sum = sum + lastbit; //累加各位之和
    }
System.out.println(x + "的各位数字之和 = " + sum);
    }
}
```

【运行结果】

input a integer：124

825373709 的各位数字之和 = 44

【说明】 输入数据 124 怎么变成了 825373709？原因在于输入数据不符合基本类型数据的格式，从键盘提供的数据是字符的字节码表示，如果输入 124，则只代表 1、2、4 三个字符的字节数据（每个字符占 2 个字节），绝不是代表整数 124 的字节码（一个整数是 32 位，有 4 个字节），也就是数据格式与需要的不匹配！

要从键盘得到整数只能先读取字符串，再利用其他方法，如，Integer. parseInt(String) 将数字字符串转化为整数。

通过此例提醒读者在使用输入/输出流及方法时还要注意数据本身的特点。用 DataInput 中的方法读取数据对数据流的存储格式有要求，通常，在进行数据文件处理时常用这些方法，二进制文件中的数据域通常表现为特定的数据类型。具体编程时要保证文件中各数据域的写入与读出方法对应一致。

9.2.2 面向字节的输出流

面向字节的输出流都是类 OutputStream 的后代类，如图 9-3 所示。类 OutputStream 是一个抽象类，含如下一套所有输出流均需要的方法。

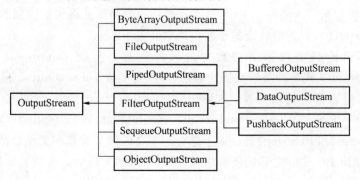

图 9-3 面向字节输入流类的继承层次

- public void write(int b):将参数 *b* 的低字节写入输出流；
- public void write(byte b[]):将字节数组全部写入输出流；
- public void flush():强制将缓冲区数据写入输出流对应的外设；
- public void close():关闭输出流。

例 9-3　将一个大文件分拆为若干小文件。

程序代码如下：

```java
import java.io. * ;
public class BigToSmall {
    public static void main(String args[]) {
        int number = 0;
        final int size = Integer. parseInt(args[1]); //小文件大小
        byte[] b = new byte[size]; //创建一个字节数组存放读取的数据
        try {
            FileInputStream infile = new FileInputStream(args[0]); //大文件
            while (true) {
            FileOutputStream outfile = new FileOutputStream("file" + number);
            //创建小文件
                number ++ ;
                int byteRead = infile. read(b); //从文件读数据给字节数组
                if (byteRead == -1) //在文件尾,无数据可读
                    break; //退出循环
                outfile.write(b,0,byteRead); //将读到的数据写入小文件
                outfile.close();
            }
        }catch(IOException e) { }
    }
}
```

【说明】　运行程序需要输入两个参数,一个是要分拆的大文件名,另一个是小文件的大小。分拆的小文件命名为 file0、file1、file2、…。

【注意】　将数据写入文件用 write(b,0,byteRead)是保证将当前读到的数据写入文件,不能直接写 write(b),因为最后读的子文件通常会更小。

接下来再讨论基本数据类型数据的读写问题。与类 DataInputStream 对应,类 DataOutputStream 实现各种类型数据的输出处理,它实现了 DataOutput 接口,在该接口中定义了基本类型数据的输出方法。如,writeByte(int)、writeBytes(String)、writeBoolean(boolean)、writeChars(String)、writeInt(int) 、writeLong()、writeFloat(float)、writeDouble(double)、writeUTF(String)等。以下结合一个文件例子看基本类型数据的读写。

例 9-4　找出 10～100 之间的所有姐妹素数,写入到文件中。所谓姐妹素数是指相邻两个奇数均为素数。

程序代码如下：

```
import java.io. * ;
public class FindSisterPrime {
  / * 判断一个数是否为素数,是返回 true,否则返回 false * /
  public static boolean isPrime( int n) {
    for ( int k = 2;k< = Math. sqrt(n);k ++ ) {
      if (n % k == 0)
        return false; //不是素数
    }
    return true; //是素数
  }


  public static void main(String[] arguments) {
    try {
      FileOutputStream file = new FileOutputStream("x. dat"); //文件输出流
      DataOutputStream out = new DataOutputStream(file);
      for ( int n = 11;n<100;n + = 2) {
        if (isPrime(n)&&isPrime(n + 2)) { //两个相邻奇数是否为素数
          out. writeInt(n);      //将素数写入文件
          out. writeInt(n + 2);
        }
      }
      out. close();
    } catch (IOException e) { };
  }
}
```

【说明】　这里,首先创建一个 FileOutputStream 文件输出流,如果对应名称的文件不存在,系统会自动新建一个该名字的文件,而后,针对该文件,创建了一个 DataOutput-Stream 流,这样可以利用该流给文件写入各种基本类型的数据。程序中利用 DataOutput-Stream 的 writeInt 方法将找到的素数写入文件。

也许读者会着急看看文件的内容到底如何,用记事本查看文件将显示乱码,原因在于该文件中的数据不是文本格式的数据,要读取其中的数据需要以输入流的方式访问文件,用DataInputStream 的 readInt 方法读取对应数据,以下为程序代码：

```
import java.io. * ;
public class OutSisterPrime {
  public static void main(String[] arguments) {
    try {
```

```
FileInputStream file = new FileInputStream("x.dat"); //输入文件
DataInputStream in = new DataInputStream(file);
try {
    while(true) {
        int n1 = in.readInt(); //从文件读取整数
        int n2 = in.readInt();
        System.out.println(n1 + "," + n2); //输出相邻的 2 个素数
    }
} catch (EOFException e) { in.close();}
} catch (IOException e) { }
}
}
```

【注意】 在本程序中采取了一种特殊的方式实现对整个文件数据的读取,利用第 8 章介绍的异常处理机制,在 try 块中用无限循环来读取访问文件,如果遇到文件结束将抛出 EOFException 异常,在 catch 捕获该异常时执行关闭文件的操作。

从例 9-4 可以看出,各种过滤流实际上是对数据进行特殊的包装处理,从而更方便地访问数据,在读写字节的基础上提供更高级的功能。

9.3 面向字符的输入/输出流

9.3.1 面向字符的输入流

面向字符的输入流类都是类 Reader 的后代,如图 9-4 所示。

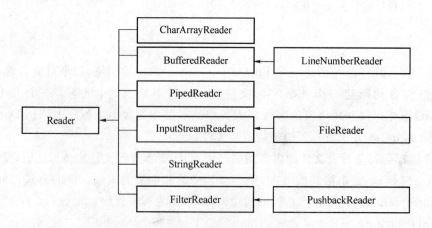

图 9-4 面向字符输入流类的继承层次

类 Reader 是一个抽象类,提供的方法与 InputStream 类似,只是将基于 Byte 的参数改为基于 Char,见表 9-3。

表 9-3　类 Reader 的主要子类及说明

类　名	构造方法的主要参数	功能描述
CharArrayReader	字符数组 char[]	用于对字符数组中的数据进行转换
BufferedReader	类 Reader 的对象	为输入提供缓冲的功能,提高效率
LineNumberReader	类 Reader 的对象	为输入数据附加行号
InputStreamReader	InputStream 的对象	将面向字节的输入流转换为字符输入流
FileReader	文件对象或字符串表示的文件名	文件作为输入源
PipedReader	PipedWriter 的对象	与另一输出管道相连,读取另一管道写入的字符
StringReader	字符串	以程序中的一字符串作为输入源,通常用于对字符串中的数据进行转换

例 9-5　从一个文本文件中读取数据加上行号后显示。

程序代码如下:

```java
import java.io. * ;
public class AddLineNo {
    public static void main(String[] args) {
        try {
            FileReader file = new FileReader("AddLineNo.java");
            LineNumberReader in = new LineNumberReader(file);
            boolean eof = false;
            while (! eof) {
                String x = in.readLine();
                if (x == null) //是否读至文件尾
                    eof = true;
                else
                    System.out.println(in.getLineNumber() + ": " + x);
            }
            in.close();
        } catch (IOException e) { };
    }
}
```

【说明】　本程序利用 LineNumberReader 的 readLine()方法从该程序的 Java 源文件中逐行读取数据,并通过其 getLineNumber()方法得到行号与文本拼接后输出。显示结果是给源程序的每行加上了行号。在本程序中采用了另一种办法判断是否处理到文件末尾,即 readLine()方法在遇到文件末尾时将返回 null,这时,将逻辑变量 eof 置为 true,从而结束循环。如果不引入逻辑变量,用 break 结束循环怎么改写程序?

9.3.2　面向字符的输出流

面向字符的输出流类都是类 Writer 的后代,如图 9-5 所示。

类 Writer 是一个抽象类,提供的方法与 OutputStream 类似,只是将基于 Byte 的参数改为基于 Char,见表 9-4。

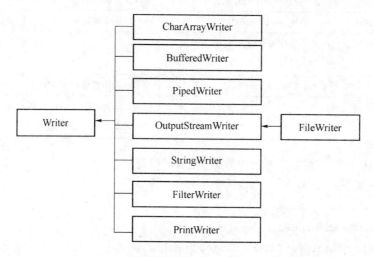

图 9-5　面向字符输出流类的继承层次

表 9-4　类 Writer 的主要子类及说明

类　名	构造方法的主要参数	功能描述
CharArrayWriter	字符数组 char[]	用于对字符数组中的数据进行转换
BufferedWriter	类 Writer 的对象	为输出提供缓冲的功能,提高效率
OutputStreamWriter	OutputStream 的对象	将面向字节的输出流转换为字符输出流
FileWriter	文件对象或字符串表示的文件名	文件作为输出源
PipedWriter	PipedReader 的对象	与另一输出管道相连,写入数据给另一管道供其读取
StringWriter	字符串	以程序中的一字符串作为输出源,用于对字符数组中的数据进行转换
FilterWriter	Writer 的对象	装饰另一输出流以提供附加的功能
PrinterWriter	Writer 的对象或 Output-Stream 的对象	为所装饰的输出流提供打印输出,与类 PrintStream 只有细微差别

以下结合实例介绍 FileWriter 类的使用,该类的直接父类是 OutputStreamWriter,后者又继承 Writer 类。

例 9-6　用 FileWriter 流将 ASCII 英文字符集字符写入到文件。

程序代码如下:

```
import java.io. * ;
public class CharWrite {
```

```
public static void main(String args[]) {
    try {
        FileWriter fw = new FileWriter("charset.txt");
        for ( int i = 32;i<126;i++)
            fw.write(i);
        fw.close();
    }catch (IOException e){ }
}
```

运行程序,使用 type charset.txt 命令查看结果如下:

!"#$%&()*+,-./0123456789:;<=>? @ABCDEFGHIJKLMNOPQRSTUVWXYZ[\]^_`
abcdefghijklmnopqrstuvwxyz{|}

【说明】 FileWriter 的构造方法和 write 方法均可能抛出 IO 异常,必须进行异常捕获处理,执行 FileWriter 的构造方法时,如果文件不存在,将自动创建文件。FileWriter 还存在两个参数的构造方法,第 2 个参数用于指示是否可以往文件中添加数据。FileWriter 通过继承 Writer 类中的 write 方法实现数据写入,几种常用形态如下。

- public void write(int c) :往文件写入一个字符,它是将整数的低 16 位对应的数据写入文件,高 16 位将忽略;
- public void write(char[] cbuf):将一个字符数组写入文件;
- public void write(String str):将一个字符串写入文件。

【注意】 第一种形式不能处理汉字,要将汉字写入文件可以使用后面两种形式。比如:

char x[] = {'高','高','兴','兴'};
fw.write(x);
fw.write("\nhello 你好");

9.4 转 换 流

转换输入流(InputStreamReader)和转换输出流(OutputStreamWriter)将字符转换为相应编码的字节,在字节流和字符流间架起了一道桥梁。类 FileReader 和 FileWriter 分别是两个转换流的子类,用于实现对文本文件的读写访问。

9.4.1 转换输入流

从前面介绍可发现,InputStreamReader 是 Reader 的子类。一个 InputStreamReader 对象接受一个字节输入流作为源,产生相应的 UTF-16 字符。类 InputStreamReader 的常用构造方法如下。

- public InputStreamReader(InputStream in):创建转换输入流,按默认字符集的编码从输入流读数据;
- public InputStreamReader(InputStream in,Charset c):创建转换输入流,按指定字符集的编码从输入流读数据;

- public InputStreamReader(InputStream in, String enc)throws UnsupportedEncod-ingException:创建转换输入流,按名称所指字符集的编码从输入流读数据。

例如,以下代码将按"ISO 8859-6"编码从文件读字符,将其转换为相应的 UTF-16 字符。

```
InputStream filein = new FileInputStream(file);
Reader in = new InputStreamReader(filein, "iso - 8859 - 6");
```

字符集编码规定了原始的 8 位"字符"与 16 位 Unicode 字符的等价对应关系。本地平台定义了其支持的字符集。

如果用该类强行将任意的字节流转换为字符流是没有意义的,在实际应用中要根据流数据的特点来决定是否需要进行转换。例如,标准输入(键盘)提供的数据是字节形式的,实际上,想从键盘输入的数据是字符系列,因此,转换成字符流更符合应用的特点。回顾前面的介绍,从键盘输入一行字符串,可以用 BufferedReader 的 readLine()方法,但在此前必须使用 InputStreamReader 将字节流转换为字符流,如图 9-6 所示。

```
BufferedReader in = new BufferedReader(new InputStreamReader(System.in));
String x = in.readLine();
```

图 9-6 将字节流转换为字符流

9.4.2 转换输出流

类 OutputStreamWriter 是 Writer 的子类。一个 OutputStreamWriter 对象将 UTF-16 字符转换为指定的字符编码形式写入到字节输出流。类 OutputStreamWriter 的常用构造方法如下。

- public OutputStreamWriter (OutputStream out):创建转换输出流,按默认字符集的编码往输出流写数据;
- public OutputStreamWriter (OutputStream out, Charset c):创建转换输出流,按指定字符集的编码往输出流写数据;
- public OutputStreamWriter (OutputStream out, String enc) throws Unsupporte-dEncodingException:创建转换输出流,按名称所指字符集的编码往输出流写数据。

9.5 文件处理

9.5.1 文件与目录管理

前面有不少范例涉及文件的读写操作。但如果要获得文件的信息或进行文件的复制、删除、重命名等操作则要使用 File 类的方法。

1. 创建 File 对象

File 类的构造方法有多种形态。

（1）File(String path)

path 指定文件路径及文件名，它可以是绝对路径，也可以是相对路径。绝对路径的格式为"盘符:/目录路径/文件名"，相对路径是指程序运行的当前盘、当前目录路径。例如：

File myFile = new File("etc/motd"); // 指当前路径的 etc 子目录下的文件 motd

（2）File(String path,String name)

两个参数分别提供路径和文件名。例如：

myFile = new File("/etc","motd");

（3）File(File dir,String name)

利用已存在的 File 对象的路径定义新文件的路径，第 2 个参数为文件名。

方法的选择取决于访问文件的方式。例如，如果在应用程序里只用一个文件，第一种创建文件的结构是最容易的。但如果在同一目录里打开数个文件，则第二种或第三种结构更好。另外，不同平台下路径分隔符可能不一样，如果应用程序要考虑跨平台的情形，可以使用 System. dirSep 这个静态属性来给出分隔符。

2. 获取文件或目录属性

借助 File 对象，可以获取文件和相关目录的属性信息，以下列出主要方法。

- String getName()：返回文件名；
- String getPath()：返回文件或目录路径；
- String getAbsolutePath()：返回绝对路径；
- String getParent()：获取文件所在目录的父目录；
- boolean exists()：文件是否存在；
- boolean canWrite()：文件是否可写；
- boolean canRead()：文件是否可读；
- boolean isFile()：是否为一个正确定义的文件；
- boolean isDirectory()：是否为目录；
- long lastModified()：求文件的最后修改日期；
- long length()：求文件长度。

3. 文件或目录操作

以下列出文件或目录操作的主要方法。

- boolean mkdir()：创建当前目录的子目录；
- String[] list()：列出目录中的文件；
- File[] listFiles()：得到目录下的文件列表；
- boolean renameTo(File newFile)：将文件改名为新文件名；
- boolean delete()：删除文件；
- boolean equals(File f)：比较两个文件或目录是否相等。

例 9-7 显示若干指定文件的基本信息，文件通过命令行参数提供。

程序代码如下：

```
import java.io. * ;
class Fileinfo{
    static File fileToCheck;
    public static void main(String args[]) throws IOException{
```

```
    if (args.length>0){
      for (int i = 0;i<args.length;i++){
        fileToCheck = new File(args[i]);
        info(fileToCheck);  //调用方法检查参数指定的文件信息
      }
    } else{
        System.out.println("用法:java Fileinfo file1 file2");
    }
  }
  public static void info (File f) throws IOException {
    System.out.println("Name: " + f.getName());
    System.out.println("Path: " + f.getPath());
    System.out.println("Absolute Path: " + f.getAbsolutePath());
    if (f.exists()) {
      System.out.println("File exists.");
      System.out.println( "and is Readable : " + f.canRead());
      System.out.println("and is Writeable: " + f.canWrite());
      System.out.println("File is " + f.length() + " bytes.");
    } else {
      System.out.println("File does not exist.");
    }
  }
}
```

9.5.2　文件的顺序访问

　　文件的顺序访问在前面已接触,根据文件中数据类型的不同有面向字节的和面向字符的两种情形,面向字节的输入/输出流是 FileInputStream 和 FileOutputStream,面向字符的输入/输出流是 FileReader 和 FileWriter。文件的顺序访问只能在读或写操作中选择一种,要根据读写访问要求采用不同流打开文件。也就是先要创建文件输入或输出流,然后用流对象读写数据。考虑到这些流的创建形式类似,不妨以 FileInputStream 为例进行介绍。

　　创建 FileInputStream 方法有利用文件名创建文件输入流和利用 File 对象创建文件输入流两种。

　　(1) 利用文件名创建文件输入流

`FileInputStream myFileStream = new FileInputStream("/etc/motd");`

　　(2) 利用 File 对象创建文件输入流

`File myFile = new File("/etc/motd");`

`FileInputSteam myFileStream = new FileInputStream(myFile);`

　　有了 FileInputStream 流,就可以用 read()方法读取数据。文件访问结束时要用 close()方法关闭文件,对于写操作访问更要记住这点。

9.5.3 文件的随机访问

前面介绍的文件访问均是顺序访问,对同一文件操作只限于读操作或写操作,不能同时进行,而且只能按记录顺序逐个读或逐个写。RandomAccessFile 类提供了对流进行随机读写的能力。这个类通过实现 DataInput 和 DataOutput 接口进行定义。为支持流的随机读写,RandomAccessFile 类还添加定义了如下方法。

① long getFilePointer():返回当前指针。

② void seek(long pos):将文件指针定位到一个绝对地址。地址是相对于文件头的偏移量,地址 0 表示文件的开头。

③ long length():返回文件的长度。

④ setLength(long newLength):设置文件的长度,在删除记录时可以采用,如果文件的长度大于设定值,则按设定值设定新长度,删除文件多余部分,如果文件长度小于设定值,则对文件扩展,扩充部分内容不定。

RandomAccessFile 类的构造方法为:

* public RandomAccessFile(String name,String mode);
* public RandomAccessFile(File file,String mode)。

其中,第一个参数指定要打开的文件,第二个参数决定了访问文件的权限,"r"表示只读,"rw"表示可进行读和写两种访问。创建 RandomAccessFile 对象时,如果文件存在则打开文件,如果不存在将创建一个文件。

例 9-8 模拟应用日志处理,将键盘输入数据写入到文件尾部。

程序代码如下:

```java
import java.io. * ;
public class raTest {
 public static void main(String args[]) throws IOException {
    try {
      BufferedReader in = new BufferedReader(new InputStreamReader(System. in));
      String s = in. readLine();
      RandomAccessFile myRAFile = new RandomAccessFile("java. log","rw");
      myRAFile.seek(myRAFile.length()); //将指针定到文件尾
      myRAFile.writeBytes(s +"\n"); //写入数据
      myRAFile. close();
    } catch (IOException e) {}
  }
}
```

【说明】 由于每次运行写入的数据在文件末尾,所以文件内容不断增多。写入数据是字符串中字符的字节表示,符合文本数据格式,可以用记事本打开 java. log 文件查看内容。

例 9-9 应用系统访问统计。

程序代码如下:

```java
public class Count {
  public static void main(String args[]) {
```

```
long count; //用来表示访问计数值
RandomAccessFile fio = new RandomAccessFile("count.txt","rw");
if (fio.length() == 0) //文件长度为 0 表示未写入过数据,这里是新建文件
    count = 1L; //第 1 次访问
else {
    fio.seek(0); //定位到文件首字节
    count = fio.readLong(); //读原来保存的计数值
    count = count + 1L; //计数增 1
}
fio.seek(0);
fio.writeLong(count); //写入新计数值
fio.close();
    }
}
```

【说明】 利用随机文件存储访问计数值,将计数值写入文件的开始位置。注意,进行读写操作前要关注文件指针的定位。

思考

利用顺序文件如何实现访问计数?

9.6 对象串行化

对象输入流 ObjectInputStream 和对象输出流 ObjectOutputStream 将 Java 流系统扩充到能输入/输出对象,它们提供的 writeObject()和 readObject()方法实现了对象的串行化(Serialized)和反串行化(Deserialized)。要将对象写入到输出流实际上要建立对象和字节流之间的一种映射关系,这里,利用文件保存对象信息或者利用网络实现对象的传递只是实现一种轻量级对象持久性。进一步地,借助对象串行化技术可以建立对象和数据库之间的映射,从而将对象中需要持久保存的信息写入到数据库是实现重量级对象持久性的常用方法。

例 9-10 系统对象的串行化处理。

程序 1 将系统对象写入文件。

```
import java.io. * ;
import java.util. * ;
public class writedate {
    public static void main(String args[])
    {
        try
```

```
    {
        ObjectOutputStream out = new ObjectOutputStream(new FileOutputStream
        ("storedate.dat"));
        out.writeObject(new Date()); //写入日期对象
        out.writeObject("hello world"); //写入字符串对象
        System.out.println("写入完毕");
    } catch (IOException e) { }
    }
}
```

程序 2 读取文件中的对象并显示出来。

```
import java.io. * ;
import java.util. * ;
public class readdate {
    public static void main(String args[]) {
        try
        {
        ObjectInputStream in = new ObjectInputStream(new FileInputStream("store-
        date.dat"));
        Date current = (Date)in.readObject();
        System.out.println("日期:" + current);
        String str = (String)in.readObject();
        System.out.println("字符串:" + str);
        }
        catch (IOException e) { }
        catch (ClassNotFoundException e) { }
    }
}
```

【注意】

① 当输入源的数据不符合对象规范或无数据时将产生 IOException 异常;

② 调用对象输入流的 readObject()方法必须捕捉 ClassNotFoundException 异常。

例 9-11 利用对象串行化将各种图形元素以对象形式存储,从而实现图形的保存。

为了简单起见,这里以直线和圆为例,创建 Line 和 Circle 两个类分别表示直线和圆,为了能方便地访问各种图形元素,创建一个抽象父类 Graph。在抽象类中提供了一个方法 draw()用来绘制相应图形。值得注意的是,为了实现用户自定义对象的串行化,相应的类必须实现 Serializable 接口,否则,不能以对象形式正确写入文件。前面介绍的系统对象 Date 和 String 之所以能写入文件,实际上均实现了 Serializable 接口。

程序 1 图形对象的串行化设计。

```
import java.awt.Graphics;
abstract class Graph implements Serializable { //抽象类
    public abstract void draw(Graphics g); //定义 draw 方法
```

```
    }

class Line extends Graph implements Serializable {
    int x1,y1;
    int x2,y2;
    public void draw(Graphics g){ //实现直线绘制的 draw 方法
        g.drawLine(x1,y1,x2,y2);
    }
    public Line(int x1,int y1,int x2,int y2) {
        this.x1 = x1;
        this.y1 = y1;
        this.x2 = x2;
        this.y2 = y2;
    }
}


class Circle extends Graph implements Serializable {
    int x,y;
    int r;
    public void draw(Graphics g) { //实现圆绘制的 draw 方法
        g.drawOval(x,y,r,r);
    }
    public Circle(int x,int y,int r) {
        this.x = x;
        this.y = y;
        this.r = r;
    }
}
```

程序 2　测试将图形对象串行化写入文件。

```
import java.io. * ;
public class WriteGraph {
    public static void main(String a[]) {
        /* 以下程序分别创建一条直线和一个圆写入文件中 */
        Line k1 = new Line(20,20,80,80);
        Circle k2 = new Circle(60,50,80);
        try {
            ObjectOutputStream out = new ObjectOutputStream(new FileOutputStream
            ("storedate.dat"));
            out.writeObject(new Integer(2)); //保存要写入图形对象的数量
            out.writeObject(k1); //写入直线
```

```
        out.writeObject(k2); //写入圆
      } catch (IOException e) { System.out.println(e); }
  }
}
```

程序 3 从文件读取串行化对象并绘图。

```
import java.awt. * ;
import java.io. * ;
public class DisplayGraph extends Frame{
    public static void main(String a[]) {
        new DisplayGraph();
    }
    public DisplayGraph() {
        super("读对象文件显示图形");
        setSize(300,300);
        setVisible(true);
        Graphics g = getGraphics(); //得到窗体的 Graphics 对象
        try {
          ObjectInputStream in = new ObjectInputStream(new FileInputStream
          ("storedate.dat"));
          int n = ((Integer) in.readObject()).intValue(); //图形对象数量
          for (int i = 1;i <= n ;i ++ ) {
            Graph me = (Graph)in.readObject(); //读取对象
            me.draw(g); //调用相应对象的方法绘图
          }
        }
        catch (IOException e) {System.out.println(e); }
        catch (ClassNotFoundException e) {
            System.out.println(e);
        }
    }
}
```

程序运行结果如图 9-7 所示。

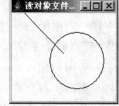

图 9-7　从文件读对象绘图

【说明】　为了增加程序的通用性,程序将要写入文件中的图形对象的数量首先写入到文件的开始处,在绘图时先读出该信息,然后根据图形对象的个数读出每个图形对象的信息进行绘图。

9.7　本章小结

Java 采用流处理输入/输出,Java API 提供了面向字节的流和面向字符的流,面向字节的流以字节作为处理的基本单位,可处理任意格式的数据,但需要程序自己解释数据的格式。面向字符的流以字符为基本单位,能处理各种编码集的字符数据,包括中英文字符的处理。Java 提供丰富的过滤流来装饰流对象,过滤流提供了对数据进行输入/输出操作更方便的方法。缓冲流用于提高数据访问效率,而数据输入流和数据输出流则可以直接读取和写入各种基本类型的数据。

文件流用于对文件的访问,面向字节的文件流用于处理二进制文件,而面向字符的文件流用于处理文本文件,文件流只能顺序读或写。而 RandomAccessFile 类则提供了对文件的随机访问处理能力,可通过位置指针指定读写位置。

对象流用于对象的串行化处理,实际上是将对象转化为字节表示形式,存储到文件或其他设备上,要串行化的对象必须实现 Serializable 接口。某些系统类已实现了串行化接口,可以直接以对象流方式处理其对象。

习 题

9-1 面向字节的输入/输出流与面向字符的输入/输出流有何差异?

9-2 标准输入 System. in 属于哪种类型的流,如果要从键盘获取一个字符串应做何处理?

9-3 在 DataInput 和 DataOutput 接口中定义了哪些方法?

9-4 InputStream、OutputStream、Reader、Writer 在功能上有何差异?

9-5 RandomAccessFile 和其他输入/输出类有何差异?它实现了哪些接口?

9-6 编写一个程序将例 9-4 拆分的小文件合并为大文件。

9-7 编写一个程序从键盘上输入一个文本文件的名字,在屏幕上显示这个文件的内容。

9-8 编程统计一个文件中单词的个数。

9-9 编写一个学生成绩管理程序,内容包括:学号、姓名以及数学、外语、Java 等课程的成绩,设计一个文件管理程序,实现如下功能:

(1) 录入 10 个学生的数据,写入文件;

(2) 从文件中读取数据,计算每位学生的所有课程平均分;

(3) 计算全部学生的数学平均分。

9-10 利用随机文件设计一个用户管理程序,每个用户包括:登录 ID、密码、姓名、登录次数等字段,整个系统实现如下功能:

(1) 新用户加入;

(2) 列出所有用户;

(3) 某个用户登录系统,其登录次数增加 1;

(4) 删除某个用户。

9-11 编写一个 Student 类用来描述学生对象,创建若干学生,将其写入文件,然后读出对象,验证显示相应的数据。

9-12 对例 9-11 进行扩充,使之能将更多的图形元素写入文件,并且与图形绘制程序合并在一起,实现一个较为完整的图形绘制与保存程序。

第 10 章 多线程

以往开发的程序,大多是单线程的,即一个程序只有一条执行线索。然而在实际应用中经常需要同时处理多项任务。例如,服务器要同时处理与多个客户的通信,可以在服务器方针对每个客户建立一个通信线程,各个通信线程独立地工作。通常计算机只有一个 CPU,为了实现多线程的并发执行要求,实际上是采用让各个线程轮流执行的方式,由于每个线程在一次执行中占用时间片很短,各个线程在间隔很短的时间后就可获得一次运行机会,所以给我们的感觉是多个线程在并发执行。多线程是现代操作系统有别于传统操作系统的重要标志之一。Java 在系统级和语言级均提供了对多线程的支持。

10.1 Java 线程的概念

10.1.1 多进程与多线程

1. 多进程

在大多数操作系统中都可以创建多个进程。当一个程序因等待网络访问或用户输入而被阻塞时,另一个程序还可以运行,这样就增加了资源利用率。但是,设置一个进程要占用相当一部分处理器时间和内存资源,也就是多进程开销大。而且进程间的通信也很不方便,大多数操作系统不允许进程访问其他进程的内存空间。

2. 多线程

多线程则指的是在单个程序中可以同时运行多个不同的线程,执行不同的任务。因为线程只能在单个进程的作用域内活动,所以创建线程比创建进程要廉价得多,同一类线程共享代码和数据空间,每个线程有独立的运行栈和程序计数器(PC),线程切换的开销小。因此多线程编程在现代软件设计中大量采用。Java 编程语言将线程支持与语言本身合为一体,这样就对线程提供了强健的支持。

10.1.2 线程的状态

Java 语言使用 Thread 类及其子类的对象来表示线程,新建的线程在它的一个完整的生命周期中通常要经历如下的 5 种状态:①新建状态;②就绪状态;③运行状态;④阻塞状态;⑤死亡状态。如图 10-1 所示。

首先,一个线程通过对象创建方式建立,线程对象通过调用 Start()方法进入到"就绪状态",一个处于"就绪状态"下的线程将有机会等待调度程序安排 CPU 时间片进入到"运行状态"。

在运行状态的线程根据情况有如下 3 种可能的走向。

- 时间片执行时间用完它将重新回到"就绪状态",等待新的调度运行机会。
- 线程的 run 方法代码执行完毕将进入到"终止状态"。
- 线程可能因某些事件的发生或者等待某个资源而进入到"阻塞状态"。阻塞条件解除后线程将进入"就绪状态"。

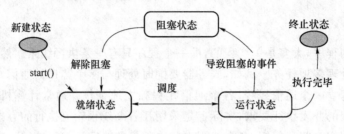

图 10-1　线程的生命周期

10.1.3　线程调度与优先级

Java 提供一个线程调度器来负责线程调度,Java 采用抢占式调度策略,在程序中可以给每个线程分配一个线程优先级,任务较紧急、重要的线程,优先级可以安排较高。对于优先级相同的线程,根据在等待队列的排列顺序按"先到先服务"原则调度,每个线程安排一个时间片,执行完时间片将轮到下一线程。

下面几种情况下,当前线程会放弃 CPU:

① 当前时间片用完;

② 线程在执行时调用了 yield() 或 sleep() 方法主动放弃;

③ 进行 I/O 访问,等待用户输入,导致线程阻塞,或者为等候一个条件变量,线程调用 wait()方法;

④ 有高优先级的线程参与调度。

线程的优先级用数字来表示,范围为 1～10。主线程的默认优先级为 5,其他线程的优先级与创建它的父线程的优先级相同。为了方便,Thread 类提供了几个常量来表示优先级。

- Thread. MIN_PRIORITY=1;
- Thread. MAX_PRIORITY=10;
- Thread. NORM_PRIORITY=5。

10.2　Java 多线程编程方法

创建新线程必须编写一个线程类,用 Java 编写多线程代码有两种方式:第一种方式是直接继承 Java 的线程类 Thread;第二种方式是实现 Runnable 接口。无论采用哪种方式均需要在程序中编写 run()方法,线程在运行时要完成的任务在该方法中实现。

10.2.1　Thread 类简介

Thread 类综合了 Java 程序中一个线程需要拥有的属性和方法,它的构造方法为:

public Thread (ThreadGroup group,Runnable target,String name);

其中,group 指明该线程所属的线程组;target 为实际执行线程体的目标对象,它必须实现接口 Runnable;name 为线程名。Java 中的每个线程都有自己的名称,Java 提供了不同的 Thread 类构造器,允许给线程指定名称。如果 name 为 null 时,则 Java 自动提供唯一的名称。以下构造方法为缺少某些参数的情形:

public Thread();

public Thread(Runnable target);

public Thread(Runnable target,String name);

public Thread(String name);

public Thread(ThreadGroup group,Runnable target);

public Thread(ThreadGroup group,String name);

线程组是为了方便访问一组线程信息引入的,例如,通过执行线程组的 interrupt()方法,可以中断该组所有线程的执行,但如果当前线程无权修改线程组时将产生例外。在实际应用中很少需要用到线程组。

表 10-1 列出 Thread 类的主要方法及功能说明。

表 10-1　Thread 类的主要方法及功能说明

方　法	功　能
CurrentThread()	返回当前运行的 Thread 对象
start()	启动线程
run()	由调度程序调用,当 run()方法返回时,该线程停止
stop()	使调用它的线程立即停止执行
sleep(int n)	使线程睡眠 n 毫秒,n 毫秒后,线程可以再次运行
suspend()	使线程挂起,暂停运行 Not Runnable
resume()	恢复挂起的线程,使处于可运行状态 Runnable
yield()	将 CPU 控制权主动移交到下一个可运行线程
setName(String)	赋予线程一个名字
getName()	取得由 setName()方法设置的线程名字的字符串
getPriority()	返回线程优先级
setPriority(int)	设置线程优先级
join()	当前线程等待调用该方法的线程结束后,再往下执行
setDaemon(boolean)	设置该线程是 Daemon 线程还是用户线程,Daemon 线程也称服务线程,通常编成无限循环,在后台持续运行

10.2.2　继承 Thread 类实现多线程

Thread 类封装了线程的行为。继承 Thread 类必须重写 run()方法实现各自的任务。注意,程序中不要直接调用此方法,而是调用线程对象的 start() 方法启动线程,让其进入可调度状态,线程获得调度时将自动执行 run()方法。

例 10-1 直接继承 Thread 类实现多线程。

程序代码如下:

```java
import java.util.*;
class TimePrinter extends Thread {
    int pauseTime; //中间休息时间
    String name; //名称标识
    public TimePrinter(int x , String n) {
        pauseTime = x;
        name = n;
    }
    public void run() {
        while(true) {
            try {
                System.out.println(name + ":" + new Date(System.currentTimeMillis
                ()));
                Thread.sleep(pauseTime); //线程睡眠一段时间
            } catch(Exception e) {
                System.out.println(e);
            }
        }
    }
    static public void main(String args[]) {
        TimePrinter tp1 = new TimePrinter(1000,"Fast Guy");
        tp1.start();
        TimePrinter tp2 = new TimePrinter(3000,"Slow Guy");
        tp2.start();
    }
}
```

运行程序,可看到两个线程按两个不同的时间间隔显示当前时间,线程睡眠时间长的运行机会自然少,结果如下:

```
Fast Guy: Tue Oct 05 09:08:35 CST 2004
Slow Guy: Tue Oct 05 09:08:35 CST 2004
Fast Guy: Tue Oct 05 09:08:36 CST 2004
Fast Guy: Tue Oct 05 09:08:37 CST 2004
Slow Guy: Tue Oct 05 09:08:38 CST 2004
Fast Guy: Tue Oct 05 09:08:38 CST 2004
Fast Guy: Tue Oct 05 09:08:39 CST 2004
Fast Guy: Tue Oct 05 09:08:40 CST 2004
```

Slow Guy：Tue Oct 05 09：08：41 CST 2004

……

【注意】 如果包括主线程,实际上有 3 个线程在运行,主线程从 main()方法开始执行,启动完两个新线程后首先停止。其他两个线程的 run 方法被设计为无限循环,必须靠按 CTRL＋C 强行结束。

10.2.3 实现 Runnable 接口编写多线程

由于 Java 的单重继承限制,有些类必须继承其他某个类同时又要实现线程的特性。这时可通过实现 Runnable 接口的方式来满足两方面的要求。Runnable 接口只有一个方法 run(),它就是线程运行时要执行的方法,只要将具体代码写入其中即可。但要注意的是 Runnable 接口并没有任何对线程的支持,必须创建 Thread 类的实例,通过 Thread 类的构造函数 public Thread(Runnable target)可以将一个 Runnable 接口对象传递给线程,线程在调度时将自动调用 Runnable 接口对象的 run 方法。

Thread 类本身实现了 Runnable 接口,并且该类中包含了 Runnable 类型的一个属性对象 target,从该类的结构可看出具体调用过程。

```
public class Thread implements Runnable {
    private Runnable target;
    public Thread() {…}
    public Thread(Runnable target) {…}
    public void run() {
        if (target!= null)
            target.run();
    }
    …
}
```

例 10-2 计数按钮的设计。

程序代码如下:

```
import java.applet. * ;
import java.awt. * ;
class countbutton extends Button implements Runnable {
    int count = 0;
    public countbutton(String s) {
        super(s);
    }
    public void run() {
        while(count<10000) {
            try {
                this.setLabel("" + count ++ );
```

```
        Thread. sleep((int)(10000 * Math. random()));
      } catch(Exception e) { }
    }
  }
}
public class countapplet extends Applet {
  public void init() {
    setLayout(null); //不使用布局管理
    countbutton t1 = new countbutton("first");
    t1.setBounds(30,10,80,40); //规定部件的坐标位置和宽度、高度
    add(t1);
    countbutton t2 = new countbutton("second");
    t2.setBounds(130,10,80,40);
    add(t2);
    (new Thread(t1)).start();//创建线程,将计数按钮传递给线程
    (new Thread(t2)).start();
  }
}
```

【说明】 运行程序将发现两个按钮的标签上显示的数字不断增加,这里的按钮由于实现了 Runnable 接口,具备线程运行的方法要求,将该"按钮"对象作为 Thread 的参数可以创建线程,线程运行时将执行"按钮"对象的 run 方法。另外,该程序没有采用布局管理器,而是通过部件的 setBounds 方法来规定位置、宽和高。

10.3 线程的控制

线程的控制实际上就是改变线程的状态。本节将介绍几种控制线程状态的方式。

10.3.1 放弃运行

线程通过执行 yield()方法主动放弃本次执行(Yielding),从"运行"状态转到"就绪"状态,等待调度程序下一次调度。yield()方法是 Thread 类的静态方法,该方法可以让一些耗费时间多的线程给别的线程更多的执行机会。注意,yield() 使得线程放弃当前分得的 CPU 时间,但是不使线程阻塞,即线程仍处于可执行状态,随时可能再次分得 CPU 时间。调用 yield() 的效果等价于调度程序认为该线程已执行了足够的时间从而转到另一个线程。

10.3.2 无限等待

通过执行 suspend()方法可以让线程无限等待(Suspending),直到其他线程向这个线程发送 resume()消息让其恢复运行。suspend()和 resume()方法配套使用,suspend()使得线程进入阻塞状态,并且不会自动恢复,必须其对应的 resume() 被调用,才能使得线程重新

进入可执行状态。典型地,suspend() 和 resume() 被用在等待另一个线程产生的结果的情形:测试发现结果还没有产生后,让线程阻塞,另一个线程产生了结果后,调用 resume() 使其恢复。

10.3.3 睡眠一段时间

线程调用 sleep()方法请求睡眠一段时间(Sleeping),sleep 方法有两种形态,一个方法是只有一个参数,规定睡眠的毫秒数,另一个方法是有两个参数,第一个是毫秒,第二个是毫微秒。

当一个线程睡眠时,线程处于阻塞状态,睡眠时间过去后,线程回到就绪状态。线程调度后将从 sleep()方法调用之后的语句继续执行。

10.3.4 阻塞

线程在进行输入/输出时将等待外界提供数据,这种行为称为阻塞(Blocking)。如图 10-3 所示,当处于阻塞状态的线程在条件具备时(如,进行 I/O 操作的外部数据已具备),该线程将解除阻塞,进入就绪状态,等待重新调度执行。

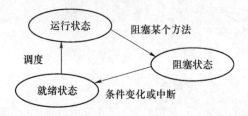

图 10-2 线程在阻塞状态不占 CPU 时间

10.3.5 关于用户线程和看守线程

在程序中存在两种线程,用户线程(user thread)和看守线程(daemon thread)。一个线程在创建时是何种线程取决于创建它的线程是哪种线程。创建线程后也可以通过如下方法判断它是哪种线程,以及修改线程的类别。

- public final boolean isDaemon():如果线程是看守线程,返回 true,否则,返回 false。
- public final void setDaemon(boolean on):设置线程为看守线程(on 为 true),或用户线程(on 为 false),该方法必须在线程启动前执行。

只有程序存在用户线程时,程序才能保持运行。如果所有的用户线程均终止了执行,则所有看守线程也将结束运行。执行 main 方法的线程是用户级线程,因此,在 main 方法中创建的线程默认为用户线程。因此,main 方法结束运行时,程序中的其他用户线程将继续执行。如果希望 main 方法结束时,终止整个程序的运行,则可以将所有线程指定为看守线程。

 思考

修改例 10-1,将其他线程设置为看守线程,运行程序结果如何?

10.4 线程资源的同步处理

由于同一任务中多个线程共享同一块内存空间和一组系统资源,这就可能造成某些资源利用上的协调问题。所幸的是,Java已提供了解决办法,其基本思想是避免多个线程同时访问同一资源。

10.4.1 临界资源问题

多个线程共享的数据称为临界资源,由于是线程调度程序负责线程的调度,程序员无法精确控制多线程的交替次序,如果没有特殊控制,多线程对临界资源的访问将导致数据的不一致性。

以堆栈操作为例,涉及进栈和出栈两个操作,具体代码如下:

```java
public class Stack {
    int idx = 0;
    char[] data = new char[10];
    public void push(char c) {
        synchronized(this) {
            data[idx] = c; //存入数据
            idx++ ; //改变栈顶指针
        }
    }
    public synchronized char pop() {
        idx-- ;
        return data[idx];
    }
}
```

可以想象,线程在执行方法的过程中均可能因为调度问题而中断执行,如果一个线程在执行push方法时将数据存入了堆栈,但未给栈顶指针增值,这时中断执行,另一个线程则执行出栈操作,首先将栈指针减1,这样读到的数据显然不是栈顶数据。为避免此种情况,可以采用synchronized给调用方法的对象加锁,保证一个方法处理的对象资源不会因其他方法的执行而改变。被加锁的对象要在synchronized限制代码执行完毕才会释放对象锁,在此之前,其他线程访问正被加锁的对象时将处于资源等待状态。对象的同步代码的执行过程如图10-3所示。

图10-3 执行同步代码的过程

synchronized 关键字的使用方法有两种：

① 用在对象前面，限制一段代码的执行，表示执行该段代码必须取得对象锁；

② 在方法前面，表示该方法为同步方法，执行该方法必须取得对象锁。

10.4.2　wait()和 notify() 方法

这两个方法配套使用，wait()方法使得线程进入阻塞状态，执行 notify()方法时将释放相应对象占用的锁，从而可使因对象资源锁定而处于等待的线程得到运行机会。wait()方法有两种形式，一种允许指定以毫秒为单位的一段时间作为参数，另一种没有参数。前者当对应的 notify() 被调用或者超出指定时间时线程重新进入可执行状态，后者则必须由对应的 notify()将线程唤醒。因调用 wait() 方法而阻塞的线程将被加入到一个特殊的对象等待队列中，直到调用该 wait()方法的对象在其他的线程中调用 notify()方法或 notifyAll()方法时，这种等待才能解除。这里要注意，notify()方法是从等待队列中随机选择一个线程唤醒，而 notifyAll() 方法则将使等待队列中的全部线程解除阻塞。

wait()方法与 notify()方法在概念上有如下特征：

① 这对方法必须在 synchronized 方法或块中调用，只有在同步代码段中才存在资源锁定。

② 这对方法直接隶属于 Object 类，而不是 Thread 类。也就是说，所有对象都拥有这一对方法。

采用 wait 和 notify 可以解决很多临界访问控制问题，不妨假设两个线程都要访问某个数据区，要求线程 1 的访问先于线程 2，则这时仅用 synchronized 是不能解决问题的。可用 wait()和 notify()机制来解决。使用如下：

```
synchronized method1(…){ //由线程 1 调用
   …//此处访问共享数据
   available = true;
   notify();
}
synchronized method2(…){ //由线程 2 调用
   while(! available) {
      try{
         wait();
      }catch (Interrupted Exception e){ }
   }
   …//此处访问共享数据
}
```

其中，available 是类成员变量，置初值为 false。如果在 method2 中检查 available 为假，则调用 wait()。wait()的作用是使线程 2 进入阻塞态，并且解锁。在这种情况下，method1 可以被线程 1 调用，对共享数据进行访问后，将 available 置为真，执行 notify()后，线程 2 由阻塞态转变为就绪态。线程 2 在得到调度后，重新对该对象加锁，在 method2 中继续执行，由于 available 为真，循环不再执行，可以执行后面的访问共享数据的代码。这种机制也能适用于其他更复杂的情况。

10.4.3　生产者与消费者模型

生产者与消费者问题是多线程同步处理的典型案例,例 10-3 中考虑一种特殊的情况,限制生产者在生产了一个整数后,必须等待消费者访问处理该整数后才能生产下一个数。该程序的核心是程序 3,即共享数据的访问控制类的设计,该类中有两个方法,一个设置共享整数值,另一个获取共享整数值,通过一个布尔变量来控制共享整数的设置与获取的交替进行。在主程序中首先创建了该类的一个共享对象,然后将该共享对象分别传递给生产者线程和消费者线程。生产者将按顺序生产整数 1~10,消费者在消费到最后一个整数 10 时将结束运行。

例 10-3　生产者与消费者模型。

程序 1　消费者:

```java
class Consumer extends Thread {
  private ShareArea sharedObject;
  public Consumer (ShareArea shared ) {
      sharedObject = shared;
  }
  public void run() {
    int value;
    do {
      try {
      Thread. sleep( (int) ( Math. random() * 3000 ) );
      } catch( InterruptedException exception ) { }
      value = sharedObject.getSharedInt(); //获取共享整数的值
      System. out. println("消费:" + value);
    } while ( value != 10 );
  }
}
```

程序 2　生产者:

```java
class Producer extends Thread {
private ShareArea sharedObject;
  public Producer (ShareArea shared ) {
      sharedObject = shared;
  }
  public void run() {
    for ( int count = 1; count <= 10; count ++ ) {
      try {
          Thread. sleep( ( int ) ( Math. random() * 3000 ) );
      } catch( InterruptedException exception ) { }
      sharedObject. setSharedInt( count ); //更改共享整数
```

```
        System.out.println("生产:" + count);
    }
  }
}
```

程序3　共享数据访问控制程序：

```
class ShareArea {
  private int sharedInt = -1; //共享整数
  private boolean writeable = true; //条件变量
  public synchronized void setSharedInt( int value ) {
    while ( ! writeable ) {
      try {
        wait(); //不轮到生产者写就等待
      } catch ( InterruptedException exception ) { }
    }
    sharedInt = value; //生产者写入一个值
    writeable = false; //消费者操作前,生产者不能写另一个值
    notify(); //唤醒等待资源的线程
  }
public synchronized int getSharedInt() {
    while ( writeable ) {
      try {
        wait(); //没轮到消费者则等待
      } catch ( InterruptedException exception ) { }
    }
    writeable = true; //消费者要等生产者再生产才能再消费另一个值
    notify(); //唤醒等待资源的线程
    return sharedInt; //消费者得到数据
  }
}
```

程序4　测试主程序：

```
public class SharedTest {
  public static void main( String args[] ) {
    ShareArea sharedObject = new ShareArea ();
    Producer p = new Producer ( sharedObject );
    Consumer c = new Consumer ( sharedObject );
    p.start();
    c.start();
  }
}
```

读者运行测试程序会发现,生产和消费严格按照 1 到 10 的次序进行,但是生产与消费的输出次序可能颠倒,因为最后的输出取决于线程的调度。

思考

本例介绍的生产者与消费者模型只有一个共享整数,生产者生产一个整数送到共享区,要等待消费者读取后才能送下一个整数。实际应用中的模型是创建一个数据缓冲区,生产者只要缓冲区有空间就可以写入数据,而消费者则只要缓冲区有数据就可以读取。试就该方案考虑修改共享处理程序,注意读写数据时修改缓冲区的数据指针。

10.4.4 死锁

线程因等待某个条件而阻塞,而该条件因某个原因不可能发生,这时线程处于死锁状态。假设一个线程 X 在执行时需要获得对象 a 和 b 的独占锁定,首先它获得对象 a 的锁,然后,试图获得对象 b 的锁。但假设程序在运行时有另一个线程 Y 已获得对象 b 的锁,显然线程 X 在线程 Y 释放对象 b 的锁之前不能继续执行。现在假设一个极端情形,如果线程 Y 又试图获得对象 a 的锁,则一切无望。线程 X 和线程 Y 双方均在等待获取对方掌握的锁才能继续执行。

suspend()和 resume()方法天生容易发生死锁。调用 suspend()的时候,目标线程会停下来,但却仍然持有在这之前获得的锁定。此时,其他任何线程都不能访问锁定的资源,除非被"挂起"的线程恢复运行。对任何线程来说,如果它们想恢复目标线程,同时又试图使用任何一个锁定的资源,就会造成令人难堪的死锁。因此,从 JDK1.2 开始就建议不再使用 suspend()和 resume()方法,更强调使用 wait()和 notify()方法。可以在自己的线程类中置入一个标志,指出线程应该活动还是挂起,若标志指出线程应该挂起,便用 wait()命令其进入等待状态。若标志指出线程应当恢复,则用一个 notify()重新启动线程。

10.5　本章小结

多线程在现代软件设计中大量采用。线程是在同一进程空间上实现多个程序线索的并发执行,线程调度的切换开销小,因此多线程代码执行效率高。Java 提供了 Thread 类以支持用户编写多线程代码。使用 Thread 类有两种方式:一种是直接继承 Thread 类来创建具有线程特性的代码;另一种是创建类实现 Runnable 接口,然后将该类的对象作为参数执行 Thread 类的构造方法创建线程。不管哪种方式,均要实现 run()方法。它是线程运行时的执行点。

每个线程有生命周期,可用一个状态图来描述。线程的运行态和就绪态的转换由 JVM 来调度,线程的优先级影响调度程序对线程的选择。线程的阻塞是多线程编程中实现高效率的一个方面。处于资源等待的线程将进入阻塞状态,这样可以让别的线程得到更多的 CPU 时间。为了保证对共享资源访问的完整性要求,需要采用 synchronized 对方法或代码段进行"同步"处理,执行该代码段的线程首先要取得对象锁才能执行其中的代码。wait()

和 notify()方法是与对象锁资源访问相关的两个重要方法。在编写同步代码时要注意避免"死锁"。

习　题

10-1　线程有哪些状态,画出状态转换图。

10-2　线程优先级有何意义,在有高优先级线程存在的情况下,低优先级线程还有机会运行吗?

10-3　Java 程序实现多线程有哪些途径?

10-4　用户线程和看守线程在执行上有何区别?

10-5　利用多线程技术模拟出龟兔赛跑的场面,设计一个线程类模拟参与赛跑的角色,创建该类的两个对象分别代表乌龟和兔子,兔子的跑速快,但在中间休息的睡眠时间长些。到终点线程运行结束。

10-6　利用多线程编写一个 Applet 时钟显示程序,显示当前时间(包括时、分、秒)。可以利用 Calendar. getInstance()得到代表当前日期和时间的 Calendar 对象,然后用 Calendar 对象的方法 get(Calendar. HOUR_OF_DAY)获取小时,用 get(Calendar. MINUTE)获取分,用 get(Calendar. SECOND)获取秒。

第 11 章　JDBC 技术和数据库应用

11.1　关系数据库概述

作为一种有效的数据存储和管理工具,数据库技术得到广泛应用。目前主流的数据库技术是关系数据库,数据以行、列的表格形式存储,通常一个数据库由一组表构成,表中的数据项以及表之间的连接通过关系来组织和约束。根据数据库的大小和性能要求,用户可以选用不同的数据库管理系统。小型数据库常用的有 Microsoft Access 和 Mysql 等。而大型数据库产品有 IBM DB2、Microsoft SQL Server、Oracle、Sybase 等。所有这些数据库产品都支持 SQL 结构查询语言,通过统一的查询语言可实现各种数据库的访问处理,常用的 SQL 命令的使用样例见表 11-1。

表 11-1　常用 SQL 命令的使用样例

命　令	功　能	举　例
Create	创建表格	create table COFFEES (COF_NAME VARCHAR(32),PRICE INTEGER)
Drop	删除表格	drop table COFFEES
Insert	插入数据	INSERT INTO COFFEES VALUES ('Colombian', 101);
Select	查询数据	SELECT COF_NAME, PRICE FROM COFFEES where price>7
Delete	删除数据	Delete * from COFFEES where COF_NAME ='Colombian'
Update	修改数据	Update COFFEES set price=price+1

11.2　JDBC

为支持 Java 程序的数据库操作功能,Java 语言采用了专门的 Java 数据库编程接口(JDBC,Java DataBase Connectivity)。JDBC 类库中的类主要依赖于驱动程序管理器,不同数据库需要不同的驱动程序。驱动程序管理器的作用是通过 JDBC 驱动程序建立与数据库的连接。

11.2.1　JDBC 驱动程序

JDBC 驱动程序有以下 4 类。

1. JDBC-ODBC 桥接驱动程序

Sun 公司在 Java2 中免费提供了 JDBC-ODBC 桥接驱动程序,供存取标准的 ODBC 数据源。然而,Sun 公司建议除了开发很小的应用程序外,一般不使用这种驱动程序。

2. 本地 API 结合部分 Java 驱动程序

这类驱动程序将 JDBC 的调用转换成个别数据库系统的本地 API 调用，Oracle、Sybase、Informix、DB2 等数据库系统均提供了本地 API。

3. JDBC-Net 纯 Java 的驱动程序

这类驱动程序将 JDBC 转换为与 DBMS 无关的网络协议，之后这种协议又由网络服务器转换为个别数据库系统的本地 API 调用。这种网络服务器中间件能够将它的纯 Java 客户机连接到多种不同的数据库上。这类驱动程序最具有弹性，最适合 Applet 程序的开发。

4. 本地协议纯 Java 的驱动程序

这类驱动程序全由 Java 写成，这种类型的驱动程序直接将 JDBC 调用转换为 DBMS 所使用的协议。这类驱动程序允许从客户机直接对 DBMS 服务器进行调用，不用通过中介软件，它是属于专用的驱动程序，要靠厂商直接提供。

从性能上考虑，第 3 和第 4 类驱动程序较理想。本书考虑到读者的条件，以第 1 类驱动程序结合 Access 数据库作为介绍。

11.2.2 ODBC 数据源配置

为了能够在应用程序中以统一的方式连接各种数据库。微软开发了开放数据库互连（ODBC）规范，它支持应用程序以标准的 ODBC 函数和 SQL 语句操纵各种不同的数据库。在配置 ODBC 数据源时，要根据数据库的类型选择相应的 ODBC 驱动程序。应用程序中只要指定数据源的名称即可，从而使应用程序的编写独立于数据库。

ODBC 数据源的配置过程如下。

① 在 Windows 的"控制面板"中选择"管理工具"，在管理工具中选择"数据源（ODBC）"图标，出现 ODBC 数据源管理窗口。

② 选择"系统 DSN"选项卡，如图 11-1 所示。

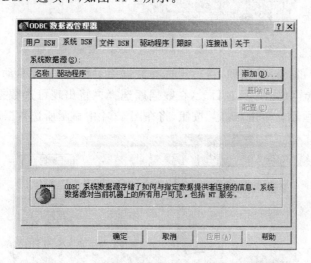

图 11-1 "系统 DSN"选项卡

③ 单击"添加"按钮，出现创建新数据源对话框，如图 11-2 所示，选择对应数据库的

ODBC 驱动程序。本例选择"Microsoft Access Driver(＊.mdb)"，单击"完成"按钮。

图 11-2　创建新数据源对话框

④ 出现"ODBC Microsoft Access 安装"对话框，在"数据源名"文本框内输入程序中要使用的数据源的名称，这里是 mydata，如图 11-3 所示。

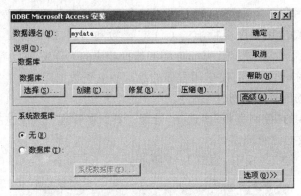

图 11-3　"ODBC Microsoft Access 安装"对话框

⑤ 单击数据库的"选择"按钮，将出现选择数据库对话框，通过驱动器下拉框选择驱动器，通过目录浏览选择数据库所在目录，在数据库选择栏将出现可选数据库列表，选中所需数据库，如图 11-4 所示。单击"确定"按钮，将在图 11-4 中显示所选数据库。

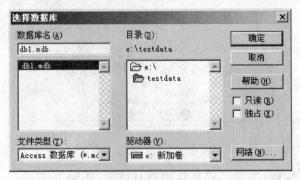

图 11-4　选择数据库对话框

⑥ 点击图 11-4 的"确定"按钮,即完成数据源的添加,在图 11-1 所示的窗体的系统数据源选项卡中可以看到新加的数据源。

11.2.3　JDBC API

JDBC 是对 ODBC API 进行的一种面向对象的封装和重新设计,Java 应用程序通过 JDBC API(java.sql)与数据库连接,而实际的动作则是由 JDBC 驱动程序管理器(JDBC Driver Manager)通过 JDBC 驱动程序与数据库系统进行连接。

Java.sql 包提供了多种 JDBC API,以下为几个最常用的 API。

- Connection 接口:代表与数据库的连接。通过 Connection 接口提供的 getMetaData 方法可获取所连接的数据库的有关描述信息,包括表名、表的索引、数据库产品的名称和版本、数据库支持的操作。
- Statement 接口:用来执行 SQL 语句并返回结果记录集。
- ResultSet:SQL 语句执行后的结果记录集。必须逐行访问数据行,但是可以用任何顺序访问列。

1. 使用 JDBC 连接数据库

与数据库建立连接的标准方法是调用 DriverManager.getConnection 方法。该方法接受含有某个 URL 的字符串。JDBC 管理器将尝试找到可与给定 URL 所代表的数据库进行连接的驱动程序。以下代码为几类典型数据库的连接方法,其中,url 提供了一种标识数据库的方法,可以使相应的驱动程序能识别该数据库并与之建立连接。

- 连接 SQL Server 数据库:

```
Class.forName("com.microsoft.jdbc.sqlserver.SQLServerDriver");
String url = "jdbc:microsoft:sqlserver://localhost:1433;DatabaseName = 数据库名";
Connection conn = DriverManager.getConnection(url, 数据库用户, 密码);
```

- 连接 Oracle8/8i/9i 数据库:

```
Class.forName("oracle.jdbc.driver.OracleDriver");
String url = "jdbc:oracle:thin:@localhost:1521:数据库名";
Connection conn = DriverManager.getConnection(url, 数据库用户, 密码);
```

- 连接 MySQL 数据库:

```
Class.forName("org.gjt.mm.mysql.Driver");
String url = "jdbc:mysql://localhost/myDB? user = my&password = 11&useUnicode
 = true&characterEncoding = 8859_1"  //其中,myDB 为数据库名,数据库的用户名和
//密码分别为 my,11
Connection conn = DriverManager.getConnection(url);
```

- 连接 Access 数据库:

```
Class.forName("sun.jdbc.odbc.JdbcOdbcDriver");
String url = "jdbc:odbc:driver = {Microsoft Access Driver (*.mdb)};DBQ = kc";
//kc 为数据库名,如果与 java 程序不在同一目录,要指定路径
Connection conn = DriverManager.getConnection(url,"","");
```

例 11-1 通过 ODBC 数据源与 Access 数据库的连接。

程序代码如下：

```
import java.sql.*;
public class ConnectDataBase {
  public static void main(String args[]) {
    String url = "jdbc:odbc:mydata"; // mydata 为数据源名称
    try {
      Class.forName("sun.jdbc.odbc.JdbcOdbcDriver"); //加载驱动程序
    } catch(java.lang.ClassNotFoundException e) {
            System.err.println(e.getMessage());
        }
    try {
      Connection con = DriverManager.getConnection(url, "", null);
      System.out.println("Connection succeed!");
      con.close();
    } catch(SQLException ex) {
            System.out.println("Message: " + ex.getMessage ());
        }
    }
}
```

在没有数据源的情况下，运行该程序将显示如下错误：

Message: [Microsoft][ODBC 驱动程序管理器] 未发现数据源名称并且未指定默认驱动程序

用户可以尝试建立一个空 Access 数据库，然后创建 ODBC 数据源 mydata 使用该数据库。然后再运行程序，结果显示：

Connection succeed!

2. 创建 Statement 对象

建立了与特定数据库的连接之后，就可用该连接发送 SQL 语句。Statement 对象用 Connection 类的方法 createStatement 创建，例如：

Statement stmt = con.createStatement();

接下来，可以通过 Statement 对象提供的方法执行 SQL 查询，例如：

ResultSet rs = stmt.executeQuery("SELECT a, b, c FROM Table2");

Statement 接口提供了 3 种执行 SQL 语句的方法：executeQuery、executeUpdate 和 execute。使用哪一个方法由 SQL 语句所产生的内容决定。

- 方法 executeQuery 用于产生单个结果集的语句，例如 SELECT 语句。
- 方法 executeUpdate 用于执行 INSERT、UPDATE 或 DELETE 语句以及 SQL DDL(数据定义语言)语句，例如 CREATE TABLE 和 DROP TABLE。INSERT、

UPDATE 或 DELETE 语句的效果是修改表中零行或多行中的一列或多列。executeUpdate 的返回值是一个整数,指示受影响的行数(即更新计数)。对于 CREATE TABLE 或 DROP TABLE 等不操作行的语句,executeUpdate 的返回值总为零。

- 方法 execute 用于执行返回多个结果集、多个更新计数或二者组合的语句。

Statement 对象将由 Java 垃圾收集程序自动关闭。而作为一种好的编程风格,应在不需要 Statement 对象时显式地关闭它们,这将立即释放 DBMS 资源,有助于避免潜在的内存问题。

例 11-2　在一个空库中创建数据表。

程序代码如下:

```java
import java.sql. * ;
public class CreateStudent {
  public static void main(String args[]) {
    String url = "jdbc:odbc:mydata";
    String sql = "create table student " +
    "(name  VARCHAR(20)," +
    "sex    CHAR(2)," +
    "birthday Date," +
    "leave BIT," +
    "stnumber INTEGER)";
    try {
      Class.forName("sun.jdbc.odbc.JdbcOdbcDriver");
    } catch(java.lang.ClassNotFoundException e) { }
    try {
      Connection con = DriverManager.getConnection(url, "", null);
      Statement stmt = con.createStatement();
      try {
        stmt.executeUpdate(sql);
        System.out.println ("student table created");
      } catch(Exception ex) {}
      stmt.close();
      con.close();
    } catch(SQLException ex) { }
  }
}
```

【注意】　运行程序将在所连接的数据库中创建一个数据库表格 COFFEES。如果数据库中已有该表,则不会覆盖已有表,要创建新表,必须先将原表删除(用 drop 命令)。

11.3 JDBC 基本应用

11.3.1 数据库的查询

1. 获取表的列信息

通过 ResultSetMetaData 对象可获取有关 ResultSet 中列的名称和类型的信息。假如 results 为结果集，则可以用如下方法获取数据项的个数和每栏数据项的名称：

```
ResultSetMetaData rsmd = results.getMetaData();
rsmd.getColumnCount()      //获取数据项的个数
rsmd.getColumnName(i)      //获取第 i 栏字段的名称
```

2. 遍历访问结果集(定位行)

ResultSet 包含符合 SQL 语句中条件的所有行，每一行称为一条记录。可以按行的顺序逐行访问结果集的内容。在结果集中有一个游标用来指示当前行，初始指向第一行之前的位置，可以使用 next()方法将游标移到下一行，通过循环使用该方法可实现对结果集中的记录的遍历访问。

由于获取数据可能会导致错误，所以必须将结果集处理语句包括在一个 try 块中，代码如下：

```
ResultSet rs = stmt.executeQuery(queryString);
try {
    while (rs.next()) {
        String s = rs.getString("COF_NAME");
        float n = rs.getFloat("PRICE");
        System.out.println(s + " " + n);
    }
} catch(SQLException ex) {…}
```

3. 访问当前行的数据项(具体列)

ResultSet 通过一套 get 方法来访问当前行中的不同数据项。可以多种形式获取 ResultSet 中的数据内容，这取决于每个列中存储的数据类型。可以按列序号或列名来标识要获取的数据项。注意，列序号从 1 开始，而不是从 0 开始。如果结果集对象 rs 的第二列名为"title"，并将值存储为字符串，则下列任一代码将获取存储在该列中的值：

```
String s = rs.getString("title");
String s = rs.getString(2);
```

可使用 ResultSet 的如下一些方法来获取当前记录中的数据。

- String getString(String)：将指定名称的列的内容作为字符串返回；
- int getInt(String)：将指定名称的列的内容作为整数返回；
- float getFloat(String)：将指定名称的列的内容作为 float 型数返回；
- Date getDate(String)：将指定名称的列的内容作为日期返回；

- boolean getBoolean(String):将指定名称的列的内容作为布尔型数返回;
- Object getObject(String):将指定名称的列的内容返回为 Java Object。

使用哪个方法获取相应的字段值取决于数据库表格中数据字段的类型。如果数据库表格中某字段为日期型,则用 getDate()方法来获取。

值得一提的是,方法 getObject 将任何数据类型返回为 Java Object。当基本数据类型是特定于数据库的抽象类型或当通用应用程序需要接受任何数据类型时,它是非常有用的。

例 11-3 查询学生信息表。

程序代码如下:

```
import java.sql. * ;
public class QueryStudent {
  public static void main(String args[]) {
    String url = "jdbc:odbc:mydata";
    String sql = "SELECT * FROM student";
    try {
      Class.forName("sun.jdbc.odbc.JdbcOdbcDriver");
    } catch(java.lang.ClassNotFoundException e) { }
    try {
      Connection con = DriverManager.getConnection(url, "", null);
      Statement stmt = con.createStatement();
      ResultSet rs = stmt.executeQuery(sql);
      while (rs.next()) {
        String s1 = rs.getString("name");
        String s2 = rs.getString("sex");
        Date d = rs.getDate("birthday");
        boolean v = rs.getBoolean("leave");
        int n = rs.getInt("stnumber");
        System.out.println(s1 + "," + s2 + "," + d + "," + v + "," + "," +
        n);
      }
      stmt.close();
      con.close();
    } catch(SQLException ex) {
      System.out.println(ex.getMessage());
    }
  }
}
```

【说明】 在循环条件中通过结果集的 next 方法实现对所有行的遍历访问,不同类型字段分别用不同的获取数据方法。

4. 创建可滚动结果集

Connection 对象提供的不带参数的 createStatement() 方法创建的 Statement 对象执行 SQL 语句所创建的结果集只能向后移动记录指针。实际应用中,有时需要在结果集中前后移动或将游标移动到指定行,这时要使用可滚动记录集。

(1) 创建滚动记录集

必须用如下方法创建 Statement 对象:

```
public Statement createStatement(int resultSetType,int resultSetConcurrency)
```

其中,resultSetType 代表结果集类型,包括如下情形。

- ResultSet.TYPE_FORWARD_ONLY:结果集的游标只能向后滚动;
- ResultSet.TYPE_SCROLL_INSENSITIVE:结果集的游标可以前后滚动,但结果集不随数据库内容的改变而变化;
- ResultSet.TYPE_SCROLL_SENSITIVE:结果集可前后滚动,而且结果集与数据库的内容保持同步。

resultSetConcurrency 代表并发类型,取值包括如下情形。

- ResultSet.CONCUR_READ_ONLY:不能用结果集更新数据库表;
- ResultSet.CONCUR_UPDATABLE:结果集会引起数据库表内容的改变。

具体选择创建什么样的结果集取决于应用需要,与数据库表脱离的且滚动方向单一的结果在访问效率上更高。

(2) 游标的移动与检查

可以使用如下方法来移动游标以实现对结果集的遍历访问。

- void afterLast():移到最后一条记录的后面;
- void beforeFirst():移到第一条记录的前面;
- void first():移到第一条记录;
- void last():移到最后一条记录;
- void previous():移到前一条记录处;
- void next():移到下一条记录;
- boolean isFirst():是否游标在第一个记录;
- boolean isLast():是否游标在最后一个记录;
- boolean isBeforeFirst():是否游标在最后一个记录之前;
- boolean isAfterLast():是否游标在最后一个记录之后;
- int getRow():返回当前游标所处行号,行号从 1 开始编号,如果结果集没有行,返回为空;
- boolean absolute(int row):将游标指到参数 row 指定的行,如果 row 为负数,表示倒数行号,例如,absolute(-1)表示最后一行,absolute(1)和 first()效果相同。

以下例子与例 11-3 的不同是提供了游标的双向移动。

例 11-4 游标的移动。

程序代码如下:

```
import java.sql. * ;
```

```
import java.util. * ;
public class MoveCursor {
  public static void main(String args[]) {
    String url = "jdbc:odbc:mydata";
    String sql = "SELECT * FROM student";
    try {
      Class.forName("sun.jdbc.odbc.JdbcOdbcDriver");
    } catch(java.lang.ClassNotFoundException e) { }
    try {
      Connection con = DriverManager.getConnection(url, "", null);
      Statement stmt = con.createStatement(ResultSet.TYPE_SCROLL_INSENSI-
TIVE, ResultSet.CONCUR_READ_ONLY);
      ResultSet rs = stmt.executeQuery(sql);
      rs.last();
      int num = rs.getRow();
      System.out.println("共有学生数量=" + num);
      rs.beforeFirst();
      while (rs.next()) {
      String s1 = rs.getString("name");
      ...
      }
      stmt.close();
      con.close();
    } catch(SQLException ex) {System.out.println(ex.getMessage ());}
  }
}
```

【说明】 这里创建的 Statement 对象可实现记录集的前后滚动,但记录集与数据库不同步,记录集的变化不影响数据库,在数据查询应用中经常使用该形式。这里获取数据库表中记录数的办法是先将游标移到最后一行,然后用 getRow() 方法即可。在遍历记录时要注意将游标移动到第一行之前。然后,循环用 next() 方法移至每个记录。

11.3.2 数据库的更新

1. 数据插入

将数据插入数据库表格中要使用 INSERT 语句,以下例子按数据表的字段顺序及数据格式拼接出 SQL 字符串,使用 Statement 对象的 executeUpdate 方法执行 SQL 语句实现数据写入。

例 11-5 执行 INSERT 语句实现数据写入。

程序代码如下:

```
import java.sql. * ;
```

```
public class InsertStudent {
  public static void main(String args[]) {
    String url = "jdbc:odbc:mydata";
    try {
      Class.forName("sun.jdbc.odbc.JdbcOdbcDriver");
    } catch(java.lang.ClassNotFoundException e) { }
    try {
      Connection con = DriverManager.getConnection(url, "", null);
      Statement stmt = con.createStatement();
      String sql = "INSERT INTO student " +
      "VALUES ('张三', '男', DateValue('74/02/13'), True, 20010845)";
      stmt.executeUpdate(sql);
      sql = "INSERT INTO student " +
      "VALUES ('李四', '女', DateValue('78/12/03'), False, 20010846)";
      stmt.executeUpdate(sql);
      System.out.println ("2 Items have been inserted");
      stmt.close();
      con.close();
    } catch(SQLException ex) {
        System.out.println(ex.getMessage ());
    }
  }
}
```

【说明】 运行该程序,打开数据库将发现在数据表中新加入了两条记录。在 SQL 语句中提供的数据要与数据库中的字段对应一致,本例给出了 4 种常见数据类型数据的提供方式。

【注意】 插入日期型数据要使用 SQL 中的 DateValue 转换函数将字符型表示转为日期数据。如果写'78/12/03'是表示字符串,写 78/12/03 则为整数表达式。

2. 数据修改和数据删除

要实现数据修改只要将 SQL 语句改用 UPDATE 语句即可,而删除则使用 DELETE 语句。例如,以下 SQL 语句将张三的性别改为"女":

```
sql = "UPDATE student set sex = '女' where name = '张三'";
```

实际编程中经常需要从变量获取要拼接的数据,Java 的字符串连接运算符可以方便地将各种类型数据与字符串拼接,例如,以下 SQL 分别删除学号为 20010846 的记录和删除姓名为"张三"的记录:

```
int who = 20010846;
sql = "DELETE * from student where stnumber = " + who;
String x = "张三";
sql = "DELETE * from student where name = '" + x + "'";
```

11.3.3 用 PreparedStatement 类实现 SQL 操作

从上面的例子可以看出,SQL 语句的拼接结果往往比较长,日期数据还需要使用转换函数,容易出错。以下介绍一种新的处理办法,即利用 PreparedStatement 接口。使用 Connection 对象的 prepareStatement(Stirng)方法可获取一个 PreparedStatement 接口对象,利用该对象可创建一个表示预编译的 SQL 语句,然后,可以用其提供的方法多次处理语句中的数据。例如:

PreparedStatement ps = con. preparedStatement("INSERT INTO student VALUES (?,?,?,?,?)");

其中,SQL 语句中的问号为数据占位符,每个"?"号根据其在语句中出现的次序对应有一个位置编号,可以调用 PreparedStatement 提供的方法将某个数据插入到占位符的位置。例如,以下语句将字符串 china 插入到第 1 个问号处。

ps. setString(1, "china");

PreparedStatement 提供了如下方法以便将各种类型数据插入到语句中。

- setAsciiStream(int,InputStream,int):将指定的 InputStream 流(表示 ASCII 字符流)插入到第 1 个参数所指位置,第 3 个参数为插入字节数;
- setBinaryStream(int,InputStream,int):将指定的 InputStream 流(表示字节流)插入到第 1 个参数所指位置,第 3 个参数为插入字节数;
- setCharacterStream(int,Reader,int):将指定的 Reader(字符流)插入到第 1 个参数所指位置,第 3 个参数为插入字节数;
- setBoolean(int, boolean):在指定位置插入一个布尔值;
- setByte(int, byte):在指定位置插入一个 byte 值;
- setBytes(int, byte[]):在指定位置插入一个 byte 数组;
- setDate(int, Date):在指定位置插入一个 Date 对象;
- setDouble(int, double):在指定位置插入一个 double 值;
- setFloat(int, float):在指定位置插入一个 float 值;
- setInt(int, int):在指定位置插入一个 int 值;
- setLong(int, long):在指定位置插入一个 long 值;
- setShort(int, short):在指定位置插入一个 short 值;
- setString(int, String):将一个字符串插入到指定位置;
- setNull (int, int sqlType):将指定的参数设置为 SQL NULL;
- setObject(int, Object, int):使用给定对象来设置指定参数的值,其中第 3 个参数代表目标 SQL 类型,例如,当其值为 Types. DECIMAL 时,第 2 个参数可以是 Double、Float 或 Long 对象。

例 11-6 采用 PreparedStatement 实现数据写入。

程序代码如下:

```
import java.sql. * ;
public class InsertStudent2 {
```

```
public static void main(String args[]) {
    String url = "jdbc:odbc:mydata";
    try {
        Class.forName("sun.jdbc.odbc.JdbcOdbcDriver");
    } catch(java.lang.ClassNotFoundException e) { }
    try {
        Connection con = DriverManager.getConnection(url, "", null);
        Statement stmt = con.createStatement();
        String sql = "INSERT INTO student VALUES (?,?,?,?,?)";
        PreparedStatement ps = con.prepareStatement(sql);
        ps.setString(1, "王五");
        ps.setString(2, "男");
        ps.setDate(3, java.sql.Date.valueOf("1982-02-15"));
        ps.setBoolean (4, true);
        ps.setInt(5, 20010848);
        ps.executeUpdate();
        System.out.println ("add 1 Item");
        stmt.close();
        con.close();
    } catch(SQLException ex) {
        System.out.println(ex.getMessage ());
    }
  }
}
```

11.4 数据库应用举例

例 11-7 一个网络考试系统的设计。

本例的目标是开发一个 Java 图形界面应用程序，能实现教学测试。具体功能特点如下：

① 系统采用数据库存储测试试题，包括单选和多选两类试题；

② 多选和单选采用不同的解答界面，系统自动根据试题类型给出当前试题对应的答题界面；

③ 每屏显示一道试题，学生在解答试题过程中可以前后翻动试题浏览并解答，已解答的试题可以更改解答；

④ 单击交卷或考试时间到，系统将自动评分，并将评分结果告诉学生，学生确认后，结束考试。

系统设计包括规划数据的存储、应用界面、应用功能的实现等环节。下面是具体的设计步骤。

(1) 数据库表格(exampaper)的字段设计

数据库表格设计是数据库应用系统设计的关键环节。本例将所有试题存储在一张表中,并且库中所有试题均为测试题。存储试题的表格字段设计如下。

- content:备注型,用于存放试题内容;
- type:整型,用于表示试题类型,值为 1 表示单选,2 表示多选;
- answer:字符串,长度 5,表示标准答案。

(2) 系统界面设计

考试界面由多块面板采用嵌套布局进行设计。考试过程界面要显示的主要内容包括:试题内容、解答控件、翻动试题控件以及当前试题序号、剩余时间等。由于试题库中试题是单选与多选混合存储,所以考试界面中,不再安排题型切换选择按钮,而是自动根据试题类型来决定解答界面的风格。图 11-5 是当前试题为单选题的显示界面,多选与单选的差别是将单选按钮改为复选框。

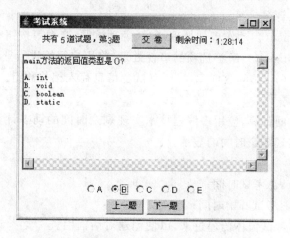

图 11-5 考试答题界面

针对图 11-5 的界面有多种方式设计布局,这里,最外层采用 BorderLayout 布局,在顶部(North)显示试题数量、剩余时间等,底部显示翻动试题按钮,中央显示试题内容和解答控件。在中央部分由于包括两部分内容,用一块采用 BorderLayout 布局的面板来布置。

为了实现两种题型的解答界面的切换,在解答控件区安排一块卡片布局的面板,单选和多选分别用一块卡片来实现。

(3) 类与方法设计

① 测试主界面类 Exam

该类的设计包括两个方面:一个方面是应用界面的设计,包括事件驱动;另一个方面就是数据的访问处理,如,试题的内容及用户解答的登记。

(a) 属性变量设计。为了提高数据访问效率,可以将所有试题内容及标准答案、题型等信息先从数据库读取,保存在内存数组中,以后通过当前试题编号访问数组元素获取当前试题信息,与试题存取的相关变量和数组定义如下。

- String question[]:存放试题内容;

- String answer[]：存放标准答案；
- String userAnswer[]：存放用户解答；
- int type[]：存放试题类型，值为 1 表示单选，2 表示多选；
- int amount：表示试题数量；
- int bh：表示当前试题编号。

另外，在 Exam 类中还将图形用户界面中的一些部件对象作为属性变量，其中最有特色的是选项的表示处理，定义了 3 个数组分别存放 5 个选项标识（A、B、C、D、E）、5 个复选控件、5 个单选控件。用数组存放数据的好处是便于用循环来访问处理数据。

（b）方法设计。

- 构造方法 Exam：该方法主要实现界面的布局显示、注册事件监听以及数据的初始化处理（包括调用 readQuestion 方法读所有试题存入数组）；
- display_ans()：当前试题的解答控件的显示处理，该方法要将用户对该题的已有解答项进行正确设置，这样用户可以随意翻动试题查看已做解答和更改解答；
- givescore()：评分计算；
- actionPerformed()：动作事件处理，包括翻动试题、交卷等按钮；
- itemStateChanged()：解答选项的事件处理，将用户解答进行登记；
- readQuestion()：访问数据库，将所有试题信息存入相关数组。

② CountTime 类

该类实现剩余时间计算，应用多线程技术实现剩余时间的动态计算，该类继承标签，通过改变标签的文字实现剩余时间的显示。

（a）属性变量。

- int totalTime：总考试时间；
- int startTime：考试开始时间；
- Exam my：将考试窗体传递过来，以便创建对话框用。

（b）方法。

- 构造方法 CountTime()：设置初始属性，计算考试开始时间；
- run()：动态更新时间。

③ myDialog 类

用于弹出对话框显示最后得分，其中安排一个"确定"按钮，点击按钮将结束整个应用。对话框中包括如下的两个方法。

（a）构造方法 myDialog(Frame parent，String title)：对话框要依赖窗体容器存在，所以，在该构造方法中定义两个参数，方法设计的一个要点是通过 super 执行父类的构造方法实现对话框的创建；

（b）actionPerformed(ActionEvent e)：单击"确定"按钮调用该方法，响应动作事件。该方法要实现对话框的关闭，并结束程序运行。

程序代码如下：

```java
import java.awt . * ;
import java.applet . * ;
```

```java
import java.awt.event. * ;
import java.sql. * ;
import java.util. * ;
public class Exam extends Frame implements ActionListener,ItemListener{
  String question[] = new String[100];              //试题内容
  String answer[] = new String[100];                //答案
  String userAnswer[] = new String[100];            //用户解答
  int type[] = new int[100];                        //试题类型,1－－单选,2－－多选
  int amount;                                       //试题数量
  int bh = 0;                                       //当前试题编号
  String ch[] = {"A","B","C","D","E"};              //选项标识
  Checkbox cb[] = new Checkbox[5];                  //与多选题对应的复选框
  Checkbox radio[] = new Checkbox[5];               //与单选题对应的选项按钮
  TextArea content;                                 //显示试题内容的文本域
  Button ok;                                        //交卷按钮
  Button next;                                      //下一道试题
  Button previous;                                  //上一道试题
  Panel answercard;                                 //试题解答选项卡
  Label hint;                                       //提示标签,用于提示共有多少题,
                                                    //当前第几道
  CountTime remain;                                 //显示剩余时间的标签
  final int examtime = 5400;                        //考试时间,以秒为单位

  public Exam() {
    super("考试系统");
    readQuestion();                                 //读取试题存入数组
    for (int i = 0;i<amount;i ++ ) {
      userAnswer[i] = "";                           //用户解答初始化为空
    }
    setLayout(new BorderLayout());

    /* 上部面板,显示试题序号、交卷按钮、剩余时间 */
    Panel up = new Panel();
    hint = new Label("共有 ? 道试题,第 ? 题 ");
    ok = new Button(" 交 卷 ");
    up. add(hint);
    up. add(ok);
    remain = new CountTime(examtime,this);          //创建计时标签
```

```
up.add(remain);
new Thread(remain).start();                      //启动计时线程
add("North",up);

/* 中间面板显示试题内容,给出解答选项卡 */
Panel middle = new Panel();
content = new TextArea(10,50);
middle.add("Center",content);
content.setText(question[bh]);

Panel duoxuan = new Panel();                      //多选解答面板
duoxuan.setLayout(new FlowLayout(FlowLayout.CENTER, 10, 10));
for (int i = 0;i<5;i++ ) {                        //创建解答选项
  cb[i] = new Checkbox(ch[i]);
  duoxuan.add(cb[i]);
  cb[i].addItemListener(this);                    //给选项注册 ItemListener
}

Panel danxuan = new Panel();                      //单选解答面板
CheckboxGroup style = new CheckboxGroup();
danxuan.setLayout(new FlowLayout(FlowLayout.CENTER, 10, 10));
for (int i = 0;i<5;i++ ) {                        //创建解答选项
  radio[i] = new Checkbox(ch[i],false,style);
  danxuan.add(radio[i]);
  radio[i].addItemListener(this);
}

answercard = new Panel();
answercard.setLayout(new CardLayout());           //两种解答界面采用卡片布局
answercard.add(danxuan,"singlechoice");
answercard.add(duoxuan,"multichoice");
middle.add("South",answercard);
add("Center",middle);
display_ans();                                    //显示解答卡

/* 底部安排翻动试题按钮 */
Panel bottom = new Panel();
previous = new Button(" 上一题 ");
```

```
      bottom.add(previous);
      next = new Button("下一题");
      bottom.add(next);
      add("South", bottom);
      next.addActionListener(this);                    //给按钮注册动作监听者
      previous.addActionListener(this);
      ok.addActionListener(this);
      setSize(400,300);
      setVisible(true);
   }
```

/* 功能:根据当前试题显示解答界面。该方法是系统设计的一个关键点,核心问题
      有两个,一是根据题型决定显示答题界面,二是根据用户解答来显示各选项的
      值,以保证用户前后翻动试题能正确显示用户的已有解答 */

```
public void display_ans() {
   hint.setText("共有" + amount + "道试题,第" + (bh + 1) + "题");
   CardLayout lay = (CardLayout)answercard.getLayout();
   if (type[bh] == 1) {                                //判断是单选还是多选
      lay.show(answercard,"singlechoice");             //显示单选卡
      for (int i = 0;i<5;i++ ) {
         radio[i].removeItemListener(this);            //取消事件监听,避免因选项值设
                                                        //置而引发事件

         if (userAnswer[bh].equals(ch[i])) {
            radio[i].setState(true);                   //对于解答选中的选项要设置为选
                                                        //中状态

         }
      }
      for (int i = 0;i<5;i++ )
         radio[i].addItemListener(this);               //恢复选项的事件监听
   }
   else {
      lay.show(answercard,"multichoice");              //显示多选卡
      for (int i = 0;i<5;i++ ) {
         cb[i].removeItemListener(this);               // 取消选项的事件监听
         cb[i].setState(false);
         if (userAnswer[bh].length()>0) {
            if (userAnswer[bh].indexOf(ch[i])!= -1) {
               cb[i].setState(true);
```

```
        }
      }
    }
    for (int i = 0;i<5;i++ )
      cb[i].addItemListener(this);              //恢复选项的事件监听
  }
}


/* 功能:将用户解答与标准答案比较计算得分 */
public int givescore() {
  int score = 0;
  for (int i = 0;i<amount;i++ ) {
    if (userAnswer[i].equals(answer[i])) {
      score = score + 1;
    }
  }
  return (int)(score * 100/amount);
}


/* 功能:根据当前试题的题型拼接出用户的解答,将其存入解答数组 */
public void itemStateChanged(ItemEvent e){
  String s = "";
  if (type[bh] == 1) {
    s = ((Checkbox)e.getItemSelectable()).getLabel();    //单选
  }
  else {
    for (int i = 0;i<ch.length;i++ )
      if (cb[i].getState())
        s = s + cb[i].getLabel();              //多选题将所有选中的选项拼在一起
  }
  userAnswer[bh] = s;
}


/* 功能:实现试题的翻动 */
public void actionPerformed(ActionEvent e) {
  if (e.getSource() == next) {                //查看下一道试题
    if (bh<amount)
```

```
      bh++;
   content.setText(question[bh]);
   display_ans();
 }else if (e.getSource()==previous) {          //查看上一道试题
   if (bh>0)
   bh--;
   content.setText(question[bh]);
   display_ans();
 }
 else {                                        //交卷
   new myDialog(this,"分数="+this.givescore());
 }
}


public static void main(String a[]) {
   new Exam();
}


/* 读取试题库试题内容存放到数组中 */
public void readQuestion() {
  int stbh=0;
  String url = "jdbc:odbc:mydata";
  String sql = "SELECT * FROM exampaper";
  try {
    Class.forName("sun.jdbc.odbc.JdbcOdbcDriver");
  } catch(java.lang.ClassNotFoundException e) { }
  try {
    Connection con = DriverManager.getConnection(url,"",null);
    Statement stmt = con.createStatement();
    ResultSet rs = stmt.executeQuery(sql);
    while (rs.next()) {                         //循环遍历所有试题
      question[stbh]=rs.getString("content");
      answer[stbh]=rs.getString("answer");
      type[stbh]=rs.getInt("type");
    stbh++;                                     //试题数量加1
  }
  amount=stbh;
  } catch(SQLException ex) { System.out.println(ex.getMessage()); }
```

```
    }
  }
```

/ * 带考试剩余时间计算的文本显示框，通过多线程实现时间的动态更新，时间用完自动调对话框显示分数 * /

```
class CountTime extends Label implements Runnable {
  int totalTime;
  int startTime;
  Exam my;                                    //将考试窗体传递过来,以便创建
                                              //对话框用

  public CountTime(int seconds,Exam testframe){
    totalTime = seconds;
    my = testframe;
    Calendar rightNow = Calendar.getInstance();
    int h = rightNow.get(Calendar.HOUR_OF_DAY);
    int m = rightNow.get(Calendar.MINUTE);
    int s = rightNow.get(Calendar.SECOND);
    startTime = h * 3600 + m * 60 + s;         //记录考试起始时间
  }

  public void run() {
    for (; ; ) {
    Calendar rightNow = Calendar.getInstance();
    int h = rightNow.get(Calendar.HOUR_OF_DAY);
    int m = rightNow.get(Calendar.MINUTE);
    int s = rightNow.get(Calendar.SECOND);
    int remain = totalTime - (h * 3600 + m * 60 + s - startTime);   //计算剩余时间
    if (remain<0) {
        new myDialog(my,"分数 = " + my.givescore());   //显示分数
    }
    int remainh = (int)(remain/3600);
    int remainm = (int)((remain - remainh * 3600)/60);
    int remains = remain - remainh * 3600 - remainm * 60;
    String msg = "剩余时间:" + remainh + ":" + remainm + ":" + remains;
    setText(msg);
    try {
       Thread.currentThread().sleep(1000);
```

```
        } catch (InterruptedException e) {}
      } //for end
    } //run() end
  }
```

/* 显示分数的对话框,用户单击确认按钮将关闭对话框结束整个应用 */
```
class myDialog extends Dialog implements ActionListener{
  public myDialog(Frame parent,String title) {
    super(parent,title,true);                    //创建一个需要应答的对话框
    setLayout(new FlowLayout());
    Button ok = new Button("确认");
    add(ok);
    ok.addActionListener(this);
    this.setSize(80,80);
    this.show();
  }

  public void actionPerformed(ActionEvent e) {
    this.dispose();
    System.exit(0);
  }
}
```

程序运行后最终的提示分数对话框如图 11-6 所示。

【说明】 本应用程序是一个涉及较多设计综合知识的应用,因此,在程序中也加上了不少注释以便读者理解。希望读者仔细思考,对程序的解决方案也可以考虑做些改进,比如,增加题型;在需要进行用户认证的情况下如何改进数据库表格;以及如何实现随机抽题等。

图 11-6 提示分数对话框

11.5 本章小结

数据库编程首先要设计数据库的表格,考虑表间关系。Java 通过 JDBC 访问数据库,本书主要介绍了在 ODBC 配置的基础上,通过 JDBC-ODBC 桥实现对数据库访问处理的基本流程,首先要建立数据库连接,在连接的基础上得到 Statement 对象,并通过该对象执行 SQL 语句实现数据的各种访问处理,这里要注意,SQL 查询通过executeQuery方法执行,而对数据库的更新处理则通过执行 executeUpdate 方法来实现。数据表的查询结果集可以按记录次序遍历访问,并要注意不同类型的字段有不同的数据获取方法。SQL 语句可以采用

字符串拼接得到,也可以利用 PreparedStatement 类来填充处理。

习　题

11-1　简述使用 JDBC 访问数据库的基本步骤。

11-2　编写一个图形界面应用程序,利用 JDBC 实现班级学生管理,在数据库中创建 student 和 class 表格,应用程序具有如下功能:

① 数据插入功能,能增加班级,在某班增加学生;

② 数据查询功能,在窗体中显示所有班级,选择某个班级将显示该班的所有学生;

③ 数据删除功能,能删除某个学生,如果删除班级,则要删除该班所有学生。

11-3　改进考试系统,整个系统界面由 3 块面板采用卡片布局构成,第 1 块卡片为用户认证模块,第 2 块卡片为测试模块,第 3 块卡片为成绩显示模块。在数据库中建立一个用户表格,每个用户认证通过后才能进入测试模块,测试结束后将成绩写入成绩登记表。

第 12 章　Java 的网络编程

12.1　网络编程基础

12.1.1　网络协议

网络上的计算机要互相通信,必须遵循一定的协议。目前使用最广泛的网络协议是应用于 Internet 的 TCP/IP 协议。为了适应网络的多样性,TCP/IP 协议在设计上分为 5 层,物理层、数据链路层、网络层、传输层、应用层。不同层有各自职责,下层为上层提供服务。其中,IP 层主要负责网络主机的定位,实现数据传输的路由选择。IP 地址可以唯一地确定 Internet 上的一台主机,为了方便记忆,实际应用中大量使用域名地址,域名与 IP 地址的转换通过域名解析完成。而传输层则负责保证端到端数据传输的正确性,在传输层包含两类典型通信支持:TCP(Tranfer Control Protocol)和 UDP(User Datagram Protocol)。TCP 是一种面向连接的保证可靠传输的协议。通过 TCP 协议传输,得到的是一个顺序的无差错的数据流。使用 TCP 通信,发送方和接收方首先要建立 socket 连接,在客户服务器通信中,服务方在某个端口提供服务,等待客户方的访问连接,连接建立后,双方就可以发送或接收数据。UDP 是一种无连接的协议,每个数据报都是一个独立的信息,包括完整的源地址或目的地址,它在网络上以任何可能的路径传往目的地,因此能否到达目的地、到达目的地的时间以及内容的正确性都是不能被保证的,但 UDP 由于无须建立连接,传输效率高。

现在计算机系统都是多任务的,一台计算机可以同时与多个计算机之间通信,所以完整的网络通信的构成元素除了主机地址外,还包括通信端口、协议等。

在 java.net 包中提供了丰富的网络功能,例如,用 InetAddress 类表示 IP 地址,用 URL 类封装对网络资源的访问,用 ServerSocket 和 Socket 类实现面向连接的网络通信,用 DatagramPacket 和 DatagramSocket 实现数据报的收发。

12.1.2　InetAddress 类

Internet 上通过 IP 地址或域名标识主机,而 InetAddress 对象则含有这两者的信息,域名的作用是方便记忆,它和 IP 地址是一一对应的,知道域名即可得到 IP 地址。InetAddress对象用如下格式表示主机的信息:

www.ecjtu.jx.cn/202.101.208.10

InetAddress 类的主要方法如下。

① static InetAddress getByName(String host):根据主机名构造一个对应的

InetAddress对象,当主机在网上找不到时,将抛出 UnknownHostException 异常。所以,使用该方法要进行异常处理。例如,使用 getByName("www. yahoo. com. cn")可得到 Yahoo 的 InetAddress 对象。

② static InetAddress getLocalHost():返回本地主机对应的 InetAddress 对象,如果该主机无 IP 地址,则产生 UnknownHostException 异常。

③ String getHostAddress():返回 InetAddress 对象的 IP 地址。

④ String getHostName():返回 InetAddress 对象的域名。

12.2　Socket 通信

12.2.1　Java 的 Socket 编程原理

Java 提供了 Socket 类和 ServerSocket 类分别用于 Client 端和 Server 端的 Socket 通信编程,在实验编程时,网上任何两台机器之间要进行 Socket 通信,只要将一台作为服务端,另一台作为客户端即可。实际应用中,作为服务器的计算机通常性能较好,服务器往往面临很多客户的连接访问。

1. Socket 类

Socket 类用在用户端,用户通过构造一个 Socket 类来建立与服务器的连接。Socket 连接可以是流连接,也可以是数据报连接,这取决于构造 Socket 类时使用的构造方法。一般使用流连接,流连接的优点是所有数据都能准确、有序地送到接收方,缺点是速度较慢。Socket 类的构造方法有如下 4 种。

① Socket(String, int):构造一个连接指定主机、指定端口的流 Socket;

② Socket(String, int, boolean):构造一个连接指定主机、指定端口的 Socket 类,boolean 类型的参数用来设置是流 Socket 还是数据报 Socket;

③ Socket(InetAddress, int):构造一个连接指定 Internet 地址、指定端口的流 Socket;

④ Socket(InetAddress, int, boolean):构造一个连接指定 Internet 地址、指定端口的 Socket 类,boolean 类型的参数用来设置是流 Socket 还是数据报 Socket。

在构造完 Socket 类后,就可以通过 Socket 类来建立输入、输出流,通过流来传送数据。

2. ServerSocket 类

ServerSocket 类用在服务器端,构造方法有如下两种。

① ServerSocket(int):在指定端口上构造一个 ServerSocket 类;

② ServerSocket(int, int):在指定端口上构造一个 ServerSocket 类,并进入监听状态,第二个 int 类型的参数是监听时间长度。

3. 建立连接与数据通信

首先,在服务器端创建一个 ServerSocket 对象,通过执行 accept 方法监听客户连接,这将使线程处于等待状态。然后在客户端构造 Socket 类,与某服务器的指定端口进行连接。服务器监听到连接请求后,就可在两者之间建立连接。连接建立之后,就可以取得相应的输入、输出流进行通信,如图 12-1 所示。一方的输出流发送的数据将被另一方的输入流读取。

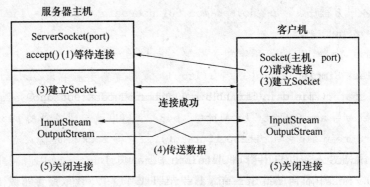

图 12-1 Socket 通信的基本过程

例 12-1 一个最简单的 Socket 通信演示程序。

程序 1 服务方程序:

```java
import java.net. * ;
import java.io. * ;
public class SimpleServer {
   public static void main(String args[]) {
     ServerSocket s = null;
     try {
        s = new ServerSocket(5432); //规定服务端口
     } catch (IOException e) { }
     while (true) {
       try {
          Socket s1 = s.accept(); //等待客户连接
          OutputStream s1out = s1.getOutputStream(); //取得 Socket 的输出流
          DataOutputStream dos = new DataOutputStream (s1out);
          dos.writeUTF("Hello World!");
          System.out.println("a client is conneted….");
          s1.close();
       } catch (IOException e) { }
     }
   }
}
```

【说明】 这里服务方监听的端口为 5432,在循环中,通过 accept 等待客户连接,如果无客户连接,线程将进入阻塞状态。一但有客户连接成功,则将在客户和服务器间建立一条 Socket 数据传输通道,通过 Socket 的 getOutputStream()方法可取得该通道本方的输出流,为了方便流操作,可以用 DataOutputStream 流对其进行过滤,并用 DataOutputStream 对象的 writeUTF 方法给客户发送数据。而后关闭与该客户的连接,继续循环等待其他客户的访问。

程序 2 客户方程序：

```java
import java.net. * ;
import java.io. * ;
public class SimpleClient {
    public static void main(String args[]) throws IOException {
        Socket s = new Socket("localhost",5432); //申请与服务器的 5432 端口连接
        InputStream sIn = s.getInputStream();//取得 Socket 的输入流
        DataInputStream dis = new DataInputStream(sIn);
        String message = new String (dis.readUTF()); //读取服务器发送数据
        System.out.println(message);
        s.close();
    }
}
```

【说明】 这里客户方要访问的计算机为本机(Localhost)，也就是在一台计算机上自己与自己通信，客户通过创建 Socket 与服务端建立连接后，可以取得 Socket 的输入流，用过滤流 DataInputStream 的 readUTF 方法读取来自服务方的字符串。之后关闭 Socket 连接。

【注意】 该程序在同一机器上运行时要开辟两个 DOS 窗口，首先运行服务器程序，然后在另一个窗口运行客户程序，服务器端循环运行等待客户连接，每个客户连接到服务器后，在客户方将显示服务器发送的信息"Hello World!"，而服务方将显示"a client is conneted…"。本程序中只是服务方给客户方发送数据，客户给服务方发送是一样的，只是要注意收发的次序，不要两方均是先收后发。

 思考

上面的程序如果要实现双向通信，则服务器还要读客户发的数据，这时，不难发现服务器在循环中要做的事会很多，而且，等待客户发数据将导致没法及时转到 accept 处去等待其他客户连接。因此，对于复杂的多用户通信是不可行的。

12.2.2 简单多用户聊天程序的实现

例 12-2 一个简单的多用户聊天程序。

程序 1 聊天服务端程序：

聊天服务端的主要任务有两个，一是监听某端口，建立与客户的 Socket 连接，处理一个客户的连接后，能很快再进入监听状态；二是处理与客户的通信，由于聊天是在客户之间进行，所以服务器的职责是将客户发送的消息转发给其他客户。为了实现这两个目标，必须设法将任务分开，可以借助多线程技术，在服务方为每个客户连接建立一个通信线程，通信线

程负责接受客户的消息并将消息转发给其他客户。这样主程序的任务就简单化,可以循环监听客户连接,每个客户连接成功后,创建一个通信线程,并将与 Socket 对应的输入/输出流传给该线程。

本例中还有一个关键问题是由于要将数据转发给其他客户,因此某个客户对应的通信线程要设法获取其他客户的 Socket 输出流。也就是必须设法将所有客户的资料在连接处理时保存在一个公共能访问的地方,因此,在 SimpleTalkServer 类中引入了一个静态数组存放所有客户的通信线程,这样要取得客户的输出流可通过该数组去间接访问。由于数组有访问越界问题,建议读者将数组改为向量,这样程序将具有更大的适应性。代码如下:

```java
import java.net. * ;
import java.io. * ;
public class SimpleTalkServer {
    public static Client[] allclient = new Client[20]; //存放所有通信线程
    public static int clientnum = 0; //连接客户数
    public static void main(String args[]) {
        try {
            ServerSocket s = new ServerSocket(5432);
            while (true) {
                Socket s1 = s.accept(); //等待客户连接
                DataOutputStream dos = new DataOutputStream (s1. getOutput
                Stream());
                DataInputStream din = new DataInputStream(s1.getInputStream());
                allclient[clientnum] = new Client(clientnum,dos,din);
                //创建与客户对应的通信线程
                allclient[clientnum].start();
                clientnum ++ ;
            }
        } catch (IOException e) { }
    }
}

/* 通信线程处理与对应客户的数据通信,将来自客户数据发往其他客户 */
class Client extends Thread {
    int id; //客户标识
    DataOutputStream dos; //去往客户的输出流
    DataInputStream din; //来自客户的输入流
    public Client(int id,DataOutputStream dos, DataInputStream din) {
        this.id = id;
        this.dos = dos;
        this.din = din;
```

```
    }
    public void run() { //循环读取客户数据转发给其他客户
        while(true) {
            try{
                String message = din.readUTF();//读客户数据,无数据时等待
                int m = SimpleTalkServer.clientnum;
                for (int i = 0;i<m;i++) {
                    SimpleTalkServer.allclient[i].dos.writeUTF(message);
                    //将消息转发给其他客户
                }
            } catch(IOException e) {}
        }
    }
}
```

【说明】 每个通信线程均在循环检测是否本线程对应的客户有数据发送过来,一旦接收到数据就通过循环将数据发送所有客户(包括自己)的 Socket 通道。

程序 2 聊天客户端:

客户端的职责也有两个,一是能提供一个图形界面实现聊天信息的输入和显示,其中包括处理用户输入事件;二是要随时接收来自其他客户的信息并显示出来。因此,在客户端也采用多线程实现,应用程序主线程负责图形界面的输入处理,而接收消息线程负责读取其他客户发来的数据。代码如下:

```
import java.net. * ;
import java.io. * ;
import java.awt.event. * ;
import java.awt. * ;
public class SimpleTalkClient {
    public static void main(String args[]) throws IOException {
        Socket s1 = new Socket(args[0],5432); //连接服务器
        DataInputStream dis = new DataInputStream(s1.getInputStream());
        final DataOutputStream dos = new DataOutputStream(s1.getOutput-
            Stream());
        Frame myframe = new Frame("client");
        Panel panelx = new Panel();
        final TextField input = new TextField(20);//加 final 修饰是为了在内嵌
                                            //类中访问
        TextArea display = new TextArea(5,20);
        panelx.add(input);
        panelx.add(display);
```

```
        myframe.add(panelx);
        new receiveThread(dis,display); //创建一个接收数据线程
        input.addActionListener(new ActionListener() { //用匿名内嵌类处理
            public void actionPerformed(ActionEvent e) {
                try{
                    dos.writeUTF("client: " + input.getText());//发送数据
                } catch(IOException z) {}
            }
        }
        );
        myframe.setSize(300,300);
        myframe.setVisible(true);
    }
}


/ *  接收消息线程循环读取网络消息,显示在文本域  * /
class receiveThread extends Thread {
    DataInputStream dis;
    TextArea displayarea;
    public receiveThread(DataInputStream dis , TextArea m) {
        this.dis = dis;
        displayarea = m;
        this.start();
    }
    public void run() {
        for(;;) {
        try {
            String str = new String(dis.readUTF()); //读取其他客户经服务器
                                                     //转发的消息
            displayarea.append(str + "\n"); //将消息添加到文本域显示
        } catch (IOException e ){ }
        }
    }
}
```

【说明】 运行该程序前首先要运行服务方程序,运行客户方程序要注意提供一个代表服务器地址的参数,如果客户方程序与服务方程序在同一机器上运行,则运行命令为:

java SimpleTalkClient localhost

通过服务器转发实现多个客户的通信运行结果如图 12-2 所示。

(a)　　　　　　　　　　(b)

图 12-2　通过服务器转发实现多个客户的通信运行结果

思考

　　该程序仅实现了简单的多用户聊天演示,在程序中还有许多问题值得改进,读者可以进一步去解决这些问题,比如:①如何修改服务方,使用户自己发送的消息不显示在自己的文本域中;②增加一个用户名输入界面,用户输入身份后再进入聊天界面;③在客户方显示用户列表,可以选择将信息发送给哪些用户;④如何在服务方对退出的用户进行处理,保证聊天发送的消息只发给在场的用户,这点要客户方与服务方配合编程,客户退出时给服务方发消息。

12.3　无连接的数据报

　　数据报是一种无连接的通信方式,它的速度比较快,但是由于不建立连接,不能保证所有数据都能送到目的地。所以一般用于传送非关键性的数据。发送和接收数据报需要使用 Java 类库中的 DatagramPacket 类和 DatagramSocket 类。

12.3.1　DatagramPacket 类

　　DatagramPacket 类是进行数据报通信的基本单位,它包含了需要传送的数据、数据报的长度、IP 地址和端口等。DatagramPacket 类的构造方法有如下两种。

　　(1) DatagramPacket(byte [], int)

　　构造一个用于接收数据报的 DatagramPacket 类,byte []类型的参数是接收数据报的缓冲,int 类型的参数是接收的字节数。

　　(2) DatagramPacket(byte [], int, InetAddress, int)

　　构造一个用于发送数据报的 DatagramPacket 类,byte []类型参数是发送数据的缓冲区,int 类型参数是发送的字节数,InetAddress 类型参数是接收机器的 Internet 地址,最后一个参数是接收的端口号。

　　也可以通过 DatagramPacket 类提供的方法获取或设置数据报的参数,如地址、端口等,例如,通过以下命令设置和获取数据报的收发数据缓冲区。

　　• void setData(byte[] buf) :设置数据缓冲区;

- byte[] getData():返回数据缓冲区。

方法 getLength()可用来返回发送或接收的数据报的长度。

12.3.2 DatagramSocket 类

DatagramSocket 类是用来发送数据报的 Socket,它的构造方法有如下两种。

- DatagramSocket():构造一个用于发送的 DatagramSocket 类;
- DatagramSocket(int):构造一个用于接收的 DatagramSocket 类,参数为接收端口号。

构造完 DatagramSocket 类后,就可以发送和接收数据报。

12.3.3 发送和接收过程

发送数据报需要在接收端先建立一个接收的 DatagramSocket,在指定端口上监听,构造一个 DatagramPacket 类指定接收的缓冲区(DatagramSocket 的监听将阻塞线程)。在发送端需要首先构造 DatagramPacket 类,指定要发送的数据、数据长度、接收主机地址及端口号,然后使用 DatagramSocket 类来发送数据报。接收端接收到数据后,将数据保存到缓冲区,发送方的主机地址和端口号一并保存。

以下代码给出了数据报接收和发送的编程要点,接收端的 IP 地址是 192.168.0.3,端口号是 80,发送的数据在缓冲区 message 中,长度为 200。

(1) 接收端的程序

```
byte [] inbuffer = new byte[1024]; //接收缓冲区
DatagramPacket inpacket = new DatagramPacket(inbuffer, inbuffer. length);
DatagramSocket insocket = new DatagramSocket(80); //80 为接收端口号
insocket. receive(inpacket); //接收数据报
String s = new String(inbuffer, 0, 0, inpacket. getLength());
//将接收的数据存入字符串 s
```

(2) 发送端的程序

```
// message 为存放发送数据的字节数组
DatagramPacket  outpacket = new  DatagramPacket(message, 200, "192.168.0.3",80);
DatagramSocket outsocket = new DatagramSocket();
outsocket. send(outpacket);
```

例 12-3 利用数据包发送信息或文件。

以下程序利用数据报发送输入信息或文件内容到特定主机的特定端口。

程序 1 发送程序:

```
import java. io. * ;
import java. net. * ;
public class UDPSend {
    public static final String usage ="用法：java UDPSend < hostname >
    <port><msg>...\n" +" 或 java UDPSend <hostname> <port> - f <file>";
```

```
    public static void main(String args[]) {
       try {
           if (args.length < 3)
               throw new IllegalArgumentException("参数个数不对");
           String host = args[0];
           int port = Integer.parseInt(args[1]);
           byte[] message;
           if (args[2].equals("-f")) {
               File f = new File(args[3]);
               int len = (int)f.length();
               message = new byte[len];
               FileInputStream in = new FileInputStream(f);
               int bytes_read = 0;
               in.read(message, bytes_read, len); //从文件读数据到字节数组
           }
           else {
               String msg = args[2];
               for (int i = 3; i<args.length; i++) //后面的文本全是消息内容
                   msg += " " + args[i];
               message = msg.getBytes(); //获取字符串对应的字节数组表示
           }

           InetAddress address = InetAddress.getByName(host);
           DatagramPacket packet = new DatagramPacket(message,
               message.length,address, port);
           DatagramSocket dsocket = new DatagramSocket();
           dsocket.send(packet);
           dsocket.close();
       } catch (Exception e) {
               System.err.println(e);
               System.err.println(usage);
       }
    }
}
```

【说明】 发送的数据来源有两种可能,通过命令行参数进行区分,一种是来自文件,第3个参数为-f,第4个参数为文件名,从文件中读取信息写入到 message 字节数组;另一种从命令行直接输入文本,如果第3个参数不为-f,则后续的所有输入均为数据,将来自命令行的所有后续参数拼接在一个字符串中,然后转化为字节数组存入 message 中。最后通过数据报方式将消息发送给指定主机的某端口。

程序 2 接收程序：

```java
import java.io. * ;
import java.net. * ;
public class UDPReceive {
    public static final String usage = "用法：java UDPReceive <port>";
    public static void main(String args[]) {
      try {
          if (args.length != 1)
              throw new IllegalArgumentException("参数个数不足");
          int port = Integer.parseInt(args[0]);
          DatagramSocket dsocket = new DatagramSocket(port);
          byte[] buffer = new byte[2048];
          DatagramPacket packet = new DatagramPacket(buffer, buffer.length);
          for(;;) {
              dsocket.receive(packet); //接收数据报
              String msg = new String(buffer, 0, packet.getLength());
              System.out.println(packet.getAddress().getHostName() +":" +
              msg);
          }
      } catch (Exception e) {
          System.err.println(e);
          System.err.println(usage);
      }
    }
}
```

【说明】 接收程序在指定端口建立 DatagramSocket 对象，通过 receive 方法循环读取来自发送方的数据报，将数据报接收缓冲区的数据转化为字符串输出。

【注意】 测试程序时，要首先运行接收程序，接收程序运行时需要提供一个端口号，该程序将循环等待接收来自发送方的数据报。发送程序需要的参数较多，首先要给定目标主机地址、端口号，接下来如果要发送文件内容，则－f 后接文件名；否则，剩下的所有参数均作为发送内容。

12.3.4 数据报多播

所谓多播就是发送一个数据报文，所有组内成员均可接收到。多播通信使用 D 类 IP 地址，地址范围为：224.0.0.1～239.255.255.255。发送广播的主机给指定多播地址的特定端口发送消息。接收广播的主机必须加入到同一多播地址指定的多播组中，并从同样端口接收数据报。多播通信是一种高效率的通信机制，多媒体会议系统是典型应用。Multicast-Socket 是 DataPacketSocket 的子类，常用构造方法如下。

- MulticastSocket()：创建一个多播 Socket，可用于发送多播消息；
- MulticastSocket(int port)：创建一个与指定端口捆绑的多播 Socket，可用于收发多播消息。

多播消息通常带有一个严格的生存周期，它对应着要通过的路由器数量，默认消息的生存期数据为1，这种情形下，消息就只能在局域网内部传递。通过 MulticastSocket 对象的 setTimeToLive(int)方法可设置生命周期。

（1）接收多播数据

接收方首先通过使用发送方数据报指定的端口号创建一个 MulticastSocket 对象，通过该对象调用 joinGroup(InetAddress group)方法将自己登记到一个多播组中。然后，就可用 MulticastSocket 对象的 receive 方法接收数据报。在不需要接收数据时，可调用 leaveGroup(InetAddress group)方法离开多播组。

（2）发送多播数据

用 MulticastSocket 对象的 send 方法发送数据报。由于在发送数据报中已指定了多播地址和端口，发送方创建 MulticastSocket 对象时可用不指定端口的构造方法。

以下为实现数据报多播的关键代码：

```
String msg = "Hello";
InetAddress group = InetAddress.getByName("228.5.6.7"); //创建多播组
MulticastSocket s = new MulticastSocket(6789); //创建 MulticastSocket 对象
s.joinGroup(group); //加入多播组
DatagramPacket hi = new DatagramPacket(msg.getBytes(), msg.length(),
                        group, 6789); //创建要发送的数据报
s.send(hi); //发送
/* 以下代码接收多播数据报 */
byte[] buf = new byte[1000];
DatagramPacket recv = new DatagramPacket(buf, buf.length);
s.receive(recv);
```

实际应用中，发送数据是主动的动作，而接收数据是被动的动作，为了不至于阻塞应用，接收可以创建一个专门的线程，让其循环等待接收数据。

例 12-4 基于数据报多播技术的简单讨论区。

程序代码如下：

```
public class Talk extends Frame implements Runnable{
    MulticastSocket mSocket ; //用于接收的 MulticastSocket 对象
    TextArea display; //显示消息的文本域
    TextField input; //发送信息的文本框
    public Talk() {
        super("多播测试");
        try {
            mSocket = new MulticastSocket(7777);
```

```
        InetAddress inetAddress = InetAddress.getByName("230.0.0.1");
        receiveSocket.joinGroup(inetAddress);
    }catch(Exception ){ }
    display = new TextArea(5,40);
    input = new TextField(20);
    add("South",input);
    add("Center",display);
    setSize(200,400);
    setVisible(true);
    input.addActionListener(new ActionListener(){
        public void actionPerformed(ActionEvent e){
            try {
                byte[] data = input.getText().getBytes(); //将文本框的输入串
                                                          //转化为字节

                input.setText("");
                InetAddress inetAddress = InetAddress.getByName("230.0.0.1");
                DatagramPacket datagramPacket = new DatagramPacket(data, da-
                ta.length, inetAddress, 7777);
                mSocket.send(datagramPacket);
            } catch (Exception e) { }
        }
    });
}

public static void main(String [] args) {
    Talk s = new Talk();
    new Thread(s).start();
}

public void run() {
// 循环读取用户发送的消息
    try {
        while (true) {
        byte [] data = new byte [200]; //定义一个字节缓冲区用于存放接收数据
        DatagramPacket datagramPacket = new DatagramPacket(data, data.length);
        mSocket.receive(datagramPacket); //接收数据报
        display.append(new String(data)); //将数据添加到文本域中
        display.append("\n");
        }
    } catch (Exception e){ }
```

```
    }
}
```

基于多播通信的讨论区的实现如图 12-3 所示。

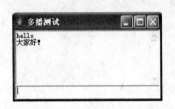

图 12-3　基于多播通信的讨论区

【说明】　本程序在同一个类中实现数据的收发功能，类 Talk 在继承 Frame 窗体的同时实现 Runnable 接口，通过图形用户界面触发事件实现数据的发送。同时利用线程的 run 方法循环接收来自用户的消息。

【注意】　多播通信已经通过一个组地址将用户联系在一起，因此，无需负责转发消息的服务方程序。只需运行一个程序就可以测试，但即便在单机上调试多播程序时也必须注意保证网络连通，否则加入多播组将出现 Socket 异常。

12.4　URL

在 Internet 上的所有网络资源都是用 URL（Uniform Resource Locator）来表示的，一个 URL 地址通常由 4 部分组成：协议名、主机名、路径文件、端口号。例如，华东交通大学 Java 课程的网上教学地址为：

http://cai.ecjtu.jx.cn:80/java/index.htm

以上表示协议为 http，主机地址为 cai.ecjtu.jx.cn，路径文件为 java/index.htm，端口号为 80。当端口号为协议的默认值时可省略，如，http 的默认端口号是 80。

12.4.1　URL 类

使用 URL 进行网络通信，就要使用 URL 类创建对象，利用该类提供的方法获取网络数据流，从而读取来自 URL 的网络数据。URL 类安排在 java.net 包中，以下为 URL 的几个构造方法及说明。

- URL(String, String, int, String)：第 1 个 String 类型的参数是协议的类型，可以是 http、ftp、file 等。第 2 个 String 类型参数是主机名，int 类型参数是指定端口号，最后一个参数是给出文件名或路径名。
- URL(String, String, String)：参数含义与上相同，使用协议默认端口号。
- URL(URL, String)：利用给定 URL 中的协议、主机，加上 String 参数中文件的相对路径拼接新 URL。
- URL(String)：使用 URL 字符串构造一个 URL 类。

如果 URL 信息错误将产生 MalformedURLException 例外，在构造完一个 URL 类后，可以使用 URL 类中的 openStream 方法与服务器上的文件建立一个流的连接，但是这个流是输入流（InputStream），只能读而不能写。

URL 类提供的典型方法如下。

- String getFile()：取得 URL 的文件名，它是带路径的文件标识；
- String getHost()：取得 URL 的主机名；

- String getPath():取得 URL 的路径部分;
- int getPort():取得 URL 的端口号;
- URLConnection openConnection():返回代表与 URL 进行连接的 URLConnection 对象;
- InputStream openStream():打开与 URL 的连接,返回来自连接的输入流;
- Object getContent():获取 URL 的内容。

例 12-5 通过流操作读取 URL 访问结果。

以下程序读取网上某个 URL 的访问结果,将结果数据写入到某个文本文件中或者在显示屏上显示,取决于运行程序时是否提供写入的文件。运行程序时第 1 个参数指定 URL 地址,第 2 个参数可以省去,有则表示存放结果的文件。

```java
import java.io. * ;
import java.net. * ;
public class GetURL {
public static void main(String[] args) {
    InputStream in = null;
    OutputStream out = null;
    try {
        if ((args.length != 1)&& (args.length != 2))
            throw new IllegalArgumentException("参数个数不对");
        URL url = new URL(args[0]); // 建立 URL
        in = url.openStream(); // 打开 URL 流
        if (args.length == 2) // 获取相应的输出流
            out = new FileOutputStream(args[1]); //输出目标为参数指定的文件
        else
            out = System.out; //输出目标为屏幕
        /* 以下将 URL 访问结果数据拷贝到输出流 */
        byte[] buffer = new byte[4096];
        int bytes_read;
        while((bytes_read = in.read(buffer)) != -1) //先读数据到缓冲区
            out.write(buffer, 0, bytes_read); //将缓冲区数据写到输出流
    }
    catch (Exception e) {
        System.err.println("Usage: java GetURL <URL> [<filename>]");
    }
    finally {
        try { in.close(); out.close(); } catch (Exception e) {}
    }
}
}
```

12.4.2　URLConnection 类

前面介绍的 URL 访问只能读取 URL 数据源的数据,在实际应用中,有时需要与 URL 资源进行双向通信,则要用到 URLConnection 类。URLConnection 类的构造方法是 URLConnection(URL),它将创建一个对指定 URL 的连接对象。用 URLConnection 的构造方法来构造 URLConnection 类时,并未建立与指定 URL 的连接,还必须使用 URLConnection 类中的 connect 方法建立连接。另一种与 URL 建立双向连接的方法是使用 URL 类中的 openConnection 方法,它返回一个已建立好连接的 URLConnection 对象。

URLConnection 类的几个主要方法如下。

- void connect():打开 URL 所指资源的通信链路;
- int getContentLength():返回 URL 的内容长度值;
- InputStream getInputStream():返回来自连接的输入流;
- OutputStream getOutputStream():返回写往连接的输出流;
- void setDoOutput(boolean):设置是否往 URL 写数据;
- void setDoInput(boolean):设置是否读 URL 数据。

例 12-6　下载指定的 URL 文件。

程序代码如下:

```
import java.net. * ;
import java.io. * ;
public class downloadFile {
    public static void main (String args[]) {
        try {
            URL path = new URL(args[0]);
            saveFile(path);
        } catch (MalformedURLException e) {
            System.err.println("URL error");
        }
    }

    /* 读取指定的 URL 文件的数据内容保存在当前目录下 */
    public static void saveFile(URL url) {
        try {
            URLConnection uc = url.openConnection();
            int len = uc.getContentLength();
            InputStream stream = uc.getInputStream();
            byte[] b = new byte[len]; //创建字节数组存放读取的数据
            stream.read(b, 0, len); //从输入流读 len 个字节数据存入数组 b
            String theFile = url.getFile(); //获取带路径的文件标识
```

```
        theFile = theFile.substring(theFile.lastIndexOf('/') + 1);
        //分离出文件名
        FileOutputStream fout = new FileOutputStream(theFile);
        fout.write(b); //将数据写入文件,文件存放在当前目录下
    } catch (Exception e) {
            System.err.println(e);
        }
    }
}
```

【运行结果】

e:/java> java downloadFile "http://localhost/images/dots.gif"

则在 E 盘的 java 子目录下可以找到下载的文件 dots.gif。

12.4.3 用 Applet 方法访问 URL 资源

Applet 通过 AppletContext 接口与环境进行通信。通过 Applet 类中的 getAppletContext 方法获取 AppletContext 接口,使用该接口提供的 showDocument 方法可以通知浏览器在指定窗口中显示另一个 URL 的内容。该方法的具体格式是:

public void showDocument(URL url, String target)

其中,第 2 个参数规定 URL 内容显示的窗体帧,见表 12-1。

表 12-1　URL 内容显示的窗体帧

Target	描　述
_self	在 Applet 所在窗体(Frame)显示
_parent	在 Applet 所在窗体的父窗体显示帧,如果无父窗体,则同"_self"
_top	在顶级窗体显示,如果 Applet 窗体就是顶级,则同"_self"
_blank	在一个新开的无名窗体显示
name	在某个名字的窗体中显示,如果没有该名字的窗体,则创建一个

例 12-7　在 applet 中实现搜索引擎界面。

程序代码如下:

```
import java.applet.Applet;
import java.net. *;
import java.awt. *;
import java.awt.event. *;
public class searchengine extends Applet implements ActionListener {
    TextField keyword = new TextField(30); // 定义搜索的关键字
    Choice EngineName; // 使用的搜索引擎列表,使用下拉框
    Button go = new Button("开始搜索");
    public void init() {
        setBackground(Color.white); // 设置背景为白色以便配合网页色彩
```

```
    keyword = new TextField(20);
    EngineName = new Choice();
    EngineName.addItem("中文雅虎");
    EngineName.addItem("搜狐");
    EngineName.addItem("新浪");
    EngineName.addItem("网易");
    EngineName.select(0); // 设置默认显示的项目为"中文雅虎"
    add(keyword);
    add(EngineName);
    add(go);
    go.addActionListener(this);
}
public void actionPerformed(ActionEvent e) {
    if(e.getSource() == go) {
        try
            { goSearch(); }
        } catch (Exception e1)
            { showStatus("搜索时发生异常:" + e1.toString()); }
    }
}
public void goSearch() throws Exception {
    String str = keyword.getText();
    if(str.equals("")) {
        showStatus("请填写搜索的关键字!");
        return;
    }
    String url = "";
    switch (EngineName.getSelectedIndex()) {
        case 0 :
            url = "http://cn.search.yahoo.com/search/cn? p = ";
            break;
        case 1 :
            url = "http://site.search.sohu.com/sitesearch.jsp? key_word = ";
            break;
        case 2 :
            url = "http://search.sina.com.cn/cgi - bin/search/search.cgi?
_searchkey = ";
            break;
```

```
case 3 :
        url = "http://nisearch.163.com/Search? q = ";
}
url += URLEncoder.encode(str); // 将关键字编码成 URL 格式
showStatus("正在连接搜索引擎" + url);
getAppletContext().showDocument(new URL(url), "_blank");
    }
}
```

【说明】 本例利用 Internet 上典型搜索引擎的处理,将用户的输入数据作为 URL 参数提交给各搜索引擎的处理程序,并将其处理结果显示在一个新的窗体中。

12.5 本章小结

网络通信编程是一个有趣的内容,Java 在 java.net 包中定义了丰富的网络功能,其中 Socket 通信用于可靠的数据通信,在编写 Socket 应用时,首先是服务方代码先运行,它通过 ServerSocket 对象的 accept()方法监听客户连接,客户方通过创建 Socket 寻求连接,连接建立后,通过流式数据读写实现双方的通信。另一类通信是基于 UDP 的不可靠传输,它使用 DatagramSocket、MulticastSocket 和 DatagramPacket 等类实现通信连接和数据的发送与接收。

URL 类为网络资源的定义和获取提供了支持,URLConnection 类除了可访问 URL 内容外,还可以给 URL 指定的程序发送数据。

Applet 通过 AppletContext 接口与环境进行通信,其中,showDocument()方法可控制在浏览器的特定窗体中显示 URL 内容。

习 题

12-1 简述 Socket 编程和数据报编程的基本工作原理,比较两者的异同。

12-2 URL 包含哪 4 个部分? URLConnection 类与 URL 有何异同?

12-3 编写一个教师控制学生页面显示的程序,教师在其 Applet 中输入网址,通过 Socket 通信将该网址发送到学生,学生方 Applet 自动在另一帧中显示该网址的 URL 内容。

12-4 利用 Socket 通信实现一个网上两人对弈五子棋的程序,可考虑同时支持多桌对弈、支持用户邀请等功能。

12-5 改写基于多播通信的讨论区程序,增加用户登录、显示发言人等。

第 13 章 Swing 编程

13.1 Swing 包简介

Java 语言从 JDK1.2 开始推出了 javax. swing 包,Swing 包在图形界面设计上比 AWT 更丰富,更美观。Swing 拥有 4 倍于 AWT 的用户界面组件,它是在 AWT 包基础上的扩展,在很多情况下在 AWT 包的部件前加上字母 J 即为 Swing 部件的名称,如,JFrame、JApplet、JButton 等。但 Swing 包也存在一些问题,例如,目前 IE 并不直接支持 Swing 包程序的运行,必须从网上下载安装插件才行。另外,Swing 包的运行速度比 AWT 包代码要慢。Swing 组件都是 AWT 的 Container 类的直接子类和间接子类,作为容器它们均可以容纳其他部件。例如,JButton 的继承层次为:

JButton—>AbstractButton—>JComponent—>Container—>Component—>Object

Swing 与 AWT 的事件处理机制相同。处理 Swing 中的事件除了使用 java. awt. event 包外,还要用到 javax. swing. event 包。

13.1.1 Swing 组件的特性

Swing 是由百分之一百的纯 Java 实现的,Swing 组件是用 Java 实现的轻量级组件,没有本地代码,不依赖操作系统的支持,这是它与 AWT 组件的最大区别。由于 AWT 组件通过与具体平台相关的对等类实现,因此 Swing 比 AWT 组件具有更强的实用性。Swing 在不同的平台上表现一致,并且有能力提供本地窗口系统不支持的如下其他特性。

- 可存取性支持:所有 Swing 组件都实现了 Accessible 接口,提供对可存取性的支持,使得可通过某种辅助技术(如屏幕阅读器)方便地从 Swing 组件中得到信息。
- 支持键盘操作:在 Swing 组件中,使用 JComponent 类的 registerKeyboardAction() 方法,能使用户通过键盘操作来替代鼠标驱动 GUI 上 Swing 组件的相应动作。
- 设置边框:对 Swing 组件可以设置一个和多个边框。Swing 中提供了各式各样的边框供用户选用,也能建立组合边框或自己设计边框。一种空白边框可以增大组件,协助布局管理器对容器中的组件进行合理的布局。
- 使用图标(Icon):与 AWT 的部件不同,许多 Swing 组件(如按钮、标签)除了使用文字外,还可以使用图标修饰自己。
- 提示信息:使用 setTooltipText()方法,为组件设置对用户有帮助的提示信息。

13.1.2 Swing 的功能分类

Swing 组件从功能上可分为如下几种。

① 顶层容器:JFrame、JApplet、JDialog、JWindow,共 4 个。

② 中间容器:JPanel、JScrollPane、JSplitPane、JToolBar。

③ 特殊容器:在 GUI 上起特殊作用的中间层,如 JInternalFrame、JLayeredPane、JRootPane。

④ 基本控件:实现人机交互的组件,如 JButton、JComboBox、JList、JMenu、JSlider、JtextField。

⑤ 不可编辑信息的显示:向用户显示不可编辑信息的组件,如 JLabel、JProgressBar、ToolTip。

⑥ 可编辑信息的显示:向用户显示能被编辑的格式化信息的组件,如 JColorChooser、JFileChoose、JFileChooser、JTable、JTextArea。

13.2 Swing 包典型部件的使用

13.2.1 JFrame 类

JFrame 是直接从 Frame 类派生的,因此,在本质上与 Frame 是一致的,包括方法和事件处理。但有如下两点明显的不同。

(1) 给 JFrame 加入部件的方法

在 JFrame 中不能直接调用 add 方法加入部件,而是要通过 getContentPane 获得 JFrame 的内容面板,再用内容面板的 add 方法加入其他部件。

另一种办法是建立一个 JPanel 或 JDesktopPane 之类的中间容器,把组件添加到容器中,用 setContentPane()方法把该容器置为 JFrame 的内容面板。

JPanel contentPane = new JPanel( );

…//把其他组件添加到 JPanel 中;

frame.setContentPane(contentPane);

其他顶级容器(JApplet、JDialog)在添加部件时也是按如此方法。

(2) 关闭窗体的处理

在 JFrame 中可以设置用户关闭窗体时在执行 windowClosing()方法后的默认处理操作。如果没有注册窗体关闭处理,也将执行默认处理操作。以下为默认处理操作的设置方法:

void setDefaultCloseOperation(int operation)

其中,参数 operation 为一个整数,可以是以下常量。

- DO_NOTHING_ON_CLOSE:不做任何处理;
- HIDE_ON_CLOSE:为默认处理情形,自动隐藏窗体;
- DISPOSE_ON_CLOSE:自动隐藏和关闭窗体;
- EXIT_ON_CLOSE:仅用于应用程序中,关闭窗体、结束程序运行。

例 13-1 一个简单的演示。

程序代码如下:

```
import java.awt. * ;
import javax.swing. * ;
import java.awt.event. * ;
```

```
public class ContentDemo {
    public static void main(String args[]) {
        JFrame f = new JFrame("Demo");
        Container cont = f.getContentPane();
        cont.setLayout(new FlowLayout());
        for (int i = 1;i< = 8;i++)
            cont.add(new JButton("Button #" + i));
        f.setSize(300,300);
        f.setVisible(true);
        f.addWindowListener(new WindowAdapter() {
            public void windowClosing(WindowEvent e){
                System.out.println("execute windowClosing …");
            }
        });
        f.setDefaultCloseOperation(JFrame.EXIT_ON_CLOSE);
    }
}
```

如图 13-1 所示为程序运行结果。

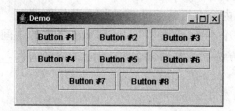

图 13-1　演示 JFrame 的关闭

【说明】　在程序中注册了窗体事件监听,单击窗体的关闭图标首先执行内嵌类中的 windowClosing()方法,然后按默认处理操作的设置结束应用。

思考

　改变 setDefaultCloseOperation 中的参数或把事件监听部分代码注释掉,观察窗体的关闭效果。

13.2.2　JApplet

若 Applet 中包含 Swing 构件,则必须继承 JApplet 类。JApplet 是顶层 Swing 容器,包含一个根面板,根面板中包含一个内容面板,内容面板中可以加入除了菜单条之外的所有 Swing 构件。对 JApplet 进行布局管理是针对内容面板,而不是 JApplet。向 JApplet 中添加构件不能直接添加,而是添加到内容面板。JApplet 的默认布局管理器是 BorderLayout,而 Applet 的默认布局管理器是 FlowLayout。

例 13-2 投掷骰子的程序。

在 Applet 画面上绘制两个骰子,安排一个按钮,每次单击按钮,重新投掷。程序代码如下:

```java
import java.awt. * ;
import java.awt.event. * ;
import javax.swing. * ;
public class ClickableDice extends JApplet {
    int value1 = 4; //骰子的初始点数
    int value2 = 4; //骰子的初始点数
    MyPanel dice;
    public void init() {
        dice = new MyPanel();
        setContentPane(dice); //设置创建的面板为内容面板
        JButton b = new JButton("push me");
        dice.setLayout(new BorderLayout());
        dice.add("South",b);
        b.addActionListener(new ActionListener() {
            public void actionPerformed(ActionEvent evt) {
                value1 = (int)(Math.random() * 6) + 1;
                value2 = (int)(Math.random() * 6) + 1;
                dice.repaint();
            }
        } );
    }
    void draw(Graphics g, int val, int x, int y) { //绘制骰子上面的点
        g.setColor(Color.white);
        g.fillRect(x, y, 35, 35); //骰子画面清除
        g.setColor(Color.black);
        g.drawRect(x, y, 34, 34); //绘制骰子边框
        if (val > 1) // 左上角的点
            g.fillOval(x + 3, y + 3, 9, 9);
        if (val > 3) // 右上角的点
            g.fillOval(x + 23, y + 3, 9, 9);
        if (val == 6) // 中间左边的点
            g.fillOval(x + 3, y + 13, 9, 9);
        if (val % 2 == 1) // 正中央
            g.fillOval(x + 13, y + 13, 9, 9);
        if (val == 6) // 中间右边的点
            g.fillOval(x + 23, y + 13, 9, 9);
        if (val > 3) // 底部左边的点
```

```
            g.fillOval(x+3, y+23, 9, 9);
        if (val > 1) //底部右边的点
            g.fillOval(x+23, y+23, 9,9);
    }
class MyPanel extends JPanel {
    public void paintComponent(Graphics g) {
        super.paintComponent(g); //调用父类方法绘制背景
        draw(g, value1, 10, 10); //在 10,10 位置绘制骰子
        draw(g, value2, 120, 10); //在 120,10 位置绘制骰子
    }
}
}
```

程序运行结果如图 13-2 所示。

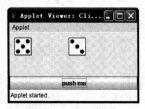

图 13-2　演示投掷骰子

【说明】　本例绘制骰子专门编写了一个方法,其好处是可以实现代码重用,如果画面上有多个骰子,则只要规定每个骰子的绘制坐标位置不同,另外还要为每个骰子设置一个 value 变量。骰子的绘制中根据设计好的不同点值决定哪个位置的黑点应该显示,这样可节省代码。程序中定义了一个继承 JPannel 的内嵌类 MyPanel,用该内嵌类的对象作为 JApplet 的内容面板。利用 MyPanel 的 paintComponent 方法实现图形绘制。

13.2.3　Swing 中的按钮和标签

从例 13-1 可以看到 Swing 部件在外观上作了改进。Swing 的按钮比 AWT 要更为美观。实际上还不仅如此,Swing 部件在功能上也作了扩展。标签和各种按钮(包括单、复选按钮)均允许设置图标。

以标签为例,可以在构造方法中规定标签的图标,以下为构造方法的一种:

JLabel(String str,Icon icon,int align)

也可以在创建了标签对象后通过 setIcon 方法设置标签的图标,即

void setIcon(Icon icon)

Swing 按钮除了可以设置图标外,还可以为按钮规定翻滚图标,以及快捷键等。在所有图形部件的父类 JComponent 类中定义了如下方法:

void setToolTipText(String text)

其功能是设置鼠标移到部件上时的提示文字。

例 13-3　用户登录界面设计。

程序代码如下:

```
import java.awt. * ;
import javax.swing. * ;
public class ContentDemo extends JFrame {
```

```
    JTextField username;
    JPasswordField password;
    JButton login,register;
  public ContentDemo() {
    super("login frame");
    Container cont = getContentPane();
    cont.setLayout(new GridLayout(3,2));
    cont.add(new JLabel("username:"));
    username = new JTextField(10);
    cont.add(username);
    cont.add(new JLabel("password:"));
    password = new JPasswordField(10);
    cont.add(password);
    login = new JButton(new ImageIcon("enter.gif"));
    register = new JButton(new ImageIcon("register.gif"));
    cont.add(login);
    cont.add(register);
    setSize(200,200);
    setVisible(true);
  }
  public static void main(String args[]) {
    new ContentDemo();
  }
}
```

如图 13-3 所示为程序运行结果。

图 13-3　用户登录界面

【说明】　该例的按钮采用了图标,应用界面更为美观。例子中使用了 JPassword 部件实现密码显示,比 AWT 中使用文本框再设置 Echo 字符的方式显得更为简单。

13.2.4　滚动窗格

在 AWT 组件中,一些组件(例如,文本域)内置了滚动条,当组件无法显示所有文本时,可以拖动滚动条来查看其他部分。滚动条可以是水平或垂直两种。

在 Swing 中,要实现组件的滚动,必须将组件加入到 JScroolPane 容器中。然后再将 JScroolPane 容器对象加入应用容器中。

例 13-4 计算 0~10 的阶乘,在文本域中显示结果。

程序代码如下:

```java
import java.awt. * ;
import javax.swing. * ;
public class factorial extends JApplet {
    public void init() {
        String output = "";
        JTextArea outputarea = new JTextArea(10,50);
        JScrollPane scroll = new JScrollPane(outputarea);
        Container container = getContentPane();
        container.add(scroll);
        for(long i = 0; i< = 10; i++)
            output += "" + i + "!= " + fac(i) +"\n";
        outputarea.append(output);
    }
    public long fac(long no) { //求 n 的阶乘
        if( n < = 1)
            return 1;
        else
            return n * fac(n-1);
    }
}
```

如图 13-4 所示为程序运行结果。

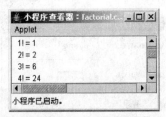

图 13-4　如何实现滚动区域

 思考

　　修改程序,不使用 JScrollPane,直接将 JTextArea 对象加入 Applet 容器中,观察滚动条是否能出现。

13.2.5　工具栏

在 Windows 应用中工具栏使用很普遍,在 AWT 中无相应组件,Swing 包提供了

JTollbar 类来创建工具栏。工具栏是一种容器,可以安排各种组件(通常是按钮)。

默认情况下,工具栏是水平的,但可以使用接口 SwingConstants 中定义的常量 HORI-ZONTAL 和 VERTICAL 来显式设置其方向。

以下为工具栏的构造方法:

- JToolBar();
- JToolBar(int) //通过参数规定方向。

创建工具栏后,可以通过 add(Object)方法加入组件。

例 13-5 工具栏的使用。

程序代码如下:

```java
import java.awt. * ;
import javax.swing. * ;
public class ToolBarDemo extends JApplet {
    public void init() {
        Container cont = getContentPane();
        cont. setLayout(new BorderLayout());
        JToolBar tool = new JToolBar();
        Image myImage = getImage(getDocumentBase(), "open.gif");
        JButton open = new JButton(new ImageIcon(myImage));
        myImage = getImage(getDocumentBase(), "folder.gif ");
        JButton mail = new JButton(new ImageIcon(myImage));
        tool.add(open);
        tool.add(mail);
        cont.add("North",tool);
        JScrollPane scroll = new JScrollPane(new JTextArea());
        cont.add("Center", scroll);
    }
}
```

图 13-5 工具栏的使用演示

如图 13-5 所示为程序运行结果。

【说明】 为获得最佳效果,通常使用 BorderLayout 布局将工具栏安排在容器的上部。如果要对工具栏中部件进行事件驱动编程,只要对按钮注册动作监听者,然后编写相应的事件处理代码即可实现。

【注意】 由于 Applet 的图片文件来自网络,所以要用 getImage 方法定义 Image 对象。

```java
Image myImage = getImage(getDocumentBase(), "open.gif");
```

其中,文件的路径用 getDocumentBase()来获得,再根据该 Image 对象创建图片图标。

如果是 Java 应用程序可以直接用文件名字符串作为参数来创建 ImageIcon 对象。例如:

```java
new ImageIcon("open.gif");
```

当然,如果图形文件不在当前目录下,也需要指定文件路径。

13.2.6　Swing 中的对话框

1. JoptionPane 对话框的使用

JoptionPane 类提供了多种对话框,用户只要使用该类的静态方法,就可以使用各种对话框。JoptionPane 的对话框可分为 4 类。

- ShowMessageDialog:向用户显示一些消息;
- showInputDialog:提示用户进行输入;
- showConfirmDialog:向用户确认,含 yes/no/cancel 响应;
- showOptionDialog:选项对话框,该对话框是前面几种形态的综合。

这些方法弹出的对话框都是模式对话框,意味着用户必须回答、关闭对话框后才能进行其他操作。这些方法均返回一个整数,有效值为 JoptionPane 的几个常量:YES_OPTION、NO_OPTION、CANCEL_OPTION、OK_OPTION、CLOSED_OPTION。

对话框的外观大致由如下 4 部分组成,如图 13-6 所示。

图 13-6　对话框的外观组成

(1) 显示消息对话框 showMessageDialog

该类对话框的显示有 3 种调用格式,其中最复杂的如下,其他为缺少某些参数情形。格式:

static void showMessageDialog(Component parentComponent, Object message, String title, int messageType, Icon icon)

其中,参数 1 定义对话框的父窗体,如果该参数为 null,一个运行 Java 程序的默认窗体作为父窗体,并且在父窗体中居中显示对话框;参数 2 为消息内容,可以是任何存放数据的部件或数据对象本身;参数 3 为对话框的标题;参数 4 为消息类型,内定的消息类型包括 ERROR_MESSAGE(错误消息)、INFORMATION_MESSAGE(信息)、WARNING_MESSAGE(警告消息)、QUESTION_MESSAGE(询问消息)、PLAIN_MESSAGE(一般消息);参数 5 为显示图标,缺少该参数时,根据消息类型有默认的显示图标。

(2) 提示输入对话框 showInputDialog

该类对话框共有 6 种调用方法,最简单的如下,只要给出提示信息。格式:

static String showInputDialog(Object message)

最复杂的形态涉及 7 个参数,分别表示父窗体、消息、标题、消息类型、图标、可选值、初始值。格式:

static Object showInputDialog(Component parentComponent, Object message, String title, int messageType, Icon icon, Object[] selectionValues, Object initialSelectionValue)

(3) 确认对话框 showConfirmDialog

该类对话框共有 4 种调用方法,最简单的只包含两个参数。格式:

static int showConfirmDialog(Component parentComponent, Object message)

该对话框显示时包含 3 个选项 Yes、No 和 Cancel,标题默认为 Select an Option。最复杂的形式有 6 个参数,具体格式如下:

static int showConfirmDialog(Component parentComponent, Object message, String title, int optionType, int messageType, Icon icon)

（4）选项对话框 showOptionDialog

该类对话框只有一种调用方式，涉及 8 个参数，是前面几种类型对话框的综合，各参数的含义从前面的对话框含义一致。格式：

static int showOptionDialog（Component parentComponent, Object message, String title, int optionType, int messageType, Icon icon, Object[] options, Object initialValue）

使用举例：

Object[] options = { "OK", "CANCEL" };

JOptionPane. showOptionDialog(null, "Click OK to continue", "Warning", JOption-Pane. DEFAULT_OPTION, JOptionPane. WARNING_MESSAGE,null, options, options[0]);

显示一个警告对话框，包括 OK、CANCEL 两个选项，标题为"Warning"，显示消息为"Click OK to continue"。

例 13-6 计算输出杨辉三角形。

杨辉三角形的具体内容如下。

c(0,0)

c(1,0) c(1,1)

c(2,0) c(2,1) c(2,2)

c(3,0) c(3,1) c(3,2) c(3,3)

…

其中：$c(n,m)=n!/((n-m)!*m!)$。

要求输入任意一个数字（对应三角形的行数-1），输出该三角形。利用对话框输入数据和显示结果。程序代码如下：

```java
import javax. swing. * ;
public class PascalTriangle {
    public static void main(String args[]) {
        String no, output = "";
        int n;
        no = JOptionPane. showInputDialog("输入一个数字:");
        n = Integer. parseInt(no);
        for(int i = 0; i< = n; i++) {
            for(int j = 0; j< = i;j++)
                output += c(i,j)+"";  //计算组合 c(i,j)
            output += "\n";
        }
        JTextArea outArea = new JTextArea(5,20); //用来显示输出结果
        JScrollPane scroll = new JScrollPane(outArea);
        outArea. setText(output);
        JOptionPane. showMessageDialog(null, scroll, "杨辉三角形", JOption-
        Pane. INFORMATION_MESSAGE);
```

```
        System.exit(0);
    }
    static int fac(int n) { //求 n 的阶乘
        int r = 1;
        for (int k = 2;k< = n ;k ++ ) {
            r = r * k;
        }
        return r;
    }
    static int c(int n,int m) { //求 n 个数中取 m 个的组合
        return fac(n)/(fac(m) * fac(n - m));
    }
}
```

如图 13-7 和图 13-8 所示为程序运行结果。

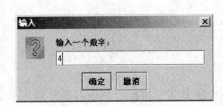

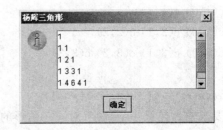

图 13-7　输入一个数字　　　　　　　图 13-8　输出杨辉三角形

【说明】　程序中利用输入对话框 showInputDialog 输入一个数字,结果用消息显示对话框 showMessageDialog 显示。本程序的输出处理是先通过所有输出拼接为一个字符串,然后通过一个文本域显示输出结果。这里将文本域放入 JScroolPane 中,然后将后者放入消息显示对话框。

【注意】　输入对话框得到的数据总是一个字符串,要得到一个整数必须通过转换方法。在输出时也可以直接将 output 字符串放入消息显示框,这时,对话框的长度取决于输出内容的行数。

2. 颜色对话框

在 JColorChooser 类中有一个静态方法可以弹出对话框选择颜色。格式:

static Color showDialog(Component component, String title, Color initialColor)

其中,参数 component 指出对话框依赖的组件,title 为对话框的标题,initialColor 指定对话框显示时的初始颜色设置。

例 13-7　给围棋棋盘背景选择颜色。

程序代码如下:

```
import java.awt. * ;
import javax.swing. * ;
```

```
import java.awt.event. * ;
class Mychess extends Canvas {
    public void paint(Graphics g) {
        Dimension dd = getSize();
        int d = dd.height;
        int step = d/20; //棋盘线的间距
        int xoff = (dd.width - 19 * step)/2; //棋盘的左上角 x 坐标
        int yoff = d/20; //棋盘的左上角 y 坐标
        g.setColor(Color.black);
        for (int i = 0;i<19;i ++ ) //绘制棋盘竖线
            g.drawLine(xoff + i * step, yoff, xoff + i * step, yoff + 18 * step);
        for (int i = 0;i<19;i ++ ) //绘制棋盘横线
            g.drawLine(xoff, yoff + i * step, xoff + 18 * step, yoff + i * step);
    }
}

public class Simplechess extends JApplet {
    Mychess chessboard;
    JButton change;
    public void init() {
        Container cont = getContentPane();
        cont.setLayout(new BorderLayout());
        chessboard = new mychess();
        cont.add("Center",chessboard);
        change = new JButton("改变背景");
        cont.add("South",change);
        change.addActionListener(new ActionListener() {
            public void actionPerformed(ActionEvent e) {
            Color boardColor = JColorChooser.showDialog(Simplechess.this,"棋盘颜
            色", chessboard.getBackground());
            chessboard.setBackground(boardColor);
            }
        });
    }
}
```

如图 13-9 所示为程序运行结果。

【说明】 考虑到窗体的宽度通常大于高度,所以绘制棋盘时根据高度来计算棋盘上线条的间距。注意程序中对棋盘左上角的计算可保证棋盘绘制在画布的中央。单击窗体中的

"改变颜色"按钮将弹出颜色选择对话框,根据对话框所选颜色更新棋盘的背景颜色。

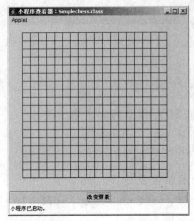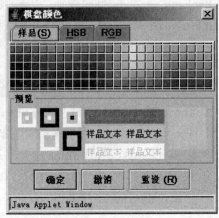

图 13-9　选择棋盘背景颜色

思考

　　如果要实现围棋或五子棋的下棋过程,则首先要考虑采用合适的数据结构表示棋盘上的棋子;其次要考虑如何响应画布上的鼠标事件,确定下子位置;再就是棋盘绘制时,还要绘制棋子情况。另外,如果是围棋还涉及提子、打劫等处理,五子棋则要判定五子同线等问题。有兴趣的读者可深入研究。

13.2.7　选项卡

在 AWT 布局中曾经学习过卡片布局,使用卡片布局可以在一个应用系统中多个图形界面之间进行切换,但在 GUI 设计中还经常遇到选项卡(JTabbedPane),如果用 AWT 设计实现选项卡的功能相对比较复杂,在 Swing 包中可以直接用 JTabbedPane 实现。通过 add-Tab 方法可以给选项卡中添加选项,该方法有多种形态,以下为常用形式。

- void addTab(String title, Component component):在选项卡中增加一个用标题代表的部件,无图标。
- void addTab(String title, Icon icon, Component component):在选项卡中增加一个部件,该选项通过标题、图标表示,其中,标题和图标可以存在,也可以某个为 null。

在图形界面中点击选项卡的某选项会发生状态改变事件,为了在应用中能处理相关事件首先必须注册 ChangeListener 监听者。例如:

void addChangeListener(ChangeListener l)

在监听者的类设计中必须实现 ChangeListener 接口,也就是要编写如下处理方法:

public void stateChanged(ChangeEvent e)

在事件处理编程中,可以利用 JTabbedPane 提供的 getSelectedIndex()方法获取当前选中的选项卡序号,从而进一步实现其他处理。

例 13-8 选项卡的应用。

程序代码如下：

```java
import java.awt. * ;
import javax.swing. * ;
import javax.swing.event. * ;
public class TestTabbedPane extends JFrame implements ChangeListener {
    JTabbedPane jtp;
    JPanel[] jp = new JPanel[4];  //定义有 4 个元素的面板数组
    int currentIndex = 0;
    Color color[] = {Color.red,Color.green,Color.blue,Color.white};
    String des[] = {"红色卡","绿色卡","蓝色卡","白色卡"};

    public TestTabbedPane() {
        Container cont = getContentPane();
        jtp = new JTabbedPane();
        for (int i = 0;i<4;i ++ ) {
            jp[i] = new JPanel();  //创建面板对象
            jp[i].setBackground(color[i]);  //设置面板的背景
            jtp.addTab(des[i],jp[i]);  //将面板加入选项卡
        }
        jtp.addChangeListener(this);
        cont.add(jtp);  //将选项卡加入窗体中
        setSize(300,150);
        setVisible(true);
    }

    public void stateChanged(ChangeEvent e){
        if (e.getSource() == jtp) {
            int i = ((JTabbedPane)e.getSource()).getSelectedIndex();
            this.setTitle("选择了" + des[i]);  //设置窗体的标题
        }
    }
    public static void main(String args[]) {
        new TestTabbedPane();
    }
}
```

如图 13-10 所示为程序运行结果。

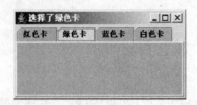

图 13-10　选项卡的运用

【说明】　本例中每个选项卡对应一块面板,选项卡的标签名代表面板的颜色。在程序中将面板颜色、选项卡标题描述以及各颜色面板均存储在数组中,这样便于用循环进行处理。

13.2.8　表格

表格(JTable)用来编辑和显示二维表格数据。JTable 充分体现了 MVC(模型-视图-控制器)的设计思想,JTable 包括 3 个核心内部模型。

- TableModel:处理表格的数据结构;
- TableColumnModel:处理表格栏的成员及顺序;
- ListSelectionModel:处理列表选择行为。

JTable 通过捕获模型触发的事件更新视图。JTable 涉及如下 6 个不同事件监听者。

- TableModelListener:表格或单元格更新时触发TableModelEvent事件;
- TableColumnModelListener:表格栏目出现增、删、改或者顺序发生变化时触发TableColumnModelEvent事件;
- ListSelectionListener:进行表格列表选择时发生 ListSelectionEvent 事件;
- CellEditorListener:单元格编辑操作完成触发 CellEditorEvent 事件;
- Scrollable:该接口可使表格在任何可滚动的容器(JScroolPane、JScroolBar、JViewPort)中进行处理;
- Accessible:该接口可使用某种形式的辅助技术(如屏幕阅读器)得到表格信息。

表格提供了多种形式的构造方法来创建表格。典型代表的有如下 4 种:

① public JTable(int rows,int cols):两个参数分别代表表格的行、列数。例如,以下代码创建一个 3 行 6 列的表格。

JTable t = new JTable(3,6);

② public JTable(object[][]rowData,object[]columnNams):第 1 个参数为二维数组,代表表格的数据内容;第 2 个参数是一维数组,存放表格各栏的标题。

③ public JTable(Vector[][]rowData,Vector[]columnNams):类似上一个构造方法,只是将数组对象用向量代替。

④ public JTable(TableModel dm):根据 TableModel 类型的对象数据创建表格,JTable 会从 TableModel 对象中自动获取表格显示所必需的数据。

TableModel 继承 AbstractTableModel 类,AbstractTableModel 类的对象负责表格大小的确定(行、列)、内容的填写、赋值、表格单元更新等一切与表格内容有关的属性及其操作。其中有几个方法一定要重写,例如 getColumnCount、getRowCount、getValueAt。

例如,以下代码将创建一个 10 行 10 列的表格。

```
TableModel dataModel = new AbstractTableModel() {
    public int getColumnCount() { return 10; }
    public int getRowCount() { return 10;}
    public Object getValueAt(int row, int col) {
        return new Integer(row * col);
    }
};
JTable table = new JTable(dataModel);
```

为了使表格可编辑,常需要重写以下方法。

- public boolean isCellEditable(int row,int col):判某个单元格是否可编辑;
- public void setValueAt(Object obj int row,int col):往某个单元格填数据;
- public String getColumnName(int index):取得某栏的名称;
- public Class getColumnClass(int index):取得某栏对应的类型。

另外,JTable 的显示外观可通过如下方法进行更改。

- setPreferredScrollableViewportSize(Dimension size):根据 Dimension 对象设定的高度和宽度来决定表格的高度和宽度;
- setGridColor(Color c):更改这些方格坐标线的颜色;
- setRowHeight(int pixelHeight):改变行的高度,各个单元格的高度将等于行的高度减去行间的距离;
- setSelectionBackground(Color. black):更改表格内容的背景颜色;
- setSelectionForeground(Color. white):更改表格内容的前景颜色;
- setShowHorizontalLines(false):隐藏单元格的水平线;
- setShowVerticalLines(false):隐藏单元格的垂直线。

例 13-9 利用 JTable 显示数据库表。

程序代码如下:

```
import java.awt. * ;
import javax.swing. * ;
import java.sql. * ;
public class test {
    public test() throws Exception {
        int i,j,RowNum,ColNum;
        String sqlstr;
        ResultSet res;
        JFrame f = new JFrame("the demo of JTable ");
        Class.forName("sun.jdbc.odbc.JdbcOdbcDriver");
        String  url = "jdbc:odbc:driver = {Microsoft Access Driver ( * .mdb)};DBQ =
        data";
        Connection connection = DriverManager.getConnection(url,"","");
```

```
Statement sta = connection. createStatement();
sqlstr = "select count( * ) from userinfo"; //查询数据表的记录数
res = sta. executeQuery(sqlstr);
res. next();
RowNum = res. getInt(1); //读取记录数
sqlstr = "select * from userinfo";
res = sta. executeQuery(sqlstr); //查询数据库表
ResultSetMetaData rsmd = res. getMetaData();
ColNum = rsmd. getColumnCount(); //取得数据表的字段数
String[] names = new String[ColNum]; //定义字符串数组存放各栏名称
for (i = 1;i<= ColNum;i ++ )
    names[i - 1] = rsmd. getColumnName(i); //读取各栏名称存入数组
Object[][] info = new Object[RowNum][ ColNum]; //二维对象数组存放数据
i = 0;
while (res. next()) {
    for (j = 1;j< = ColNum;j ++ )
       info[i][j - 1] = res. getObject(j); //当前记录的第 j 个字段数据写入
                                            //数组
    i ++ ;
}
JTable table = new JTable(info,names); //构造 JTable
table. setPreferredScrollableViewportSize(new Dimension(400,50));
JScrollPane scrollPane = new JScrollPane(table);
Container cont = f. getContentPane();
cont. add(scrollPane);
f. pack();
f. setVisible(true);
}
public static void main(String[] args) throws Exception{
    new test();
}
}
```

如图 13-11 所示为程序运行结果。

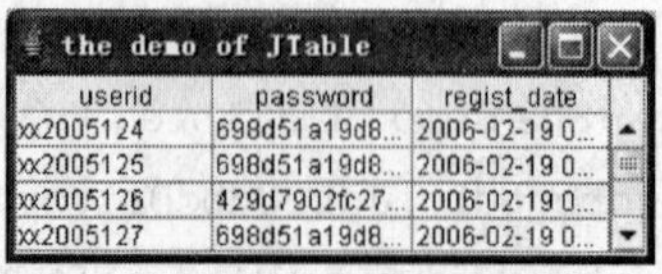

图 13-11 利用 JTable 显示数据库表格内容

【说明】　本例访问 data. mdb 数据库中 userinfo 表中的数据,将其字段名和数据记录读取到相应数组中,用 JTable 将数据显示在滚动窗格中。

13.2.9　树

树(JTree)是 Swing 中最复杂的组件之一,树对象提供了用树型结构分层显示数据的视图。可以扩展和收缩视图中的单个子树。

(1) JTree 的构造方法

* JTree(HashTable ht):散列表中的每个元素是树的一个子节点;
* JTree(Object obj[]):对象数组 obj 中的每一个元素都是树的子节点;
* JTree(TreeNode tn):树节点 tn 是树的根节点;
* JTree(Vector v):向量 *v* 中的元素是树的子节点。

(2) 树的操作模型

树的数据模型 TreeModel 是由许多 TreeNode 对象组成。TreeSelectionModel 定义了选择树中节点的方法,可以选择 TreePath。TreeCellRenderer 定义了树中每个元素如何显示。TreeModel 接口定义了树的基础数据结构,包括如下方法:

* addTreeModelListener(TreeModelListener l);
* removeTreeModelListener(TreeModelListener l);
* public Object getRoot();
* public Object getChild(Object parent, int index);
* public int getChildCount(Object parent);
* public Boolean isLeaf(Object node);
* public void valueForPathChanged(TreePath path,Object newValue);
* public int getIndexOfChild(Object parent, Object child)。

树有个默认模型 DefaultTreeModel。通过注册 TreeModelListener 监听者可对树模型改变时发生的 TreeModelEvent 事件进行处理。

如果需要对树的节点扩展或收缩时发生的事件进行处理,必须注册如下监听者:

* void addTreeExpansionListener(TreeExpansionListener tel);
* void removeTreeExpansionListener(TreeExpansionListener tel)。

其中,tel 是监听器对象。

TreeNode 接口定义了获取树节点信息的方法。例如,它能够得到关于父节点的引用,或者一个子节点的枚举。MutableTreeNode 接口扩展了 TreeNode 接口。它定义了插入和删除子节点或者改变父节点的方法。DefaultMutableTreeNode 类实现了 MutableTreeNode 接口,它代表树中的一个节点,其构造方法如下:

DefaultMutableTreeNode(Object obj)

要创建树节点的层次结构,需使用 DefaultMutableTreeNode 的 add 方法,其使用形式如下:

void add(MutableTreeNode child)

其中,child 是一个可变的树节点,被当成当前节点的子节点插入。

　　树的扩展事件由 javax. swing. event 包中的 TreeExpansionEvent 类描述。这个类的 getPath()方法返回一个 TreePath 对象,该对象描述了改变节点的路径。

　　TreeExpansionListener 接口提供下列的两个方法。

- public void treeCollapsed(TreeExpansionEvent tee):隐藏一个子树;
- public void treeExpanded(TreeExpansionEvent tee):让子树可见。

其中,tee 是树的扩展事件。

　　例 13-10　树的构建。

　　程序代码如下:

```java
import java.awt. * ;
import javax.swing. * ;
import javax.swing.tree. * ;
class Branch{ //用于构建一棵分支子树
    DefaultMutableTreeNode r;
    public Branch(String[] data){
        r = new DefaultMutableTreeNode(data[0]);
        for(int i = 1;i<data.length;i ++ )
            r.add(new DefaultMutableTreeNode(data[i])); //给节点 r 添加子节点
    }
    public DefaultMutableTreeNode node(){
        return r;
    }
}
public class Trees extends JPanel{
    String [][]data = {
        {"Colors","Red","Blue","Green"},
        {"Length","Short","Medium","Long"},
        {"Volume","High","Medium","Low"},
        {"Temperature","High","Medium","Low"}
    };
    DefaultMutableTreeNode root,child, parent;
    JTree tree;
    DefaultTreeModel model;
    public Trees(){
        setLayout(new BorderLayout());
        root = new DefaultMutableTreeNode("root"); //根节点进行初始化
        tree = new JTree(root); //树进行初始化,其数据来源是 root 对
        add(new JScrollPane(tree)); //把滚动面板添加到 Trees 中
        model = (DefaultTreeModel)tree.getModel();
```

```
for (int i = 0;i<data.length;i++){
    child = new Branch(data[i]).node(); //生成子树
    parent = (DefaultMutableTreeNode)tree.getLastSelectedPathComponent
    ();//选择子树的父节点
    if(parent == null) parent = root;
    model.insertNodeInto(child, parent,0); //把 child 添加到 parent
  }
}
public static void main(String args[]){
    JFrame jf = new JFrame("JTree demo");
    jf.getContentPane().add(new Trees(), BorderLayout.CENTER);
    //把 Trees 对象添加到 JFrame 对象的中央
    jf.setSize(200,300);
    jf.setVisible(true);
  }
}
```

程序运行结果如图 13-12 所示。

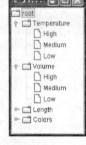

【说明】 本例演示了一个树的构建过程,Branch 类用于根据一个一维数组构建一棵单层分支树,数组的第一个元素作为子树的根节点,其他元素则为子节点。在类 Trees 中将创建一个标识为 root 的根节点,然后将由二维数组的每行元素创建的子树加入到 root 中。

图 13-12　树的构建

13.3　本章小结

Swing 是 JDK1.2 新增的功能,Swing 在功能上比 AWT 更强大,界面更美观,但是浏览器运行 Swing 代码必须要安装相应的插件才可。Swing 的不少功能是在 AWT 基础上的扩充,但是也增加了一些新的图形部件,本章就 Swing 中的一些典型部件的使用进行了介绍。要了解更多的内容,读者可进一步查阅相关资料。

习　题

13-1　在 Swing 中如何实现部件内容的滚动?

13-2　JFrame 中对窗体的关闭有哪些处理情形?

13-3　实现一个简单的文本编辑器,操作按钮安排在工具栏中,包括打开文件、保存文件、文本替换等。消息的处理可以通过对话框实现。

13-4　利用选项卡改写第 7 章介绍的教学操练示例,在选项卡中包括单选、多选、是非、填空,分别针对各种题型设计做题界面。